U0321682

国家提升专业服务产业发展能力建设项目成果
国家骨干高职院校建设项目成果
机械制造与自动化专业

机械加工工艺及夹具

主　编　王鑫秀
副主编　李　敏　吕以建　赵冬娟
参　编　陈　强　张玉兰　杨海峰
主　审　高　波　杨立峰

机 械 工 业 出 版 社

本书以培养学生综合职业能力为宗旨，以职业实践活动为向导，安排了轴类零件加工工艺编制，盘、套类零件加工工艺编制，齿轮加工工艺编制，箱体类零件加工工艺编制及夹具的选用5个情境，共10个任务。在教师的引导下，按照知识与技能学习规律和步骤，帮助学生构建自主学习模式，引导学生自主学习，通过启发、引导、讨论等，使学生在自主学习的过程中构建相应的知识体系。

本书采用大量图片，并配有任务单、资讯单、信息单、计划单、作业单、检查单和评价单等教学材料。为实现教材立体化，本书配有光盘。

本书既可作为机械制造与自动化专业的特色教材，也可作为模具设计与制造、数控技术等机械类专业的特色教材，同时也可供其他相关专业的师生和工程技术人员参考。

图书在版编目（CIP）数据

机械加工工艺及夹具/王鑫秀主编. —北京：机械工业出版社，2015.8

国家提升专业服务产业发展能力建设项目成果. 国家骨干高职院校建设项目成果. 机械制造与自动化专业

ISBN 978-7-111-51199-1

Ⅰ.①机… Ⅱ.①王… Ⅲ.①机械加工-工艺-高等职业教育-教材②机床夹具-高等职业教育-教材 Ⅳ.①TG506②TG750.2

中国版本图书馆CIP数据核字（2015）第199011号

机械工业出版社（北京市百万庄大街22号 邮政编码100037）

策划编辑：王海峰 责任编辑：王海峰 责任校对：陈 越

封面设计：鞠 杨 责任印制：李 洋

北京宝昌彩色印刷有限公司印刷

2016年7月第1版第1次印刷

184mm×260mm · 13.75印张 · 335千字

0001—1900册

标准书号：ISBN 978-7-111-51199-1

定价：30.00元

凡购本书，如有缺页、倒页、脱页，由本社发行部调换

电话服务

服务咨询热线：010-88379833

读者购书热线：010-88379649

网络服务

机 工 官 网：www.cmpbook.com

机 工 官 博：weibo.com/cmp1952

教育服务网：www.cmpedu.com

金 书 网：www.golden-book.com

封面无防伪标均为盗版

哈尔滨职业技术学院机械制造与自动化专业教材编审委员会

主　任： 王长文　哈尔滨职业技术学院

副主任： 刘　敏　哈尔滨职业技术学院

贺　鹏　哈尔滨汽轮机厂有限责任公司

孙百鸣　哈尔滨职业技术学院

李　敏　哈尔滨职业技术学院

委　员： 陈　强　哈尔滨职业技术学院

高　波　哈尔滨职业技术学院

陈铁光　哈尔滨轴承制造有限公司

王鑫秀　哈尔滨职业技术学院

杨海峰　哈尔滨职业技术学院

张玉兰　哈尔滨职业技术学院

丁　晖　哈尔滨职业技术学院

高世杰　哈尔滨职业技术学院

夏　暎　哈尔滨职业技术学院

雍丽英　哈尔滨职业技术学院

杨森森　哈尔滨职业技术学院

王天成　哈尔滨职业技术学院

王冬梅　哈尔滨汽轮机厂有限责任公司

李　梅　黑龙江农业工程职业学院

编写说明

高等职业教育肩负着培养面向生产、建设、服务和管理第一线需要的高素质技术技能型人才的重要使命。在“以就业为导向，以服务为宗旨”的职业教学目标下，基于工作过程的课程开发思想得到了广泛应用，以“工作内容”为依据组织课程内容，以学习性工作任务为载体设计教学活动，是高职教育课程体系改革和教学设计的主流。近年来，高职教育一线教育工作者一直在不断探索高职课程体系、教学模式和教学方法等方面的改革，在基于工作过程的课程开发思想指导下，有关高职教育的课程体系、教学模式和教学方法等改革已经较普遍，但是与该类教学改革实践紧密结合的工学结合特色教材却很少。因此，结合专业课程改革，编写出适用的工学结合特色教材是当前高职教育工作者的一项重要任务和使命。

哈尔滨职业技术学院于2010年11月被确定为国家骨干高职院校建设单位以来，努力在创新办学体制机制，推进校企合作办学、合作育人、合作就业、合作发展的进程中，以专业建设为核心，以课程改革为抓手，以教学条件建设为支撑，全面提升办学水平。哈尔滨职业技术学院的机械制造与自动化专业既是国家骨干高职院校央财支持的重点专业——模具设计与制造专业群中的建设专业，同时也是国家提升专业服务产业发展能力的建设专业，学院按照职业成长规律和认知规律，以服务东北老工业基地为宗旨，与哈尔滨轴承制造有限公司、哈尔滨汽轮机厂有限责任公司、哈尔滨飞机制造有限公司等大型企业合作，将机械制造与自动化专业建成具有引领作用的机械制造领域高素质技术技能型专门人才培养的重要基地。

机械制造与自动化专业以专业岗位工作任务和岗位职业能力分析为依据，创新了“校企共育、能力递进、技能对接”人才培养模式，按照以下步骤进行课程开发：企业调研、岗位（群）工作任务和职业能力分析、典型工作任务确定、行动领域归纳、学习领域转换、教学情境设计、行动导向教学实施、教学评价与反馈，构建了基于机械制造工作过程系统化的课程体系，按照工作岗位对知识、能力和素质的要求，全面培养学生的专业能力、方法能力和社会能力。该专业以真实的机械制造工作过程为导向，以典型机械产品和零件为载体开发了7门专业核心课程，采用行动导向、任务驱动的“教学做一体化”教学模式，实现工作任务与学习任务的紧密结合。

机械制造与自动化专业课程改革体现出以下特点：企业优秀技术人员参与课程开发；企业提供典型任务案例；学习任务与实际生产工作过程相结合；采用六步教学法，配有任务单、资讯单、信息单、计划单、实施单、作业单、检查单、评价单、反馈单等教学材料，学生在每一步任务的完成过程中，都有反映其成果的可检验材料。

高职教材是教学资源建设的重要组成部分，更是能否体现高职教育特色的关键，为此学院成立了由职业教育专家、企业技术专家、专业核心课程教师组成的机械制造与自动化专业教材编审委员会。专业结合课程改革和建设实践，编写了本套工学结合特色教材，由机械工业出版社出版，展示课程改革成果，为更好地推进国家骨干高职院校建设和国家提升专业服务产业发展能力建设及课程改革做出积极贡献！

哈尔滨职业技术学院

机械制造与自动化专业教材编审委员会

前　言

在高等职业教育教学改革与发展的过程中，理念的更新和人才培养模式的转变推动了专业建设和课程建设。我校积极探索基于工作过程、行动导向等的教材设计和创新，在“高等职业院校专业核心课程新模式系列教材”编写原则和要求的指导下，通过校企合作和广泛的行业企业调研，了解到学生迫切需要提高机械加工工艺编制的能力和专业知识综合应用能力，以解决生产实际中遇到的问题。

本书的创新和特色是：

1. 基于德国工作过程系统化的模式编写，以工作过程为导向，突出高职教育特色

本书基于工作过程导向形式编写。为满足高素质技术技能型人才培养目标的要求，教材有机地融合了机械制造工艺学、金属切削原理与刀具、机床夹具等相关内容，并以“机械加工工艺规程编制”为主线，以学习性任务为载体，通过任务驱动“情境化”的表现形式，突出过程性知识，引导学生学习相关知识，获得经验、诀窍、实用技术、操作规范等岗位能力，使其知道在实际工作中如何做得更好。

2. 教材设计的动态化、立体化、可视化，以真实零件加工为载体组织教学内容

根据本学习领域的职业岗位，融入高级车工、铣工职业标准。通过一系列课程组织与实施活动，引导学生自主学习（怎么学）。结合机械制造专业的知识、能力、素质要求，将实际任务整合，以典型加工零件为导向制订实施方案，采用六步教学法，以学生为主、教师指导、工学结合来组织教学与实施。教学情境由浅入深，注重调动学生学习的积极性，培养学生自主学习能力。

采用多媒体形式立体、多角度地表现教材内容，把教材设计成一个“教与学”的系统，在教与学的过程中让多媒体学习资源立体地“交互”“联动”起来。通过丰富的立体化学习资源让学生“穿梭”于“教、学、做”之间，既能按教学规律循序渐进学习知识与技能，又能激发学生自主学习的意识和兴趣，调动学生自身学习的潜能，使学生构建自己的知识体系，提高方法能力。

本书将一些难以理解的概念、定义、术语等内容用动画、逻辑图、流程图等形式替代以往的单纯文字性抽象表述，将教材内容演绎、简化、诠释为可视化、形象化的学习内容，从而降低学习难度。同时，组织学生通过相关知识与技能资源教学网站来提高其自主学习的效率和效果，培养学生的专业能力、方法能力与社会能力。

3. 组建校企合作的编写团队

本书编写团队由行业、企业专家与本校教师共同组成，共同探讨、研究，校企资源共享，充分发挥企业资源优势，学习情境与学习任务的确定由经验丰富的一线教师和企业专家共同完成。按照职业成长规律和循序渐进的知识与技能学习的相互关联、相互补充规律，以学习性任务实施为主线，适当拓展相关知识内容，注重学习方法与思考方法的引导。以“学习目标”“学习任务”“情境描述”为框架组织相关任务的实施，完成相关的学习任务，形成了一套完整的“教与学”的资源系统。

本书共设5个情境10个任务，编写分工如下：王鑫秀编写学习情境1、学习情境2、学习情境3中的任务3.1和任务3.2中的3.2.1～3.2.6、学习情境4和学习情境5中的任务5.2，李敏、赵冬娟编写学习情境5中的任务5.1，吕以建、陈强、张玉兰、杨海峰编写学习情境3任务3.2中的3.2.7～3.2.9，全书由哈尔滨职业技术学院王鑫秀任主编并统稿，由哈尔滨职业技术学院机械工程学院院长高波和哈尔滨电气动力装备有限公司副总工程师杨立峰主审。

本书在编写过程中得到了黑龙江职业学院机械工程学院院长柳河、黑龙江农业工程职业学院李梅教授、哈尔滨轴承有限公司陈铁光、哈尔滨电气动力装备有限公司副总工程师杨立峰、哈尔滨电机厂有限责任公司制造工艺部水轮机工艺室主任吕以建的大力支持，并提出很多宝贵意见和建议，在此一并表示衷心的感谢。

由于编者水平所限，书中难免存在一些不足、缺陷，希望广大读者提出批评或改进建议。意见和建议请发往：wxxiu1965@163.com，联系电话：0451-86611674。

编　者

目　录

编写说明

前言

学习情境 1　轴类零件加工工艺编制 …… 1

任务 1. 1　阶梯轴零件加工工艺编制 …… 2

任务 1. 2　传动轴加工工艺编制 …… 18

学习情境 2　盘、套类零件加工工艺编制 …… 45

任务 2. 1　轴承套零件加工工艺编制 …… 47

任务 2. 2　主轴承盖零件加工工艺编制 …… 61

学习情境 3　齿轮加工工艺编制 …… 81

任务 3. 1　直齿圆柱齿轮加工工艺编制 …… 82

任务 3. 2　双联齿轮加工工艺编制 …… 104

学习情境 4　箱体类零件加工工艺编制 …… 120

任务 4. 1　主轴箱加工工艺编制 …… 121

任务 4. 2　减速器箱体加工工艺编制 …… 143

学习情境 5　夹具的选用 …… 173

任务 5. 1　车床夹具的选用 …… 174

任务 5. 2　铣床夹具的选用 …… 186

参考文献 …… 210

学习情境1

轴类零件加工工艺编制

【学习目标】

本学习情境以轴类零件为载体，设计了“由简单到复杂”的两个学习任务。通过“一体化”教学，学生能根据生产实际需要，根据轴类零件的结构工艺、技术要求进行毛坯的选择，熟悉传动轴的常用材料，合理选择刀具、夹具等工艺装备，能对零件的加工工艺进行合理分析，能够编制轴类零件的加工工艺规程，并能正确、清晰、规范地填写工艺文件。通过训练，培养学生自主学习意识、团队合作精神、独立解决问题的能力，从而达到本课程的学习目标。

【学习任务】

1. 阶梯轴零件加工工艺编制。
2. 传动轴加工工艺编制。

【情境描述】

轴类零件是机器中最常见的零件，是机械结构中用于传递运动和动力的重要零件之一，主要起支承传动件（齿轮、带轮）和传递转矩、承受载荷的作用，以保证装在轴上零件的回转精度。轴类零件一般由同心轴的外圆柱面、圆锥面、内孔、螺纹及相应的端面所组成。根据结构形状的不同，轴类零件可分为光轴、阶梯轴、空心轴、偏心轴、曲轴和各种丝杠等。长径比小于5的轴称为短轴，长径比大于20的轴称为细长轴，大多数轴介于两者之间。

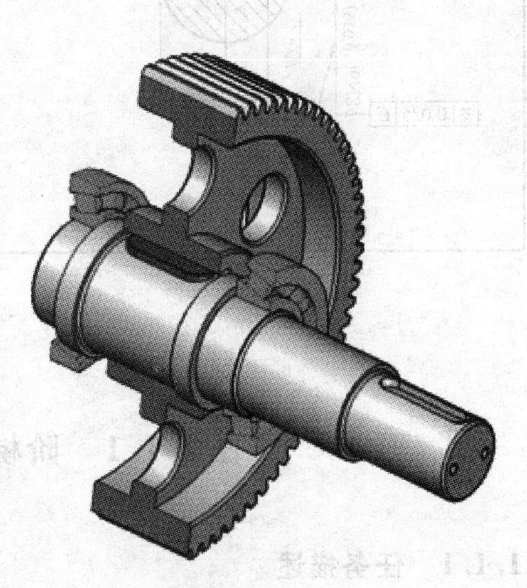
图1-1　传动轴

传动轴如图1-1所示。通过分析传动轴的技术资料，明确传动轴在产品中的作用，找出其主要技术要求，确定传动轴的加工关键表面，从而学会轴类零件的加工工艺编制方法。

为完成本学习情境的各项任务，需准备CA6140车床，90°、45°车刀及螺纹刀，铣床、磨床、游标卡尺、千分尺，钢棒若干。加工过程中学生分组进行，制订工艺方案，填写轴类零件加工工序卡与工艺过程卡，组织小组讨论加工工艺方案，择优选用。教师辅助完成教学秩序与组织实施，控制教学进度。

图1-2所示为阶梯轴零件图。通过分析阶梯轴的结构，明确阶梯轴在产品中的作用，找出其主要加工表面。通过技术要求，确定阶梯轴的加工关键表面，从而学习轴类零件技术资料的分析方法。

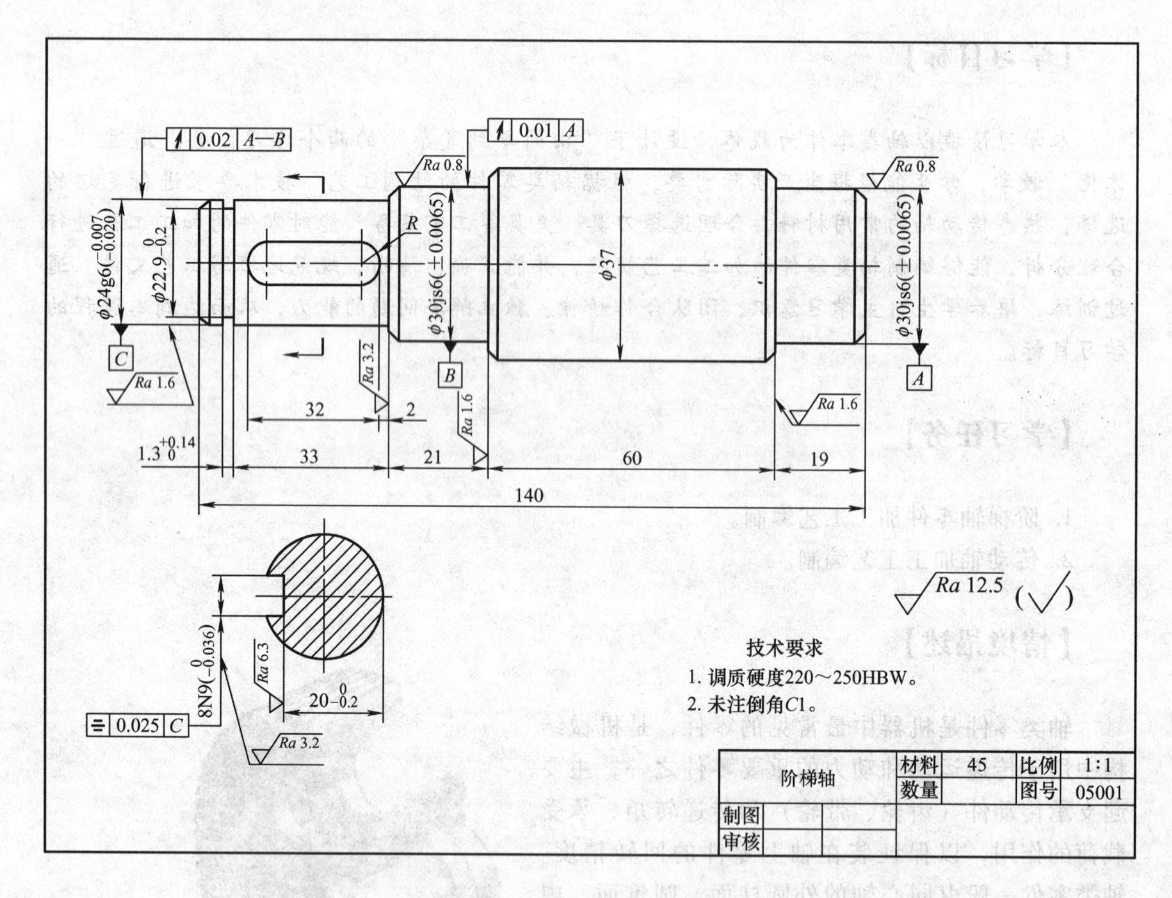

图1-2 阶梯轴零件图

任务1.1 阶梯轴零件加工工艺编制

1.1.1 任务描述

阶梯轴零件加工工艺编制任务单见表1-1。

表 1-1　阶梯轴零件加工工艺编制任务单

<table>
<tr><td>学习领域</td><td colspan="3">机械加工工艺及夹具</td></tr>
<tr><td>学习情境 1</td><td>轴类零件加工工艺编制</td><td>学时</td><td>26 学时</td></tr>
<tr><td>任务 1.1</td><td>阶梯轴零件加工工艺编制</td><td>学时</td><td>12 学时</td></tr>
<tr><td colspan="4">布置任务</td></tr>
<tr><td>学习目标</td><td colspan="3">1. 能够正确分析轴类零件的结构工艺与技术要求。
2. 能够合理选择零件材料、毛坯及热处理方式。
3. 能够合理选择轴类零件加工方法及加工刀具，合理安排加工顺序。
4. 能够根据零件图，编制阶梯轴零件加工工艺规程。</td></tr>
<tr><td>任务描述</td><td colspan="3">分小组完成阶梯轴的结构和技术要求分析。阶梯轴是企业生产中典型的轴类零件之一。图 1-2 所示为阶梯轴的零件图，采用了主视图和移出断面图表达其形状结构。从主视图可以看出，主体由四段不同直径的回转体组成，有轴颈、轴肩、键槽、挡圈槽、倒角、圆角等结构，由此可以想象出该轴的实体形状，如图 1-3 所示。
轴类零件的制造材料一般为碳钢，其中 45 钢最常用。不重要或受力较小的轴，可采用 Q235A 等普通碳素钢。外形复杂的轴一般采用高强度铸铁或球墨铸铁。
图 1-3　阶梯轴实体图</td></tr>
<tr><td>任务分析</td><td colspan="3">通过对阶梯轴零件图的分析可知，该阶梯轴属于典型的轴类零件，在制订该零件的加工工艺前，必须认真分析其技术要求和结构特点，在此基础上对零件进行毛坯的设计。完成以下具体任务：
1. 根据阶梯轴零件图，进行零件工艺分析，掌握轴类零件的功用、结构特点以及轴类零件常用材料。
2. 确定毛坯材料及热处理方法。
3. 确定主要加工表面。
4. 选择定位基准及工艺装备。
5. 拟订工艺过程。
6. 填写工艺文件。</td></tr>
</table>

学时安排	资讯 3学时	计划 1.5学时	决策 1.5学时	实施 3学时	检查 1.5学时	评价 1.5学时
提供资料	1. 于爱武．机械加工工艺编制．北京：北京大学出版社，2010. 2. 徐海枝．机械加工工艺编制．北京：北京理工大学出版社，2009. 3. 林承全．机械制造．北京：机械工业出版社，2010. 4. 华茂发．机械制造技术．北京：机械工业出版社，2004. 5. 武友德．机械加工工艺．北京：北京理工大学出版社，2011. 6. 孙希禄．机械制造工艺．北京：北京理工大学出版社，2012. 7. 王守志．机械加工工艺编制．北京：教育科学出版社，2012. 8. 卞洪元．机械制造工艺与夹具．北京：北京理工大学出版社，2010. 9. 孙英达．机械制造工艺与装备．北京：机械工业出版社，2012.					
对学生的要求	1. 能对任务书进行分析，能正确理解和描述目标要求。 2. 具有独立思考、善于提问的学习习惯。 3. 具有查询资料和市场调研能力，具备严谨求实和开拓创新的学习态度。 4. 能执行企业"5S"质量管理体系要求，具有良好的职业意识和社会能力。 5. 具备一定的观察理解和判断分析能力。 6. 具有团队协作、爱岗敬业的精神。 7. 具有一定的创新思维和勇于创新的精神。 8. 按时、按要求上交作业，并列入考核成绩。					

1.1.2 资讯

1. 阶梯轴零件加工工艺编制资讯单（见表1-2）

表1-2 阶梯轴零件加工工艺编制资讯单

学习领域	机械加工工艺及夹具		
学习情境1	轴类零件加工工艺编制	学时	26学时
任务1.1	阶梯轴零件加工工艺编制	学时	12学时
资讯方式	学生根据教师给出的资讯引导进行查询解答		
资讯问题	1. 轴类零件的结构特点及种类有哪些？ 2. 轴类零件主要有哪些类型？ 3. 轴类零件的技术性能指标有哪些？ 4. 轴类零件常用材料有哪些？ 5. 轴类零件为什么要进行热处理？ 6. 该阶梯轴的毛坯材料如何？采用何种方法制造？ 7. 轴类零件的常用加工方法有哪些？ 8. 轴类零件的定位基准如何选择？工艺装备怎样？何为六点定位？		

资讯引导	1. 问题1可参考信息单第一部分内容。 2. 问题2可参考信息单第一部分内容。 3. 问题3可参考信息单第二部分内容。 4. 问题4可参考信息单第三部分内容。 5. 问题5可参考信息单第三部分内容。 6. 问题6可参考信息单第三部分内容。 7. 问题7可参考信息单第四部分内容。 8. 问题8可参考信息单第五部分内容。

2. 阶梯轴零件加工工艺编制信息单（见表1-3）

表1-3　阶梯轴零件加工工艺编制信息单

学习领域	机械加工工艺及夹具		
学习情境1	轴类零件加工工艺编制	学时	26学时
任务1.1	阶梯轴零件加工工艺编制	学时	12学时
序号	信息内容		
一	轴类零件的功用及结构特点		

轴类零件是长度大于直径的回转体类零件的总称，是机器中的主要零件之一，主要用来支承传动件（齿轮、带轮、离合器等）和传递转矩、承受载荷以及保证装在轴上零件的回转精度等。所有轴上的零件都围绕轴线做回转运动，形成一个以轴为基准的组合体——轴系部件。轴上一般有轴颈、轴肩、键槽、螺纹、挡圈槽、销孔、内孔、螺纹孔等要素，以及中心孔、退刀槽、倒角、圆角等机械加工工艺结构。

根据结构形状的不同，轴类零件可分为光轴、阶梯轴、空心轴和异形轴（包括曲轴、凸轮轴和偏心轴）四类，如图1-4所示。

根据轴所承受的载荷不同，又可分为心轴、传动轴和转轴三类。

（1）心轴　工作时只承受弯曲作用的轴。心轴又分为固定心轴和转动心轴两种。

（2）传动轴　工作时只承受扭转作用的轴。

（3）转轴　工作时同时承受扭转和弯曲作用的轴，如减速器的输出轴。

根据轴的线形不同，轴又可分为直轴、曲轴和软轴。

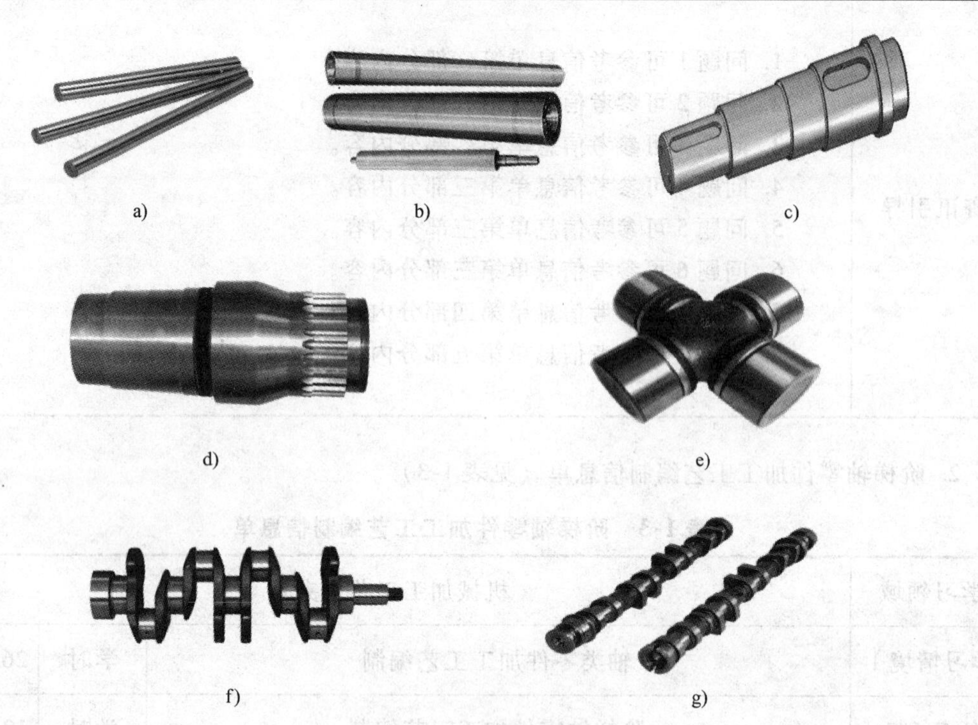

图 1-4　常见轴的种类

a）光轴　b）空心轴　c）阶梯轴　d）花键轴　e）十字轴　f）曲轴　g）凸轮轴

二	轴类零件的主要技术要求

在机器中，轴一般采用轴承支承，与轴承配合的轴段称为轴颈。轴颈是轴的装配基准，它们的精度和表面质量一般要求较高，其尺寸精度、形状精度、位置精度、表面粗糙度等技术要求一般根据轴的主要功用和工作条件确定。轴类零件的一般技术要求见表1-3-1。

表 1-3-1　轴类零件的一般技术要求

分类	一般技术要求
尺寸精度	轴类零件的支承轴颈一般与轴承配合，是轴类零件的主要表面，影响轴的旋转精度与工作状态。通常对轴的尺寸精度要求较高，公差等级为 IT5 ~ IT7；装配传动件的轴颈尺寸精度要求可低一些，公差等级为 IT6 ~ IT9
形状精度	轴类零件的形状精度主要是指支承轴颈的圆度、圆柱度，一般应将其控制在尺寸公差范围内，对精度要求高的轴，应在图样上标注其形状公差
位置精度	保证配合轴颈（装配传动件的轴颈）相对支承轴颈（装配轴承的轴颈）的同轴度或跳动量，是轴类零件位置精度的普遍要求，它会影响传动件（齿轮等）的传动精度。普通精度轴的配合轴颈对支承轴颈的径向圆跳动，一般规定为 0.01 ~ 0.03mm，高精度轴为 0.001 ~ 0.005mm
表面粗糙度	一般与传动件相配合的轴颈的表面粗糙度 Ra 为 6.3 ~ 2.5μm，与轴承相配合的支承轴颈的表面粗糙度 Ra 为 0.63 ~ 0.16μm

三	轴类零件的毛坯类型及热处理

毛坯的种类和制造方法主要与零件的使用要求和生产类型有关。轴类零件最常用的毛坯是锻件与圆棒料，只有结构复杂的大型轴类零件（如曲轴）才采用铸件。一般以棒料为主，而对于外圆直径相差大的阶梯轴或重要的轴，常选用锻件，这样既节约材料又减少了机械加工的工作量，还可改善力学性能。

一般轴类零件常用45钢，根据不同的工作条件采用不同的热处理规范（如正火、调质、淬火等），以获得一定的强度、韧性和耐磨性。它价格便宜，经过调质（或正火）后，可得到较好的切削性能，而且能获得较高的强度和韧性等综合力学性能，淬火后表面硬度可达45～52HRC。

锻造后的毛坯能改善金属的内部组织，提高其抗拉强度、抗弯强度等力学性能。同时，因锻件的形状和尺寸与零件相近，因此可以节约材料，减少切削加工的工作量，降低生产成本。所以比较重要的轴或直径相差较大的阶梯轴大都用锻件。图1-2所示阶梯轴的毛坯采用锻件，用自由锻的方法制造。

轴类零件应根据不同的工作条件和使用要求选用不同的材料，并采用不同的热处理获得一定的强度、韧性和耐磨性，如调质、正火、淬火等。

（1）正火或退火　锻造毛坯可以细化晶粒、消除应力、降低硬度、改善切削加工性能。

（2）调质处理　安排在粗车之后、半精车之前，以获得良好的力学性能。

（3）表面淬火　安排在精加工之前，可以纠正因淬火引起的局部变形。

（4）低温时效处理　精度要求高的轴，在局部淬火或粗磨之后进行。

四	轴类零件的常见加工表面及加工方法

轴类零件的常见加工表面有：内外圆柱面、圆锥面、螺纹、花键及沟槽等。

1. 外圆表面的加工方法

在选择加工方案时，应根据其要求的精度、表面粗糙度、毛坯种类、工件材料性质、热处理要求以及生产类型，并结合具体生产条件来确定。

外圆表面是轴类零件的主要表面，外圆车削一般可分为粗车、半精车、精车、精细车。

粗车的目的是切去毛坯硬皮和大部分余量。加工后工件公差等级为IT11～IT13，表面粗糙度 Ra 为50.0～12.5μm。

半精车的公差等级可达IT8～IT10，表面粗糙度 Ra 为6.3～3.2μm。半精车可作为中等精度表面的终加工，也可作为磨削或精加工的预加工。

精车后的公差等级可达IT7～IT8，表面粗糙度 Ra 为1.6～0.8μm。

精细车后的公差等级可达IT6～IT7，表面粗糙度 Ra 为0.400～0.025μm，精细车尤其适于有色金属加工，有色金属一般不宜采用磨削，所以常用精细车代替磨削。

2. 外圆表面的磨削加工

磨削是外圆表面精加工的主要方法之一。它既可以加工淬硬后的表面，又可加工未经淬火的表面。根据磨削时工件定位方式不同，外圆磨削可分为中心磨削和无心磨削两大类。

3. 外圆表面的精密加工

随着科学技术的发展，对工件的加工精度和表面质量要求也越来越高。因此，在外圆表面精加工后，往往还要进行精密加工。外圆表面的精密加工方法常用的有高精度磨削、超精度加工、研磨和滚压加工等。

五	轴类零件定位基准的选择和工艺装备

在编制工艺规程时，正确选择各道工序的定位基准，对保证加工质量、提高生产率等有重大影响。

1. 基准

基准是指确定零件上某些点、线、面位置时所依据的那些点、线、面，或者说是用来确定生产对象上几何要素间的几何关系所依据的那些点、线、面。

2. 基准的种类

基准按作用不同，可分为工艺基准和设计基准两大类。

（1）工艺基准　工艺基准是指在加工或装配过程中所使用的基准。工艺基准根据其使用场合的不同，又可分为工序基准、定位基准、测量基准和装配基准四种。定位基准根据选用的基准是否已加工，又可分为精基准和粗基准，如图 1-5 所示。

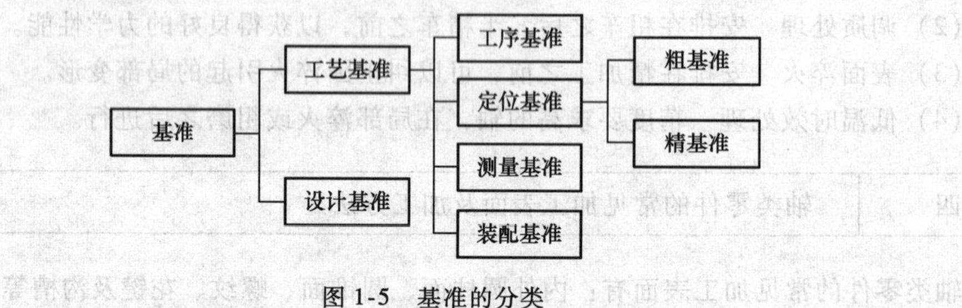

图 1-5　基准的分类

1）工序基准。在工序图上，用来确定加工表面位置的基准。

2）定位基准。加工过程中，使工件相对机床或刀具占据正确位置所使用的基准。

3）测量基准。用来测量加工表面位置和尺寸而使用的基准。

4）装配基准。装配过程中用以确定零部件在产品中位置的基准。

（2）设计基准　设计图样上所采用的基准，也是标注尺寸的起点。

按加工顺序标注尺寸符合加工过程，便于加工和测量，从而易于保证工艺要求。轴套类零件的一般尺寸或零件阶梯孔等都按加工顺序标注尺寸。

3. 精基准

将零件已加工的表面作为定位基准，这种基准称为精基准。合理地选择定位精基准是保证零件加工精度的关键。

选择精基准应先根据零件关键表面的加工精度（尤其是有位置精度要求的表面），同时还要考虑所选基准的装夹是否稳定可靠、操作方便，选定精基准所用的夹具结构是否简单。

精基准可按表1-3-2所述的原则选取。

表1-3-2 精基准的选择原则

原　则	含　义	说　明
基准重合原则	以设计基准作为定位基准	避免由于基准不重合而产生的定位误差
基准统一原则	在大多数工序中，都使用同一基准	保证各加工表面的相互位置精度，避免基准变换所产生的误差，提高加工效率
互为基准原则	加工表面和定位表面互相转换，互为定位基准	可提高相互位置精度
自为基准原则	以加工表面自身作为定位基准	可提高加工表面的尺寸精度，不能提高表面间的位置精度

4. 粗基准

以毛坯表面作为定位基准，称为粗基准。轴类零件粗基准的选择应从零件加工的全过程来考虑。粗基准可按表1-3-3所述的原则选取。

表1-3-3 粗基准的选择原则

原　则	含　义	对粗基准的要求
余量均匀分配原则	应保证各加工表面都有足够的加工余量；以加工余量小而均匀的重要表面为粗基准，以保证该表面加工余量分布均匀、表面质量高	粗基准面应平整，没有浇口、冒口或飞边等缺陷，以便定位可靠 粗基准一般只能使用1次（尤其是主要定位基准），以免产生较大的位置误差
保证相互位置精度的原则	一般应以非加工面作为粗基准，保证不加工表面相对于加工表面具有较为精确的相对位置。当零件上有几个不加工表面时，应选择与加工面相对位置精度要求较高的不加工表面作为粗基准	
便于装夹的原则	选表面光洁的平面作为粗基准，以保证定位准确、夹紧可靠	
粗基准一般不得重复使用的原则	在同一尺寸方向上粗基准通常只允许使用一次，这是因为粗基准一般都很粗糙，重复使用同一粗基准所加工的两组表面之间位置误差会相当大	

5. 机床设备和工艺装备的选择

（1）机床设备的选择

1）所选机床设备的尺寸规格应与工件的形体尺寸相适应。

2）精度等级应与本工序加工要求相适应。

3）电动机功率应与本工序加工所需功率相适应。

4）机床设备的自动化程度和生产效率应与工件生产类型相适应。

（2）工艺装备的选择　工艺装备的选择将直接影响工件的加工精度、生产效率和制造成本，应根据不同情况适当选择。

1）在中小批量生产条件下，应首先考虑选用通用工艺装备（包括夹具、刀具、量具和辅具）。

2）在大批大量生产中，可根据加工要求设计制造专用的工艺装备。

(3) 机床夹具的组成　机床夹具一般由定位元件、夹紧装置、对刀、引导元件或装置、连接元件、夹具体和其他元件及装置等组成。

外圆车削加工时，最常见的工件装夹方法见表1-3-4。

表1-3-4　最常见的工件装夹方法

名称	装夹简图	装夹特点	应　用
自定心卡盘		三个卡爪可同时移动，自动定心，装夹迅速方便	长径比小于4，截面为圆形、六边形的中、小型工件的加工
单动卡盘		四个卡爪都可单独移动，装夹工件需要找正	长径比小于4，截面为方形、椭圆形的较大、较重的工件
花盘		盘面上多通槽和T形槽，使用螺钉、压板装夹，装夹前需找正	形状不规则的工件、孔或外圆与定位基准面垂直的工件的加工
双顶尖		定心正确，装夹稳定	长径比为4～15的实心轴类零件加工
双顶尖 中心架		支爪可调，增加工件的刚性	长径比大于15的细长轴工件的粗加工
一夹一顶 跟刀架		支爪随刀具一起运动，无接刀痕	长径比大于15的细长轴工件的半精加工、精加工
心轴		能保证外圆、端面对内孔的位置精度	以孔为定位基准的套类零件的加工

(4) 刀具种类的选择　刀具种类主要根据被加工表面的形状、尺寸、精度、加工方法、所用机床及要求的生产率等进行选择。

6. 六点定位规则

（1）定义　任何未定位的工件在空间直角坐标系中都具有6个自由度：沿三坐标轴的移动自由度和绕3个坐标轴的转动自由度，分别用 $\overrightarrow{X}$、$\overrightarrow{Y}$、$\overrightarrow{Z}$ 和 $\overset{\frown}{X}$、$\overset{\frown}{Y}$、$\overset{\frown}{Z}$ 表示，如图1-6所示。工件定位的任务就是根据加工要求限制工件的全部或部分自由度。六点定位规则是指用6个支承面来分别限制工件的6个自由度，从而使工件在空间得到确定定位的方法。6个支承点的分布方式与工件形状有关，如图1-7所示。

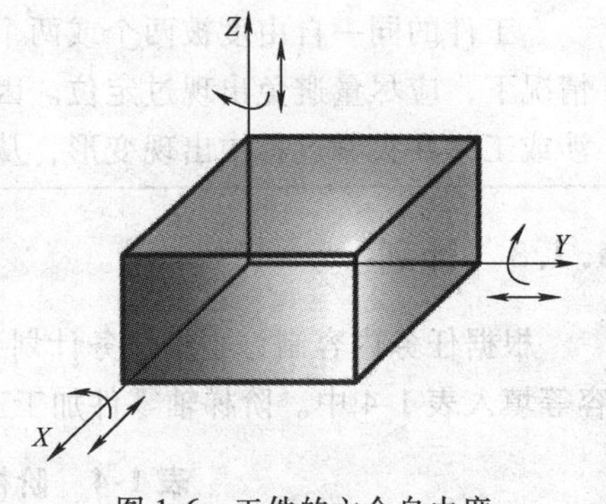

图1-6　工件的六个自由度

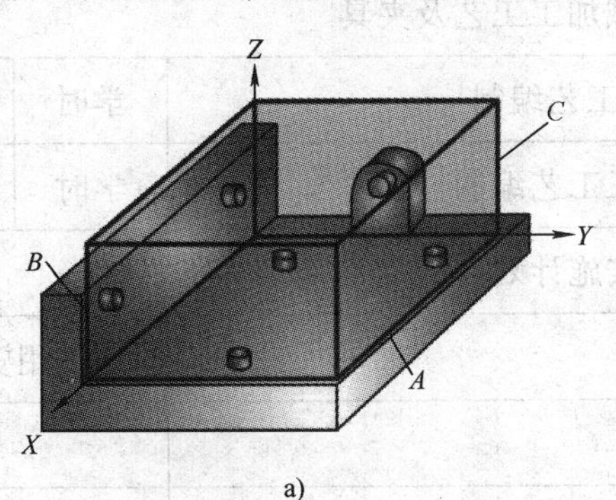

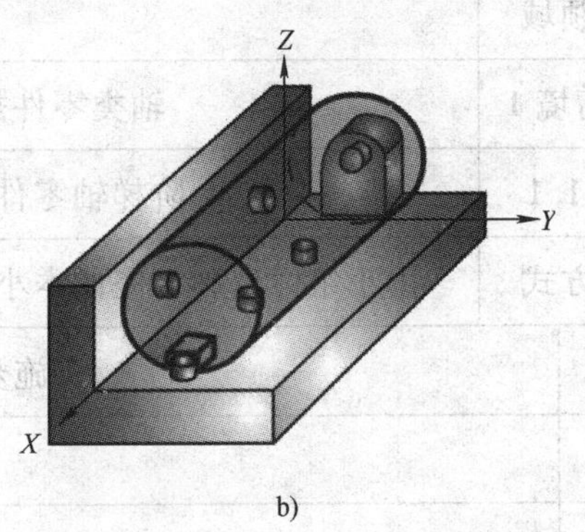

图1-7　工件的六点定位

a）六面体类工件　b）轴类工件

（2）定位基准　如图1-7a所示，工件底面 A 由3个不在同一直线的支承点支承，限制了 $\overrightarrow{Z}$、$\overset{\frown}{X}$、$\overset{\frown}{Y}$ 3个自由度，起主要支承作用，称为第一定位基准；侧面 B 靠在2个支承点上，两支承点沿与 A 面平行方向布置，限制了工件的 $\overrightarrow{Y}$、$\overset{\frown}{Z}$ 2个自由度，称为第二定位基准；端面 C 由1个支承点支承，限制了 $\overrightarrow{X}$ 1个自由度，称为第三定位基准。可见，工件的6个自由度都被限制了，工件在夹具中的位置得到了完全确定。

如图1-7b所示，底面为第一基准，由2个支承点限制了 $\overrightarrow{Z}$、$\overset{\frown}{Y}$ 2个自由度；侧面为第二基准，用2个支承点限制了 $\overrightarrow{Y}$、$\overset{\frown}{Z}$ 2个自由度；端面为第三基准，用1个支承点限制了 $\overrightarrow{X}$ 1个自由度；另一端面为第四基准，用槽孔的1个支承点限制了 $\overset{\frown}{X}$ 1个自由度。

（3）限制工件自由度与加工要求的关系　工件在夹具中定位时，并非所有情况都必须完全定位，所需要限制的自由度取决于本工序的加工要求。对空间直角坐标系来说，工件在某个方面有加工要求，则在那个方面的自由度就应该加以限制。

（4）正确处理欠定位和过定位　工件的6个自由度完全被限制的定位称为完全定位。按加工要求，允许有一个或几个自由度不被限制的定位称为不完全定位。

按工序的加工要求，工件应该限制的自由度而未予限制的定位，称为欠定位。欠定位不能保证工件在夹具中处于正确位置，无法保证工件所规定的加工要求，因此，在确定工件定位方案时，欠定位是绝对不允许的。

工件的同一自由度被两个或两个以上的支承点重复限制的定位，称为过定位。在通常情况下，应尽量避免出现过定位。因为，过定位将会造成工件位置的不确定、工件安装干涉或工件在夹紧过程中出现变形，从而影响加工精度。

1.1.3 计划

根据任务内容制订小组任务计划，简要说明任务实施过程的步骤及注意事项。将计划内容等填入表1-4中。阶梯轴零件加工工艺编制计划单见表1-4。

表1-4 阶梯轴零件加工工艺编制计划单

<table>
<tr><td>学习领域</td><td colspan="5">机械加工工艺及夹具</td></tr>
<tr><td>学习情境1</td><td colspan="3">轴类零件加工工艺编制</td><td>学时</td><td>26学时</td></tr>
<tr><td>任务1.1</td><td colspan="3">阶梯轴零件加工工艺编制</td><td>学时</td><td>12学时</td></tr>
<tr><td>计划方式</td><td colspan="5">由小组讨论制订完成本小组实施计划</td></tr>
<tr><td>序号</td><td colspan="3">实施步骤</td><td colspan="2">使用资源</td></tr>
<tr><td></td><td colspan="3"></td><td colspan="2"></td></tr>
<tr><td></td><td colspan="3"></td><td colspan="2"></td></tr>
<tr><td></td><td colspan="3"></td><td colspan="2"></td></tr>
<tr><td></td><td colspan="3"></td><td colspan="2"></td></tr>
<tr><td></td><td colspan="3"></td><td colspan="2"></td></tr>
<tr><td></td><td colspan="3"></td><td colspan="2"></td></tr>
<tr><td></td><td colspan="3"></td><td colspan="2"></td></tr>
<tr><td>制订计划说明</td><td colspan="5"></td></tr>
<tr><td>计划评价</td><td colspan="5">评语：</td></tr>
<tr><td>班级</td><td></td><td>第　　组</td><td colspan="2">组长签字</td><td></td></tr>
<tr><td>教师签字</td><td colspan="2"></td><td colspan="2">日期</td><td></td></tr>
</table>

1.1.4 决策

各小组之间讨论工作计划的合理性和可行性，并进行计划方案的讨论，选定合适的工作计划，进行决策，填写决策单。阶梯轴零件加工工艺编制决策单见表1-5。

表1-5 阶梯轴零件加工工艺编制决策单

学习领域	机械加工工艺及夹具					
学习情境1	轴类零件加工工艺编制				学时	26学时
任务1.1	阶梯轴零件加工工艺编制				学时	12学时
方案讨论					组号	
方案决策	组别	步骤顺序性	步骤合理性	实施可操作性	选用工具合理性	原因说明
	1					
	2					
	3					
	4					
	5					
	1					
	2					
	3					
	4					
	5					
	1					
	2					
	3					
	4					
	5					
方案评价	评语：（根据组内的决策，对自己的计划进行修改并说明修改原因）					
班级		组长签字		教师签字		月 日

1.1.5 实施

1. 实施准备

任务实施准备主要有场地准备、教学仪器（工具）准备和资料准备，见表1-6。

表1-6 阶梯轴零件加工工艺编制实施准备

场地准备	教学仪器（工具）准备	资料准备
机械加工实训室（多媒体）	阶梯轴	1. 于爱武. 机械加工工艺编制. 北京：北京大学出版社，2010. 2. 徐海枝. 机械加工工艺编制. 北京：北京理工大学出版社，2009. 3. 林承全. 机械制造. 北京：机械工业出版社，2010. 4. 华茂发. 机械制造技术. 北京：机械工业出版社，2004. 5. 武友德. 机械加工工艺. 北京：北京理工大学出版社，2011. 6. 孙希禄. 机械制造工艺. 北京：北京理工大学出版社，2012. 7. 王守志. 机械加工工艺编制. 北京：教育科学出版社，2012. 8. 卞洪元. 机械制造工艺与夹具. 北京：北京理工大学出版社，2010. 9. 孙英达. 机械制造工艺与装备. 北京：机械工业出版社，2012.

2. 实施任务

依据计划步骤实施任务，并完成作业单的填写。阶梯轴零件加工工艺编制作业单见表1-7。

表1-7 阶梯轴零件加工工艺编制作业单

学习领域	机械加工工艺及夹具		
学习情境1	轴类零件加工工艺编制	学时	26学时
任务1.1	阶梯轴零件加工工艺编制	学时	12学时
作业方式	小组分析，个人解答，现场批阅，集体评判		
1	根据阶梯轴零件图，进行零件工艺分析，确定加工关键表面		
作业解答：			

2	选择阶梯轴定位基准和工艺装备
作业解答：	
3	拟订阶梯轴的工艺路线，填写工艺文件
作业解答：	
作业评价：	

班级		组别		组长签字	
学号		姓名		教师签字	
教师评分		日期			

1.1.6 检查评估

学生完成本学习任务后，应展示的结果为：完成的计划单、决策单、作业单、检查单、评价单。

1. 阶梯轴的加工工艺编制检查单（见表1-8）

表 1-8　阶梯轴的加工工艺编制检查单

学习领域	机械加工工艺及夹具			
学习情境 1	轴类零件加工工艺编制		学时	26 学时
任务 1. 1	阶梯轴零件加工工艺编制		学时	12 学时
序号	检查项目	检查标准	学生自查	教师检查
1	任务书阅读与分析能力，正确理解及描述目标要求	准确理解任务要求		
2	与同组同学协商，确定人员分工	较强的团队协作能力		
3	查阅资料能力，市场调研能力	较强的资料检索能力和市场调研能力		
4	资料的阅读、分析和归纳能力	较强的资料检索能力和分析、归纳能力		
5	阶梯轴的加工方案	加工方法是否合理，加工工序的设计原则		
6	阶梯轴的定位基准的选择、加工余量和工序尺寸的确定	加工顺序安排的原则，计算步骤正确，计算结果准确		
7	安全生产与环保	符合“5S”要求		
8	缺陷的分析诊断能力	缺陷处理得当		
检查评价	评语：			
班级		组别	组长签字	
教师签字			日期	

2. 轴的工作分析与设计评价单（见表 1-9）

表 1-9　轴的工作分析与设计评价单

学习领域	机械加工工艺及夹具				
学习情境 1	轴类零件加工工艺编制			学时	26 学时
任务 1. 1	阶梯轴零件加工工艺编制			学时	12 学时
评价类别	评价项目	子项目	个人评价	组内互评	教师评价
专业能力（60%）	资讯（8%）	搜集信息（4%）			
		引导问题回答（4%）			
	计划（5%）	计划可执行度（5%）			
	实施（12%）	工作步骤执行（3%）			
		功能实现（3%）			
		质量管理（2%）			
		安全保护（2%）			
		环境保护（2%）			
	检查（10%）	全面性、准确性（5%）			
		异常情况排除（5%）			
	过程（15%）	使用工具规范性（7%）			
		操作过程规范性（8%）			
	结果（5%）	结果质量（5%）			
	作业（5%）	作业质量（5%）			
社会能力（20%）	团结协作（10%）				
	敬业精神（10%）				
方法能力（20%）	计划能力（10%）				
	决策能力（10%）				
评价评语	评语：				
班级		组别		学号	总评
教师签字		组长签字		日期	

1.1.7 实践中常见问题解析

1. 当零件上有一些表面不需要进行机械加工，且不加工表面与加工表面之间有一定的相互位置精度要求时，应选择不加工表面中与加工表面相互位置精度要求较高的不加工表面作为粗基准。

2. 为使每个加工表面都能得到足够的加工余量，应选择毛坯上加工余量最小的表面作为粗基准。

3. 若保证某重要加工表面的加工余量小而均匀，应以该重要加工表面作为粗基准。

4. 粗基准的选择应尽可能使金属切削量总和最小。

5. 精细车要求机床精度高、刚性好、传动平稳、能微量进给、无爬行现象。车削中采用金刚石或硬质合金刀具，刀具主偏角选大些（45°～90°），刀具的刀尖圆弧半径小于0.1mm，以减少工艺系统中弹性变形及振动。

任务1.2 传动轴加工工艺编制

1.2.1 任务描述

传动轴加工工艺编制任务单见表1-10。

表1-10 传动轴加工工艺编制任务单

学习领域	机械加工工艺及夹具		
学习情境1	轴类零件加工工艺编制	学时	26学时
任务1.2	传动轴加工工艺编制	学时	14学时
布置任务			
学习目标	1. 能够正确分析传动轴的结构与技术要求。 2. 能够对一般复杂的轴类零件进行加工顺序安排。 3. 能够根据一般复杂程度零件合理选择加工设备及工艺装备。 4. 能够解决工艺过程中发生的简单质量问题。		
任务描述	图1-8a所示为某厂要生产的减速器的局部结构，计划该减速器的年产量为150台。图1-8b所示为该减速器所需的传动轴。其装配图如图1-9所示。图1-10所示为传动轴零件图。该减速器传动轴备品率为4%，废品率约为1%，试分析该传动轴，确定生产类型，选择毛坯类型及合理的制造方法，选取定位基准和加工装备，拟订工艺路线，设计加工工序，并填写工艺文件。 a) b) 图1-8 减速器和传动轴		

任务描述

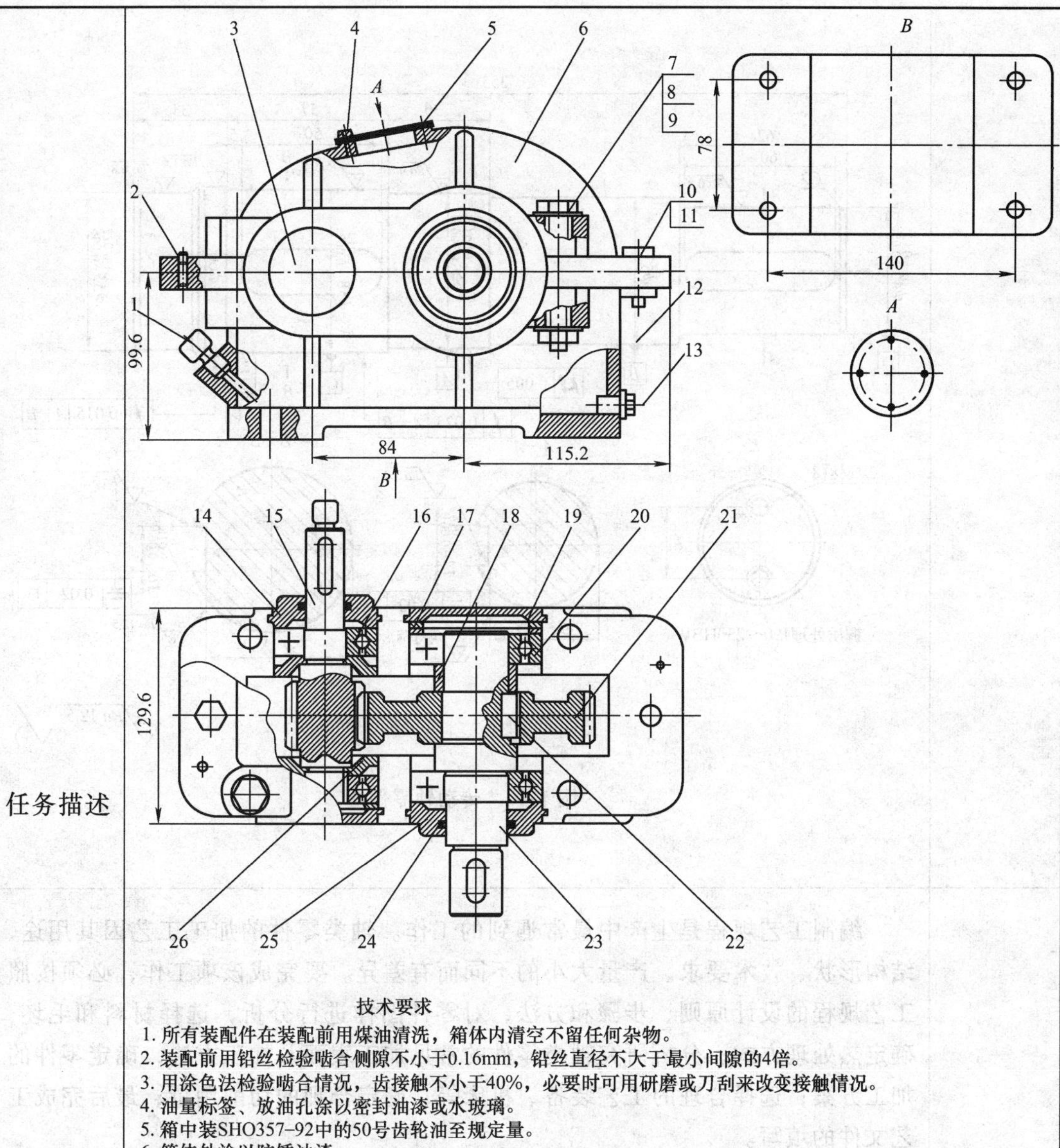

技术要求

1. 所有装配件在装配前用煤油清洗，箱体内清空不留任何杂物。
2. 装配前用铅丝检验啮合侧隙不小于0.16mm，铅丝直径不大于最小间隙的4倍。
3. 用涂色法检验啮合情况，齿接触不小于40%，必要时可用研磨或刀刮来改变接触情况。
4. 油量标签、放油孔涂以密封油漆或水玻璃。
5. 箱中装SHO357–92中的50号齿轮油至规定量。
6. 箱体外涂以防锈油漆。

26	挡油环	2	HT150						
25	输出轴轴套	1	HT150		10	螺栓	2	Q235	GB/T M6×20
24	填料	2	毛毡		9	螺母	4	Q235	GB/T M8
23	输出轴	1	45		8	垫圈	8	Q235	GB/T 8•140HV
22	键	1	45		7	螺栓	4	Q235	GB/T M8×70
21	输出轴齿轮	1	40Cr		6	箱盖	1	HT150	
20	滚动轴承	2		6206Z	5	顶盖	1	塑料	
19	输出轴端盖	1	HT150		4	螺钉	4	35	GB/T M4×16
18	定位轴套	1	HT150		3	齿轮轴端盖	1	HT150	
17	调整环	3	HT150		2	定位销	2	45	GB/T 4M6×16
16	滚动轴承	2		6204	1	油量标签	1	35	
15	齿轮轴	1	40Cr		序号	名称	数量	材料	备注
14	齿轮轴轴套	1	HT150		一级直齿圆柱齿轮减速器		班级		比例 1:1
13	密封螺栓	1	Q235	GB/T M8×10			学号		图号
12	基座	1	HT150		制图				
11	螺母	2	Q235	GB/T M6	审核				

图 1-9　减速器传动轴装配图

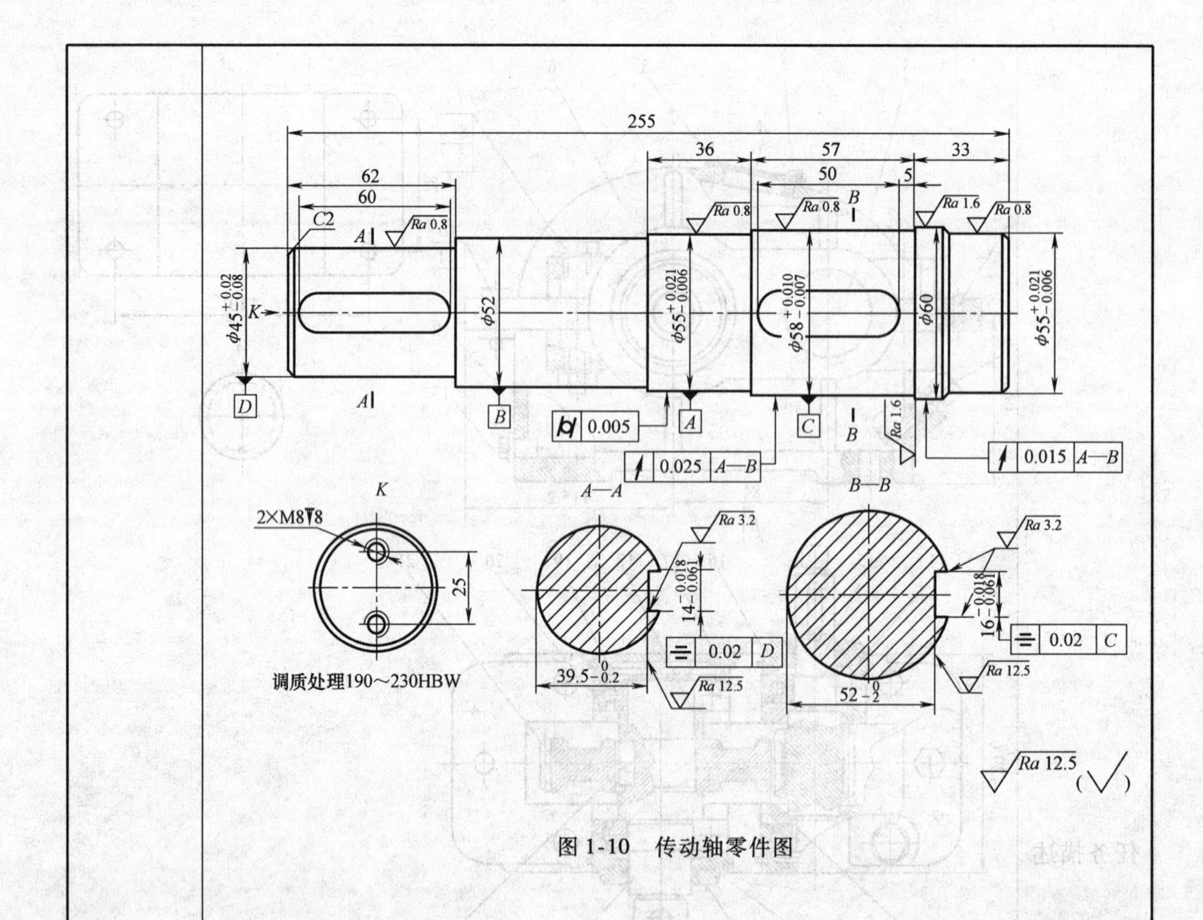

图 1-10 传动轴零件图

任务分析

编制工艺规程是生产中最常遇到的工作。轴类零件的加工工艺因其用途、结构形状、技术要求、产量大小的不同而有差异。要完成该项工作，必须按照工艺规程的设计原则、步骤和方法，对零件图样进行分析，选择材料和毛坯，确定热处理方式；分析研究轴类零件的常见加工表面及加工方法，确定零件的加工方案；选择合理的工艺装备、机床等；确定合理的切削用量；最后完成工艺文件的填写。

通过对减速器传动轴的图样分析，完成以下任务：

1. 计算零件的生产纲领，确定生产类型。
2. 结构及技术要求分析。
3. 材料、毛坯及热处理方式的选择。
4. 定位基准的选择。
5. 确定传动轴的加工方法及加工方案。
6. 确定传动轴的加工路线。
7. 加工设备及工艺装备的选择。
8. 合理确定传动轴的加工余量和工序尺寸。
9. 工艺文件的填写。

学时安排	资讯 3 学时	计划 1.5 学时	决策 1.5 学时	实施 4.5 学时	检查 1.5 学时	评价 2.0 学时
提供资料	1. 于爱武．机械加工工艺编制．北京：北京大学出版社，2010. 2. 徐海枝．机械加工工艺编制．北京：北京理工大学出版社，2009. 3. 林承全．机械制造．北京：机械工业出版社，2010. 4. 华茂发．机械制造技术．北京：机械工业出版社，2004. 5. 武友德．机械加工工艺．北京：北京理工大学出版社，2011. 6. 孙希禄．机械制造工艺．北京：北京理工大学出版社，2012. 7. 王守志．机械加工工艺编制．北京：教育科学出版社，2012. 8. 卞洪元．机械制造工艺与夹具．北京：北京理工大学出版社，2010. 9. 蒋兆宏．典型机械零件的加工工艺．北京：机械工业出版社，2012. 10. 孙英达．机械制造工艺与装备．北京：机械工业出版社，2012.					
对学生的要求	1. 能对任务书进行分析，能正确理解和描述目标要求。 2. 具有独立思考、善于提问的学习习惯。 3. 具有查询资料和市场调研能力，具备严谨求实和开拓创新的学习态度。 4. 能执行企业“5S”质量管理体系要求，具有良好的职业意识和社会能力。 5. 具备一定的观察理解和判断分析能力。 6. 具有团队协作、爱岗敬业的精神。 7. 具有一定的创新思维和勇于创新的精神。 8. 按时、按要求上交作业，并列入考核成绩。					

1.2.2 资讯

1. 传动轴加工工艺编制资讯单（见表 1-11）

表 1-11 传动轴加工工艺编制资讯单

学习领域	机械加工工艺及夹具		
学习情境 1	轴类零件加工工艺编制	学时	26 学时
任务 1.2	传动轴加工工艺编制	学时	14 学时
资讯方式	学生根据教师给出的资讯引导进行查询解答		
资讯问题	1. 什么是生产过程？什么是机械加工工艺过程？ 2. 什么是生产纲领？与生产类型有什么关系？ 3. 工序和工步有何区别？机械加工工艺步骤有哪些？ 4. 零件图样分析包括哪些内容？ 5. 加工轴类零件的常用毛坯有哪些？ 6. 如何选取传动轴的定位基准？ 7. 轴类零件外圆加工有哪些方法？ 8. 什么是加工余量？影响加工余量的因素有哪些？ 9. 加工余量的确定方法有哪些？ 10. 如何选取加工余量？加工余量的大小对轴类零件的加工有何影响？ 11. 何为尺寸链？有何特性？如何建立尺寸链？ 12. 简述传动轴的加工过程。		

资讯引导	1. 问题 1 可参考信息单第一部分内容。 2. 问题 2 可参考信息单第一部分内容。 3. 问题 3 可参考信息单第一部分内容。 4. 问题 4 参考信息单第二分内容。 5. 问题 5 参考信息单第三部分内容。 6. 问题 6 参考信息单第四部分内容。 7. 问题 7 参考信息单第五部分内容。 8. 问题 8 参考信息单第六部分内容。 9. 问题 9 参考信息单第六部分内容。 10. 问题 10 参考信息单第六部分内容。 11. 问题 11 参考信息单第六部分内容。 12. 问题 12 参考信息单第六部分内容。

2. 传动轴加工工艺编制信息单（见表 1-12）

表 1-12　传动轴加工工艺编制信息单

学习领域	机械加工工艺及夹具		
学习情境 1	轴类零件加工工艺编制	学时	26 学时
任务 1.2	传动轴加工工艺编制	学时	14 学时
序号	信息内容		
一	机械加工工艺过程及生产纲领计算与生产类型确定		

（1）生产过程　将原材料转变为成品所需的劳动过程的总和称为生产过程，包括生产技术准备过程、生产工艺过程、辅助生产过程和生产服务过程。

1）生产技术准备过程包括产品投产前的市场调查分析、产品研制和技术鉴定等。

2）在生产过程中，凡是改变生产对象的形状、尺寸、相对位置和性质，使其成为成品或半成品的过程称为工艺过程，包括毛坯制造、零件加工、部件和产品装配、调试、油漆和包装等。

3）辅助生产过程是为使基本生产过程能正常进行所必需的辅助劳动过程总和，包括工艺装备的设计制造、能源供应及设备维修等。

4）生产服务过程是为保证生产活动顺利进行而提供的各种服务性工作，包括原材料采购运输、保管、供应及产品包装、销售等。

（2）机械加工工艺过程　由一个或若干个顺序排列的工序组成，而工序又可分为安装、工位、工步和进给。

（3）工序　一个或一组工人，在一个工作地对同一个或同时对几个工件所连续完成的那一部分工艺过程称为工序。

区分工序的主要依据是设备或工作地是否变动，完成的那一部分工艺内容是否连续。零件加工的设备变动后，即构成了另一新工序。

（4）工步　在加工表面（或装配时的连接表面）和加工（或装配）工具不变的条件下所连续完成的那部分工艺过程称为工步。

一般来说，构成工步的任一要素（加工表面、刀具及加工连续性）改变后，即成为一个新工步。但下面指出的情况应视为一个工步：若被加工表面切去的金属层很厚，需分几次切削，则每进行一次切削就是一次进给。一个工步可以包括一次或几次进给。

（5）装夹　工件在加工前，在机床或夹具上先占据一正确位置，然后再夹紧的过程。

（6）安装　工件（或装配单元）经一次装夹后所完成的那一部分工艺内容称为安装。

（7）工位　为完成一定的工序内容，一次装夹工件后，工件（或装配单元）与夹具或设备的可动部分一起相对于刀具或设备固定部分所占据的每一个位置称为工位。

（8）机械加工工艺规程　它是规定零件机械加工工艺过程和操作方法的工艺文件之一。

（9）机械加工工艺文件格式　它包括机械加工工艺过程卡、机械加工工艺卡及机械加工工序卡三种。

1）机械加工工艺过程卡：以工序为单位，简要说明整个零件加工所经过的工艺路线过程（包括毛坯制造、机械加工和热处理）的一种工艺文件。工艺过程卡中各工序的内容较简要，一般不能直接指导工人操作，多作为生产管理使用，但在单件小批生产中，由于不编制其他工艺文件，所以以工艺过程卡指导生产。

2）机械加工工艺卡：以工序为单位，详细说明整个工艺过程的工艺文件，用来指导工人进行生产、帮助车间管理人员和技术人员掌握整个零件的加工过程，多用于成批量生产的零件和小批量生产的重要零件。

3）机械加工工序卡：在工艺过程卡的基础上，按每道工序内容所编制的一种工艺文件，一般具有工序简图、每道工序详细的加工内容、工艺参数、操作要求、加工设备及工艺设备等，是具体指导工人加工操作的技术文件，多用于大批、大量生产的零件或成批生产的重要零件。

（10）生产纲领　企业在计划期内应当生产的产品产量和进度计划称为生产纲领。

零件在计划期为1年的生产纲领 N 可按下式计算：

$$N = Qn(1+a)(1+b)$$

式中　Q——产品的年生产纲领，单位为台/年；

n——每台产品中该零件的数量，单位为件/台；

a——备品率；

b——废品率。

（11）生产类型　企业（或车间、工段、班组、工作地）生产专业化程度的分类。一般分为大量生产、成批生产和单件生产三种类型。生产类型的划分主要取决于生产纲领，即年产量。生产类型见表1-12-1。

表1-12-1　生产类型　　（单位：件）

生产类型	单件生产	批量生产			大量生产
		小批量生产	中批量生产	大批量生产	
重型机械	<5	5~100	100~300	300~1000	>1000
中型机械	<20	20~200	200~500	500~5000	>5000
轻型机械	<100	100~500	500~5000	5000~50000	>50000

（续）

生产类型		单件生产	批量生产			大量生产
			小批量生产	中批量生产	大批量生产	
工艺特点	毛坯的制造方法及加工余量	自由锻造，木模手工造型；毛坯精度低，余量大		部分采用模锻，金属模造型；毛坯精度及余量中等	广泛采用模锻、机械造型等高效方法；毛坯精度高，余量小	
	机床设备及机床布置	部分采用数控机床及柔性制造单元		通用机床、部分专用机床及高效自动机床	采用自动机床、专用机床	
	夹具及尺寸保证	通用夹具，标准附件或组合夹具；划线试切保证尺寸		通用夹具，专用或组合夹具；定程法保证尺寸	高效专用夹具，定程及自动测量控制尺寸	
	零件的互换性	配对制造，互换性低，多采用钳工修配		多数互换，部分试配或修配	全部互换，采用分组装配	
	成本	较高		中等	低	
	刀具、量具	通用刀具、标准量具		专用或标准刀具、量具	专用刀具、量具，自动测量	
	工艺文件	编制简单的工艺过程卡		编制详细的工艺过程卡及关键工序的工序卡	编制详细的工艺过程卡、工序卡及调整卡	
	生产率	常用传统加工方法，生产率低，用数控机床可提高生产率		中等	高	
	对工人的技术要求	熟练		需要一定的熟练程度	对熟练程度要求较低，对调整工人的技术要求较高	

（12）机械加工工艺规程制订步骤　一般由8个步骤组成，如图1-11所示。

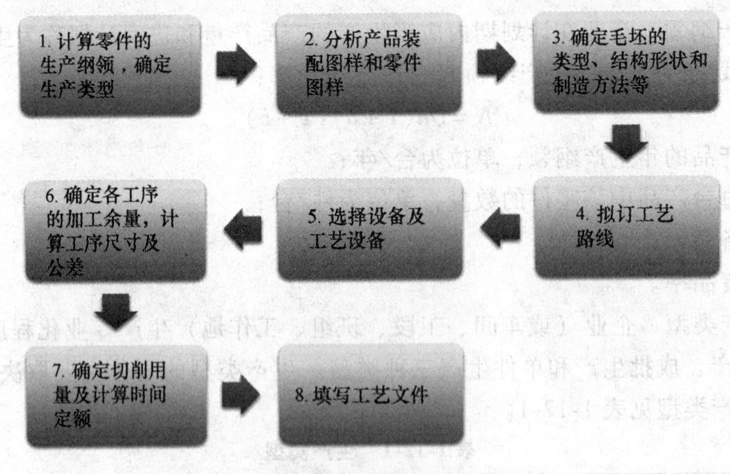

图1-11　机械加工工艺规程制订步骤

根据任务单中的要求计算生产纲领，确定生产类型：

减速器计划每年生产150台，备品率为4%，废品率为1%，每台减速器需1根传动轴，其生产纲领为

$$N=150\times1\times(1+4\%)\times(1+1\%)=157.56\approx158$$

减速器是轻型机械，属于小批量生产，其工艺特征如下：

1）生产效率不高，但需要熟练的技术工人。

2）毛坯可选用型材或选用木模手工造型。

3）加工设备应采用通用机床。

4）工艺装备采用通用夹具、通用刀具和标准量具等。

5）需编制加工工艺过程卡片和关键工序卡片。

二	轴类零件结构及技术要求分析

零件图样分析包括以下内容：

（1）整体分析　熟悉产品的用途、性能及工作条件，明确零件在产品中的位置、作用及相关零件的位置关系。

（2）技术要求分析　加工表面的尺寸精度、形状精度和表面质量，各加工表面之间的相互位置精度，工件的热处理和其他要求。

（3）零件结构分析　保证主要表面的加工精度，便于装夹、加工与测量。

1）零件表面的组成和基本类型。基本表面：内外圆柱表面、圆锥表面和平面等；特形表面：螺旋面、渐开线齿形表面、圆弧面等。

2）主要表面与次要表面区分。

3）零件的结构工艺性。

分析任务单中减速器传动轴结构及技术要求：

1）ϕ55mm 轴颈公差等级为 IT6，为了保证与轴承的配合性质，对圆柱度提出了进一步的要求（0.005mm），表面粗糙度 Ra 为 0.8μm，是加工要求最高的部位。

2）中间 ϕ58mm 轴头处安装从动齿轮，为了保证齿轮的运动精度，除按 IT6 给出尺寸公差外，还规定了对基准轴线 $A—B$ 的径向圆跳动公差（0.025mm），表面粗糙度 Ra0.8μm。

3）ϕ60mm 处两轴肩是止推面，对配合件起定位作用，要求保证对基准轴线 $A—B$ 的轴向圆跳动公差（0.015mm），表面粗糙度 Ra 为 1.6μm。

4）宽度为 14mm、16mm 的两键槽中心平面分别对 ϕ45mm、ϕ58mm 外圆轴线规定了对称度公差（0.02mm）。

三	传动轴零件毛坯和材料的选择

由传动轴零件图 1-10 可知，该传动轴各段外圆直径尺寸相差不大，且属于单件小批量生产，可选取热轧圆钢为坯料，材质为 45 钢。常见毛坯类型见表 1-12-2。

表 1-12-2　常见毛坯类型

毛坯类型	特　点	应　用	图　例
铸件	由砂型铸造、金属模铸造、压力铸造、离心铸造、精密铸造等方法获得	常用作形状比较复杂的零件毛坯	

（续）

毛坯类型	特　点	应　用	图　例
锻件	加工余量大，锻件精度低，生产率不高	适用于单件和小批量生产以及大型零件毛坯	
	加工余量较小，锻件精度高，生产率高	适用于产量较大的中小型零件毛坯	
型材	热轧型材尺寸较大，精度较低	多用于一般零件毛坯	
	冷拉型材尺寸较小，精度较高	多用于对毛坯精度要求较高的中小型零件	
型材焊接件	对于大型工件，焊接件简单方便，特别是单件和小批量生产可缩短生产周期，但是焊接件变形较大，需要经过时效处理后才能进行机械加工	多用于大型工件或单件生产	

轴类零件应根据不同的工作条件和使用要求选用不同的材料，并采用不同的热处理获得一定的强度、韧性和耐磨性，如调质、正火和淬火等。

根据零件的使用要求、生产类型、设备条件及结构，轴类零件可选用棒料、锻件等毛坯形式。

对于各段外圆直径相差不大的轴，一般以棒料为主；而对于外圆直径相差大的阶梯轴或重要的轴，常选用锻件，既节约材料又减少机械加工的工作量，还可改善力学性能。

根据生产规模的不同，毛坯的锻造方式有自由锻和模锻两种。中小批量生产多采用自由锻，大批大量生产时采用模锻。

机械加工中常见的零件毛坯类型有：铸件、锻件、型材及型材焊接件4种。

四　确定传动轴零件定位基准

合理地选择定位基准，对于保证零件的尺寸和位置精度有着决定性的作用。在编制工艺规程时，正确选择各道工序的定位基准，对保证加工质量、提高生产率等有重大影响。

图1-8b所示为减速器的传动轴，由于该传动轴的几个主要表面及轴肩面对基准轴线均有径向圆跳动和轴向圆跳动的要求，而且它又是实心轴，所以选择两端中心孔为基准，采用双顶尖装夹方法，以保证零件的技术要求。

该传动轴的加工在第一道工序中第一次安装时，以毛坯外圆为粗基准，见表1-12-3。两端中心孔在调质之后和磨削之前各安排一次研修中心孔的工序。调质之后研修中心孔是为了消除中心孔的热处理变形和氧化皮；磨削之前研修中心孔是为了提高基准精度。

为保证各配合表面的位置精度要求，轴类零件一般选用两端中心孔为精基准加工各段外圆、轴肩等，且热处理后应修研中心孔，以保证定位基准的精度和表面粗糙度。

表1-12-3　传动轴加工基准

基准分类	基　　准	简　　图	夹紧方式
粗基准	外圆毛坯		自定心卡盘－顶尖
精基准	两中心孔		双顶尖

五	确定加工方法与加工方案，合理选择加工设备及工装

外圆表面常用的加工方法有车削加工、磨削加工和光整加工3类。

外圆表面常用的加工方案见表1-12-4常见轴类零件的加工方案。

一般情况下，外圆表面机械加工方法和方案的选择步骤为：首先确定各主要表面的加工方法，然后确定各次要表面的加工方法和方案。对于各主要表面，首先确定其最终工序的机械加工方法，再由后向前推，选定其前面一系列准备工序的加工方法。

表1-12-4　常见轴类零件的加工方案

序号	加　工　方　案	公差等级	表面粗糙度 $Ra/\mu m$	适用范围
1	粗车	IT11以下	50～12.5	适用于淬火钢以外的各种金属
2	粗车—半精车	IT10～IT8	6.3～3.2	
3	粗车—半精车—精车	IT8～IT7	1.6～0.8	
4	粗车—半精车—精车—滚压(或抛光)	IT8～IT7	0.2～0.025	
5	粗车—半精车—磨削	IT8～IT7	0.8～0.4	主要用于淬火钢，也可用于未淬火钢，但不宜加工有色金属
6	粗车—半精车—粗磨—精磨	IT7～IT6	0.4～0.1	
7	粗车—半精车—粗磨—精磨—超精加工	IT5	0.1～0.012	
8	粗车—半精车—精车—金刚石车	IT7～IT6	0.4～0.025	主要用于要求较高的有色金属加工
9	粗车—半精车—粗磨—精磨—超精磨或镜面磨	IT5以上	0.025～0.006	极高精度的外圆加工
10	粗车—半精车—粗磨—精磨—研磨	IT5以上	0.1～0.006	

1. 任务单中减速器传动轴的加工方法和加工方案

该传动轴除 ϕ52mm、ϕ60mm 两段外圆面可以采用粗车—半精车的加工方案以外，其余四段外圆面，公差等级均为 IT6，表面粗糙度 Ra 值也较小，应采用粗车—半精车—粗磨—精磨的加工方案。ϕ60mm 两端轴肩，与 ϕ55mm、ϕ58mm 外圆同时进行加工，最后需在磨床上用砂轮靠磨，以保证位置精度和表面粗糙度要求。两键槽可在立式铣床上用键槽铣刀加工。左端面 2×M8 深 8mm 的螺纹孔在台式钻床上钻孔和攻螺纹。

2. 加工顺序的安排

车削外圆时，粗、精加工分阶段进行，并采用工序集中的原则，粗车和半精车之间安排调质处理，以消除内应力。两键槽和左端面螺纹孔应在磨削前完成加工，以防止损伤重要配合表面。该传动轴要求调质处理，并安排在粗车各外圆之后，半精车各外圆之前。综合上述分析，减速器传动轴零件加工方案如图 1-12 所示。

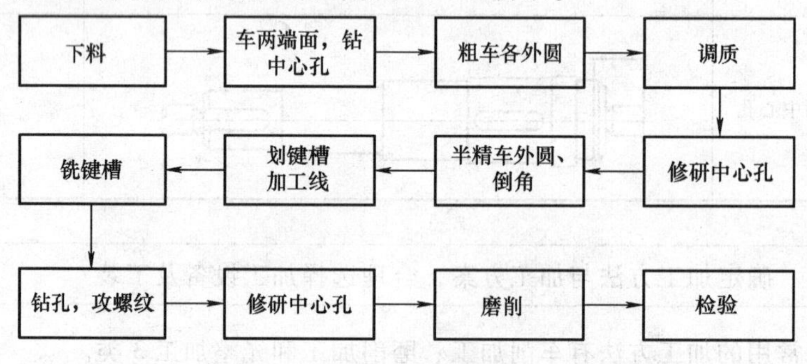

图 1-12　减速器传动轴零件加工方案

3. 加工刀具的选择

该传动轴为小批生产，为降低设备成本，同时减少换刀时间，提高生产率，选择如下刀具：粗车和半精车时，选择材质为硬质合金材料的 90°偏刀和 45°弯头车刀，前角选 15°，后角选 7°，主偏角选 30°，负偏角选 10°，刃倾角选 -5°。

铣键槽时，选择材质为硬质合金材料的 ϕ12mm 的立铣刀。钻中心孔时，选用 B4/10 中心钻。攻螺纹时，选用 ϕ6mm 钻头和 M8 丝锥。

4. 加工设备的选择及工件的装夹

根据企业设备、零件结构及技术要求等方面的要求，综合考虑车削外圆时选用普通车床 CA6140，钻中心孔、攻螺纹等时选用钻床 Z4012，铣键槽时选用 XA6132 铣床，精磨外圆时选用 M1432B 等机床。

车削外圆时，选用自定心卡盘、顶尖等，粗车采用“自定心卡盘 + 顶尖”的装夹方式，半精车时采用“双顶尖”的装夹方式。

六	加工余量、尺寸链的计算和工序尺寸的确定，工艺文件的填写

1. 加工余量

（1）加工余量的基本概念　加工余量是指加工过程中所切去的金属层厚度。加工余量有总加工余量和工序加工余量之分。由毛坯转变为零件的过程中，在某加工表面上切除金属层的总厚度，称为该表面的总加工余量（也称毛坯余量）。一般情况下，总加工余量并非一次切除，而是在各工序中逐渐切除，所以每道工序所切除的金属层厚度称为该工序的加工余量（简称工序余量）。工序余量是相邻两工序的工序尺寸之差，毛坯余量是毛坯尺寸与零件图样的设计尺寸之差。

由于各工序尺寸都存在误差，工序余量是个变动值。但工序余量的公称尺寸（简称基本余量或公称余量）Z 可按下式计算：

对于被包容面：　　Z = 上工序公称尺寸 - 本工序公称尺寸

对于包容面：　　　Z = 本工序公称尺寸 - 上工序公称尺寸

为了便于加工，工序尺寸都按“入体原则”标注极限偏差，即被包容面的工序尺寸取上极限偏差为零；包容面的工序尺寸取下极限偏差为零。毛坯尺寸则按双向布置上、下极限偏差。

工序余量和工序尺寸及其公差的计算公式：

$$Z = Z_{min} + T_a$$

$$Z_{max} = Z + T_b = Z_{min} + T_a + T_b$$

式中　Z_{min}——最小工序余量；

Z_{max}——最大工序余量；

T_a——上工序尺寸的公差；

T_b——本工序尺寸的公差。

（2）影响加工余量的因素　加工余量的大小应保证本工序切除的金属层去掉上道工序加工造成的缺陷和误差，获得一个新的加工表面。影响加工余量的因素如下：

1）前工序的表面质量，包括表面粗糙度 Ra 值和表面缺陷层深度 H_a。表面缺陷层是指毛坯制造中的冷硬层、气孔夹渣层、氧化层、脱碳层、切削中的表面残余应力层、表面裂纹、组织过度塑性变形层及其他破坏层，加工中必须予以去除才能保证表面质量不断提高。

2）前工序的尺寸公差 δ_a。前工序的尺寸公差已经包括在本工序的公称余量内；有些几何公差也包括在前工序的尺寸公差内，均应在本工序中切除。

3）前工序加工表面的几何误差 ρ_a。包括轴线直线度、位置度、同轴度误差等。

4）本工序的安装误差 ε_b。包括定位误差、夹紧误差和夹具误差等。

因此，加工余量可采用以下公式估算。

用于双边余量时：

$$Z \geqslant 2(Ra + H_a) + \delta_a + 2|\rho_a + \varepsilon_b|$$

用于单边余量时：

$$Z \geqslant H_a + T_a + \delta_a + |\rho_a + \varepsilon_b|$$

（3）加工余量的确定方法

1）经验估计法。凭工艺人员的经验确定加工余量，常用于单件小批量生产，加工余量一般偏大，以避免产生废品。

2）查表修正法。根据有关手册查出加工余量数值（见表 1-12-5），可根据实际情况加以修正，此方法应用较广泛。

表 1-12-5　不同加工方法的表面粗糙度 *Ra* 和表面缺陷层 H_a 的数值　（单位：μm）

加工方法	*Ra*	H_a	加工方法	*Ra*	H_a
粗车内外圆	15 ~ 100	40 ~ 60	磨端面	1.7 ~ 15	15 ~ 35
精车内外圆	5 ~ 40	30 ~ 40	磨平面	1.5 ~ 15	20 ~ 30
粗车端面	15 ~ 225	40 ~ 60	粗　刨	15 ~ 100	40 ~ 50
精车端面	5 ~ 54	30 ~ 40	精　刨	5 ~ 45	25 ~ 40
钻	45 ~ 225	40 ~ 60	粗　插	25 ~ 100	50 ~ 60
粗扩孔	25 ~ 225	40 ~ 60	精　插	5 ~ 45	35 ~ 50
精扩孔	25 ~ 100	30 ~ 40	粗　铣	15 ~ 225	40 ~ 60
粗　铰	25 ~ 100	25 ~ 30	精　铣	5 ~ 45	25 ~ 40
精　铰	8.5 ~ 25	10 ~ 20	拉	1.7 ~ 35	10 ~ 20
粗　镗	25 ~ 225	30 ~ 50	切　断	45 ~ 225	60
精　镗	5 ~ 25	25 ~ 40	研　磨	0 ~ 1.6	3 ~ 5
磨外圆	1.7 ~ 15	15 ~ 25	超级加工	0 ~ 0.8	0.2 ~ 0.3
磨内圆	1.7 ~ 15	20 ~ 30	抛　光	0.06 ~ 1.6	2 ~ 5

3）分析计算法。考虑各种影响因素后，利用前面所述理论公式进行计算，但由于经常缺少具体数据，应用较少。

（4）加工余量大小对零件加工的影响　加工余量的大小对零件的加工质量和生产率均有较大的影响。加工余量过大，不仅增加了机械加工的劳动量，降低了生产率，而且增加材料、工具和电力的消耗，提高了加工成本；加工余量过小，则不能保证消除前工序的各种误差和表面缺陷，甚至产生废品。

2. 尺寸链及其计算

（1）尺寸链的概念　在机器设计及制造过程中，常涉及一些相互联系、相互依赖的若干尺寸的组合。通常把相互联系且按一定顺序排列的封闭尺寸组合称为尺寸链。尺寸链中的每个尺寸称为尺寸链的环。

在装配过程或加工过程最后形成的一环称为封闭环。如图 1-13 所示，用 A_0 表示。封闭环一般以下标“0”表示，一个尺寸链中只有一个封闭环。

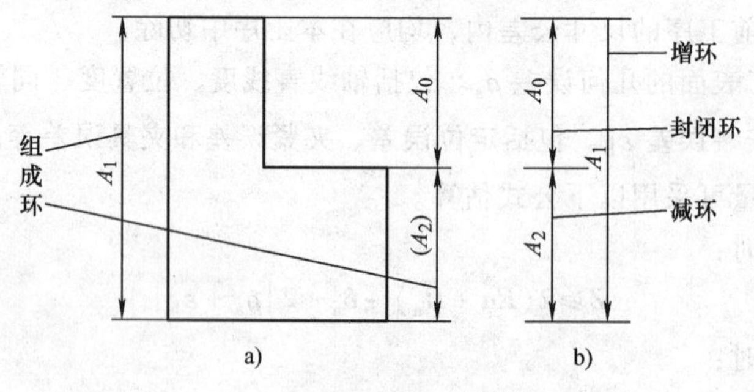

图 1-13　尺寸链

a）零件图　b）尺寸链图

尺寸链中对封闭环有影响的全部环，叫作组成环，用 A_1、A_2、…、A_n 表示。组成环又分为增环和减环。该组成环的变动引起封闭环同向变动的叫作增环。同向变动指该环增大时，封闭环也增大；该环减小时，封闭环也减小。该组成环的变动引起封闭环反向变动的叫作减环。

将尺寸链中各相应的环按大致比例，用首尾相接的单箭头线顺序画出的尺寸图，称为尺寸链图。

（2）尺寸链的特性　尺寸链的特性见表1-12-6。

表1-12-6　尺寸链的特性

特性	含　义
封闭性	尺寸链是由一个封闭环和若干相互连接的组成环所构成的封闭图形
关联性	尺寸链中的各环相互关联
传递系数ξ	各组成环对封闭环影响大小的系数 封闭环与组成环的关系为：$A_0=\xi_1A_1+\xi_2A_2+\cdots+\xi_nA_n$。若组成环与封闭环平行，对于增环，$\xi=+1$，对于减环，$\xi=-1$；若组成环与封闭环不平行，$-1<\xi<+1$

（3）尺寸链的建立

1）封闭环的确定。封闭环一般为无法直接加工或直接测量的设计尺寸。工艺尺寸链中封闭环的确定与零件加工的具体方案有关，同一个零件，加工方案不同，确定的封闭环就会不同。

2）组成环的查找。从构成封闭环的两表面同时开始，同步地按照工艺过程的顺序，分别向前查找该表面最近一次加工的加工尺寸，之后再进一步向前查找此加工尺寸的工序基准的最近一次加工时的加工尺寸，如此继续向前查找，直至两条路线最后得到的加工尺寸的工序基准重合（为同一个表面），有关尺寸即形成封闭链环，从而构成工艺尺寸链。注意：要使组成环数达到最少。

（4）尺寸链的计算　尺寸链的计算是指计算封闭环与组成环的基本尺寸、公差及极限偏差之间的关系，其方法有极值法和概率法。表1-12-7给出的是极值法计算公式。

表1-12-7　尺寸链公式

名　称	公　式	含　义
封闭环的基本尺寸	$A_0=\sum_{i=1}^{m}\overrightarrow{A}_i-\sum_{j=m+1}^{n-1}\overleftarrow{A}_j$	A_0—封闭环基本尺寸；$\overrightarrow{A}_i$—增环的基本尺寸；$\overleftarrow{A}_j$—减环的基本尺寸
封闭环的极限尺寸	$A_{0\max}=\sum_{i=1}^{m}\overrightarrow{A}_{i\max}-\sum_{j=m+1}^{n-1}\overleftarrow{A}_{j\min}$ $A_{0\min}=\sum_{i=1}^{m}\overrightarrow{A}_{i\min}-\sum_{j=m+1}^{n-1}\overleftarrow{A}_{j\max}$	$A_{0\max}$—封闭环的最大尺寸；$A_{0\min}$—封闭环的最小尺寸；$\overrightarrow{A}_{i\max}$—增环的最大尺寸；$\overleftarrow{A}_{j\min}$—减环的最小尺寸；$\overrightarrow{A}_{i\min}$—增环的最小尺寸；$\overleftarrow{A}_{j\max}$—减环的最大尺寸
封闭环的极限偏差	$ES_{A_0}=\sum_{i=1}^{m}ES_{\overrightarrow{A}_i}-\sum_{j=m+1}^{n-1}EI_{\overleftarrow{A}_j}$ $EI_{A_0}=\sum_{i=1}^{m}EI_{\overrightarrow{A}_i}-\sum_{j=m+1}^{n-1}ES_{\overleftarrow{A}_j}$	ES_{A_0}—封闭环的上极限偏差；EI_{A_0}—封闭环的下极限偏差；$ES_{\overrightarrow{A}_i}$—增环的上极限偏差；$EI_{\overrightarrow{A}_i}$—增环的下极限偏差；$EI_{\overleftarrow{A}_j}$—减环的下极限偏差；$ES_{\overleftarrow{A}_j}$—减环的上极限偏差
封闭环的公差	$T_{A_0}=ES_{A_0}-EI_{A_0}=\sum_{i=1}^{n-1}T_i$	T_{A_0}—封闭环的公差

3. 工序尺寸

（1）毛坯尺寸的确定　根据前面工艺设计，材料选用45钢圆棒料，且零件最大直径为ϕ60mm，端部最小直径为ϕ45mm，两者相差不大，那么零件公称尺寸按照ϕ60mm计算，长度与公称尺寸之比为255mm/60mm＝4.25，根据《机械加工工艺手册》查表选取毛坯直径为ϕ65mm。

该传动轴端面在下料后需加工，零件长度为255mm，查表选取端面加工余量为3mm。

综上可知，毛坯为长258mm、ϕ65mm的棒料。

（2）加工余量的确定　ϕ55mm外圆的半精磨加工余量查表取0.5mm，所有阶梯外圆的半精车加工余量查表取1.5mm。

（3）工序尺寸的确定　按入体原则确定各工艺尺寸，减速器传动轴的机械加工过程见表1-12-8。

表1-12-8　减速器传动轴的机械加工过程

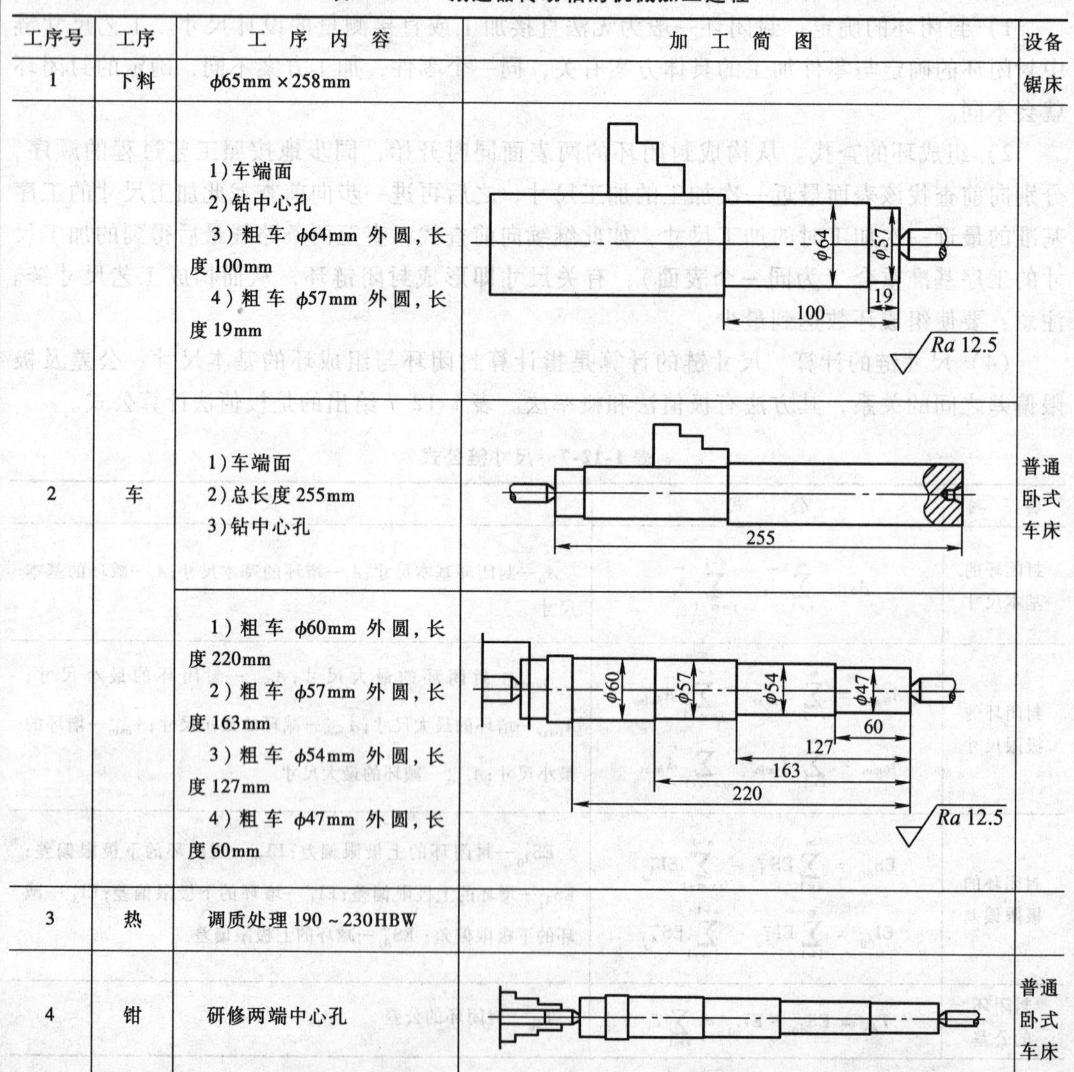

工序号	工序	工序内容	加工简图	设备
1	下料	ϕ65mm×258mm		锯床
2	车	1）车端面 2）钻中心孔 3）粗车ϕ64mm外圆，长度100mm 4）粗车ϕ57mm外圆，长度19mm		普通卧式车床
		1）车端面 2）总长度255mm 3）钻中心孔		
		1）粗车ϕ60mm外圆，长度220mm 2）粗车ϕ57mm外圆，长度163mm 3）粗车ϕ54mm外圆，长度127mm 4）粗车ϕ47mm外圆，长度60mm		
3	热	调质处理190～230HBW		
4	钳	研修两端中心孔		普通卧式车床

（续）

工序号	工序	工 序 内 容	加 工 简 图	设备
5	车	1）半精车 ϕ60mm 外圆至尺寸 2）半精车一端外圆至尺寸 $\phi55.4^{+0.1}_{0}$ mm，长度 20.8mm ±0.1mm 3）倒角	Ra 12.5；Ra 6.3；$\phi60$；$\phi55.4^{+0.1}_{0}$；20.8±0.1	普通卧式车床
		1）半精车外圆至尺寸 $\phi58.4^{+0.1}_{0}$ mm、228.8mm ±0.1mm 2）半精车外圆至尺寸 $\phi55.4^{+0.1}_{0}$ mm、165.8mm ±0.1mm 3）半精车 ϕ52mm 外圆至尺寸 4）半精车外圆至尺寸 $\phi45.4^{+0.1}_{0}$ mm、61.8mm ±0.1mm 5）倒角	Ra 6.3；Ra 6.3；Ra 12.5；Ra 6.3；$\phi58.4^{+0.1}_{0}$；$\phi55.4^{+0.1}_{0}$；$\phi52$；$\phi45.4^{+0.1}_{0}$；61.8±0.1；149；165.8±0.1；228.8±0.1	
6	划线	划左端面 2×M8 螺纹孔及两键槽加工线		划线平台
7	铣	粗、精铣两键槽至尺寸	60；50；$14^{-0.015}_{-0.061}$；$16^{-0.015}_{-0.061}$；Ra 3.2；Ra 3.2；Ra 12.5；Ra 3.2；Ra 3.2；$39.5^{0}_{-0.2}$；$52^{0}_{-0.2}$	立式铣床
8	钳	钻 2×M8 螺纹孔底孔 攻 M8 螺纹		台式钻床
9	钳	研修两端中心孔		

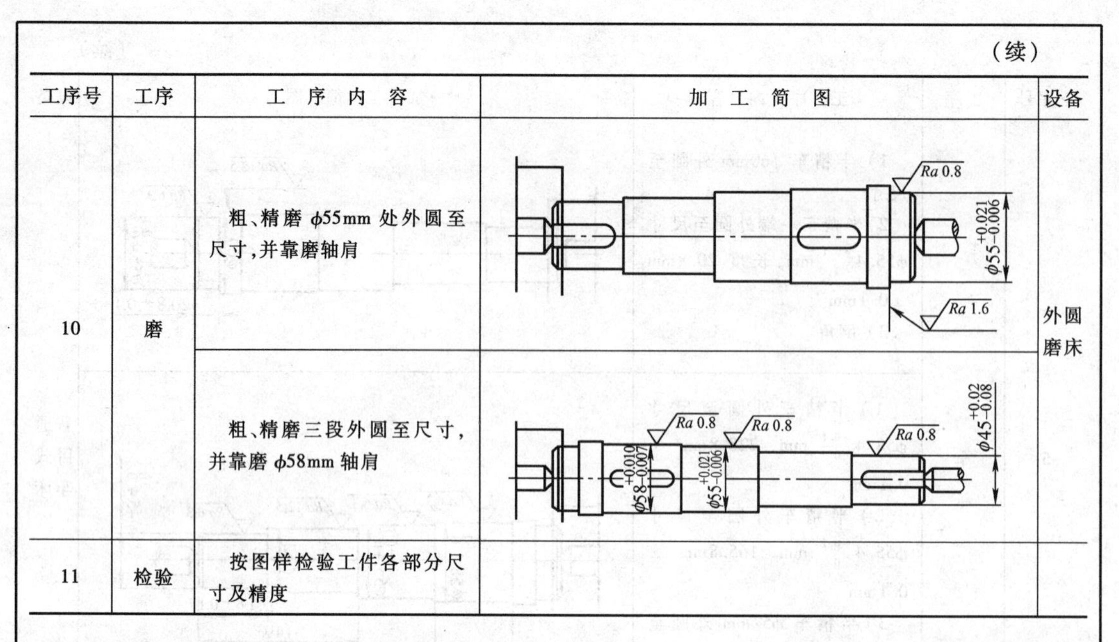

（续）

工序号	工序	工序内容	加工简图	设备
10	磨	粗、精磨 ϕ55mm 处外圆至尺寸，并靠磨轴肩	Ra 0.8；$\phi55^{+0.021}_{-0.006}$；Ra 1.6	外圆磨床
		粗、精磨三段外圆至尺寸，并靠磨 ϕ58mm 轴肩	Ra 0.8；Ra 0.8；Ra 0.8；$\phi58^{+0.010}_{-0.007}$；$\phi55^{+0.021}_{-0.006}$；$\phi45^{+0.02}_{-0.08}$	
11	检验	按图样检验工件各部分尺寸及精度		

加工工序设计完成后，要以表格或卡片的形式确定下来，以便指导工人操作和用于生产、工艺管理。工序卡片填写时字迹应端正，表达要清楚，数据要准确。机械加工工序卡片应按照 JB/T 9165.2—1998 中规定的格式及原则填写。

1.2.3 计划

根据任务内容制订小组任务计划，简要说明任务实施过程的步骤及注意事项。将计划内容等填入表 1-13 中。传动轴加工工艺编制计划单见表 1-13。

表 1-13 传动轴加工工艺编制计划单

学习领域	机械加工工艺及夹具		
学习情境 1	轴类零件加工工艺编制	学时	26 学时
任务 1.2	传动轴加工工艺编制	学时	14 学时
计划方式	小组讨论		
序号	实施步骤	使用资源	

制订计划说明				
计划评价	评语：			
班级		第　　组	组长签字	
教师签字			日期	

1.2.4 决策

各小组之间讨论工作计划的合理性和可行性，进行计划方案讨论，选定合适的工作计划，进行决策，填写决策单。传动轴加工工艺编制决策单见表 1-14。

表 1-14 传动轴加工工艺编制决策单

学习领域	机械加工工艺及夹具					
学习情境 1	轴类零件加工工艺编制				学时	26 学时
任务 1.2	传动轴加工工艺编制				学时	14 学时
方案讨论					组号	
方案决策	组别	步骤顺序性	步骤合理性	实施可操作性	选用工具合理性	原因说明
	1					
	2					
	3					
	4					
	5					
	1					
	2					
	3					
	4					
	5					
	1					
	2					
	3					
	4					
	5					

<table>
<tr><td>方案评价</td><td colspan="6">评语：（根据组内的决策，对自己的计划进行修改并说明修改原因）</td></tr>
<tr><td>班级</td><td></td><td>组长签字</td><td></td><td>教师签字</td><td></td><td>月　　日</td></tr>
</table>

1.2.5　实施

1. 实施准备

任务实施准备主要有场地准备、教学仪器（工具）准备和资料准备，见表1-15。

表1-15　传动轴加工工艺编制实施准备

场地准备	教学仪器（工具）准备	资 料 准 备
机械加工实训室（多媒体）	传动轴	1. 于爱武. 机械加工工艺编制. 北京：北京大学出版社，2010. 2. 徐海枝. 机械加工工艺编制. 北京：北京理工大学出版社，2009. 3. 林承全. 机械制造. 北京：机械工业出版社，2010. 4. 华茂发. 机械制造技术. 北京：机械工业出版社，2004. 5. 武友德. 机械加工工艺. 北京：北京理工大学出版社，2011. 6. 孙希禄. 机械制造工艺. 北京：北京理工大学出版社，2012. 7. 王守志. 机械加工工艺编制. 北京：教育科学出版社，2012.

2. 实施任务

依据计划步骤实施任务，并完成作业单的填写。传动轴加工工艺编制作业单见表1-16。

表1-16　传动轴加工工艺编制作业单

<table>
<tr><td>学习领域</td><td colspan="3">机械加工工艺及夹具</td></tr>
<tr><td>学习情境1</td><td>轴类零件加工工艺编制</td><td>学时</td><td>26学时</td></tr>
<tr><td>任务1.2</td><td>传动轴加工工艺编制</td><td>学时</td><td>14学时</td></tr>
<tr><td>作业方式</td><td colspan="3">小组分析，个人解答，现场批阅，集体评判</td></tr>
<tr><td>1</td><td colspan="3">生产纲领计算与生产类型确定</td></tr>
<tr><td colspan="4">作业解答：</td></tr>
<tr><td>2</td><td colspan="3">结构及技术要求分析、材料和毛坯选取</td></tr>
<tr><td colspan="4">作业解答：</td></tr>
<tr><td>3</td><td colspan="3">定位基准选择及加工方法和方案选择</td></tr>
<tr><td colspan="4">作业解答：</td></tr>
<tr><td>4</td><td colspan="3">加工设备的选择及工件的装夹</td></tr>
<tr><td colspan="4">作业解答：</td></tr>
</table>

5	加工余量和工序尺寸的确定

作业解答：

6	工艺文件的填写

作业解答：

作业评价：

班级		组别		组长签字	
学号		姓名		教师签字	
教师评分		日期			

1.2.6 检查评估

学生完成本学习任务后，应展示的结果为：完成的计划单、决策单、作业单、检查单、评价单。

1. 传动轴加工工艺编制检查单（见表1-17）

表1-17 传动轴加工工艺编制检查单

学习领域	机械加工工艺及夹具			
学习情境1	轴类零件加工工艺编制		学时	26学时
任务1.2	传动轴加工工艺编制		学时	14学时
序号	检查项目	检查标准	学生自查	教师检查
1	任务书阅读与分析能力，正确理解及描述目标要求	准确理解任务要求		
2	与同组同学协商，确定人员分工	较强的团队协作能力		
3	资料的分析、归纳能力	较强的资料检索能力和分析、归纳能力		
4	传动轴加工余量确定	加工余量确定原则		
5	传动轴加工工艺编制	加工工艺卡		
6	测量工具应用能力	工具使用规范，测量方法正确		
7	安全生产与环保	符合“5S”要求		
检查评价	评语：			
班级		组别		组长签字	
教师签字			日期	

2. 传动轴加工工艺编制评价单（见表1-18）

表 1-18　传动轴加工工艺编制评价单

学习领域	机械加工工艺及夹具								
学习情境 1	轴类零件加工工艺编制			学时					26 学时
任务 1.2	传动输加工工艺编制			学时					14 学时
评价类别	评价项目	子项目	个人评价	组内互评					教师评价
专业能力（60%）	资讯（8%）	搜集信息（4%）							
		引导问题回答（4%）							
	计划（5%）	计划可执行度（5%）							
	实施（12%）	工作步骤执行（3%）							
		功能实现（3%）							
		质量管理（2%）							
		安全保护（2%）							
		环境保护（2%）							
	检查（10%）	全面性、准确性（5%）							
		异常情况排除（5%）							
	过程（15%）	使用工具规范性（7%）							
		操作过程规范性（8%）							
	结果（5%）	结果质量（5%）							
	作业（5%）	作业质量（5%）							
社会能力（20%）	团结协作（10%）								
	敬业精神（10%）								
方法能力（20%）	计划能力（10%）								
	决策能力（10%）								
评价评语	评语：								
班级		组别		学号		总评			
教师签字		组长签字		日期					

1.2.7　拓展训练

训练项目：金属切削机床的操作与刀具的使用。

训练目的：了解金属切削机床的种类、加工范围及机床型号的编制方法。

金属切削机床是用切削的方法将金属毛坯加工成零件的机器。若按加工方法和所用刀具进行分类，可分为车床、钻床、镗床、磨床、齿轮加工机床、螺纹加工机床、铣床、刨插床、拉床、锯床和其他机床等，如图 1-14 ~ 图 1-19 所示。

图 1-14　C6136A 普通车床

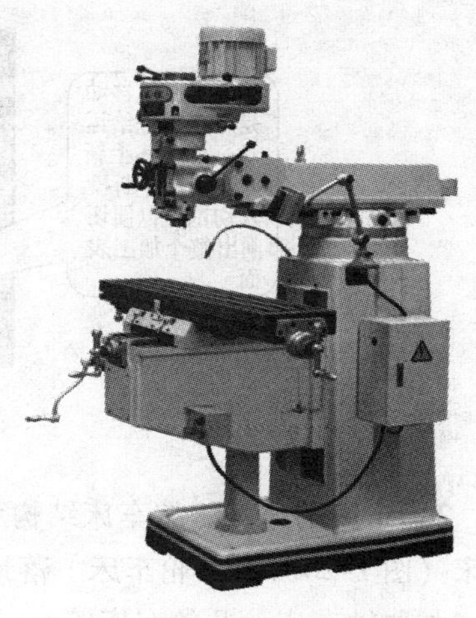

图 1-15　X6323A 普通铣床

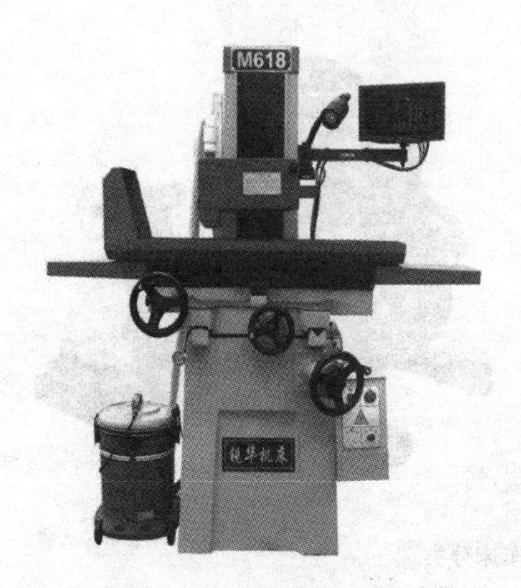

图 1-16　M618 平面磨床

图 1-17　台式钻床

图 1-18　外圆磨床

(1) 车床

1) 车床的运动：工件的旋转运动和刀具的移动，如图 1-19 所示。

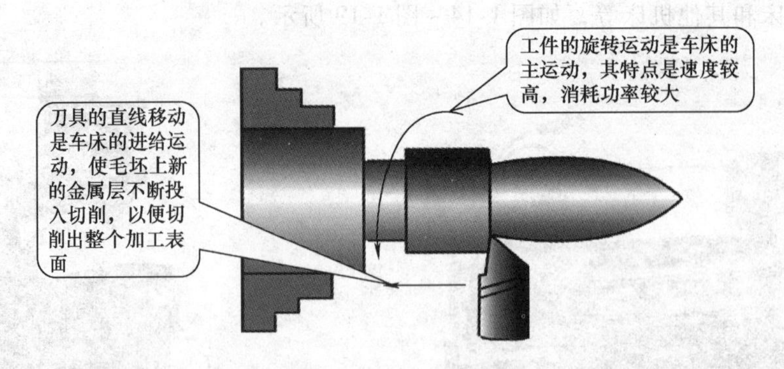

图 1-19　车削加工

2) 车床的分类。按车床结构和用途不同可分为卧式车床、立式车床（图 1-20a）、转塔车床（图 1-20b）、回轮车床、落地车床、液压仿形及多刀自动和半自动车床、各种专用车床（如曲轴车床、凸轮车床等）、数控车床以及车削加工中心等。

a)　　b)

图 1-20　车床分类

a) 立式车床　b) 转塔车床

(2) 铣床　铣床的加工范围包括：铣平面、铣键槽、铣 T 形槽、铣燕尾槽、铣内腔、铣螺旋槽、铣曲面以及切断等，如图 1-21 所示。

(3) 金属切削机床的编号

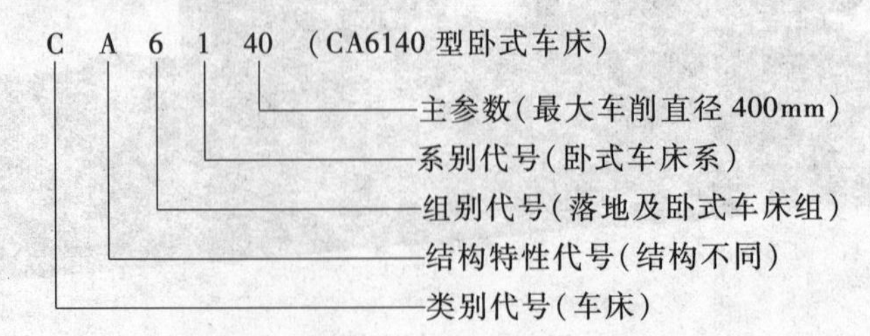

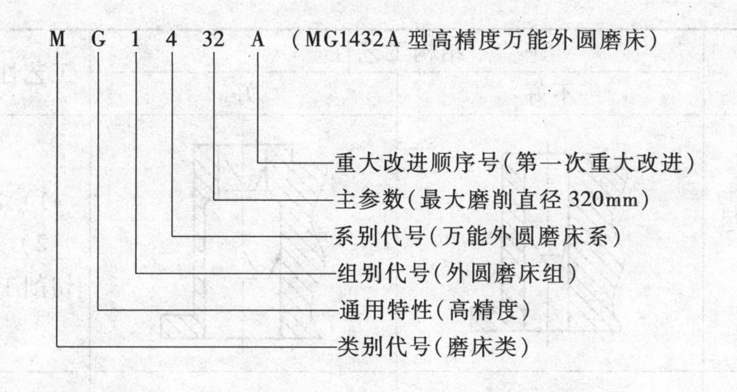

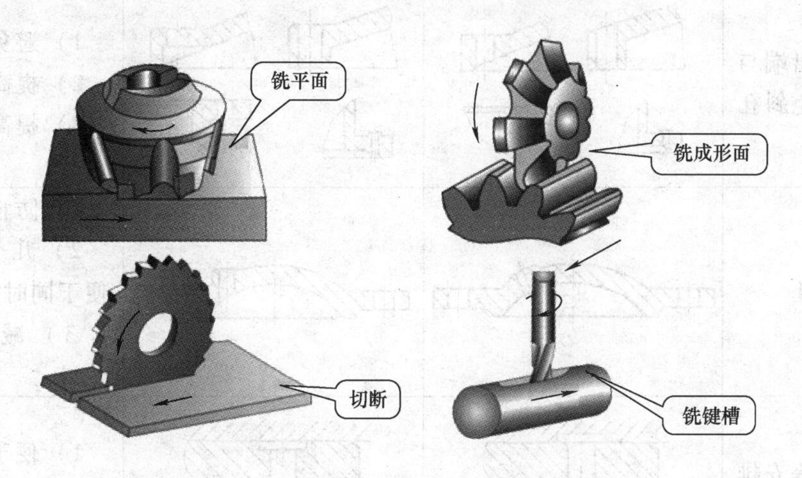

图 1-21 铣床加工范围

训练内容：零件结构及技术要求分析。

零件结构工艺性是指所设计的零件在能满足使用要求的前提下制造的可行性和经济性，包括零件各个制造过程中的工艺性，如零件结构的铸造、锻造、冲压、焊接、热处理、切削加工等工艺性。

零件结构工艺性的分析，可从零件的整体结构、标注及结构要素等方面综合分析，见表 1-19。

表 1-19 典型零件结构工艺性分析

主要要求	结构工艺性		工艺性好的结构优点
	不好	好	
加工面积应尽量少			1）减少了加工量 2）减少了材料及切削工具的消耗量

主要要求	结构工艺性		工艺性好的结构优点
	不好	好	
加工面积应尽量少			1）减少了加工量 2）减少了材料及切削工具的消耗量
钻孔的出端与入端应避免斜孔			1）避免刀具损坏 2）提高钻孔精度 3）提高生产率
避免斜孔			1）防止夹具损坏 2）几个平行的孔便于同时加工 3）减少孔的加工量
进气孔等安排在外圆上			1）便于加工 2）便于保证槽间的间距

1.2.8 实践中常见问题解析

1. 渗碳淬火一般安排在切削加工后，磨削加工前进行。表面淬火和渗氮等变形小的热处理工序，允许安排在精加工后进行。

2. 消除过定位及其干涉一般有两个途径：一是改变定位元件的结构，以消除被重复限制的自由度；二是提高工件定位基面之间及夹具定位元件工作表面之间的位置精度，以减少或消除过定位引起的干涉。

3. 夹紧力确保工件紧靠各支承点（面），其大小应合适。过大的夹紧力使夹具变形增大，安装误差变大，影响加工质量。

工艺规程制订的原则是在保证产品质量的前提下，尽量降低产品成本。在制订时，应注意下列问题：

1）在保证加工质量的基础上，应使工艺过程有较高的生产效率和较低的成本。

2）应充分考虑和利用现有生产条件，尽可能做到平衡生产。

3）尽量减轻工人的劳动强度，保证安全生产，创造良好、文明的劳动条件。

4）积极采用先进技术和工艺，力争减少材料和能源消耗，并应符合环境保护要求。

学习情境 2

盘、套类零件加工工艺编制

【学习目标】

本学习情境主要以典型盘、套类零件为载体，介绍了如何正确分析盘、套类零件的结构与技术要求，合理选择零件材料、毛坯及热处理方式、加工方法及加工刀具，合理安排加工顺序；分析和选用盘、套类零件的常用夹具；合理确定盘套类零件加工余量及工序尺寸，正确、清晰、规范地填写工艺文件。

通过学习训练，学生应了解盘、套类零件的加工特点和加工方法，学会编制典型盘、套类零件的加工工艺文件。培养学生自主学习意识、团队合作精神、独立解决问题的能力，从而达到本课程的学习目标。

【学习任务】

1. 轴承套零件加工工艺编制。
2. 主轴承盖零件加工工艺编制。

【情境描述】

通常套类零件在机械产品中起支承或导向作用。根据其功用，套类零件可分为轴承类、导套类和缸套类。盘、套类零件如图 2-1 所示。套类零件用于滑动轴承时，起支承回转轴及轴上零件的作用，承受回转部件的重力和惯性力，而在与轴颈接触处有强烈的滑动摩擦；用作导套、钻套时，对导柱、钻头等起导向作用；用于液压缸、气缸时，承受较高的工作压力，同时还对活塞的轴向往复运动起导向作用。

完成本学习情境的各项任务，要借助《金属机械加工工艺人员手册》和《切削用量手册》等相关资料，编制机械加工工艺过程。

图 2-2 所示的轴承套为典型的套类零件。图 2-3 所示的法兰端盖为典型的盘类零件。从图中可以看出其主要加工面是内外圆柱表面，主要技术要求是内外圆柱面的同轴度要求、端面对轴线的垂直度要求等。编制这类零件的工艺规程时，要采取什么措施才能达到零件的技术要求是本情境的主要任务。

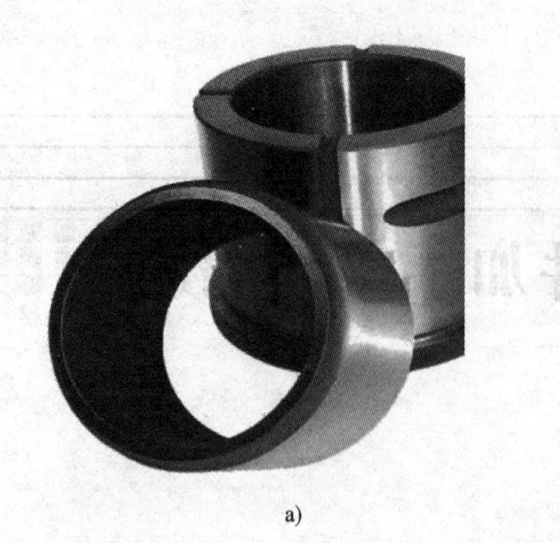

a)

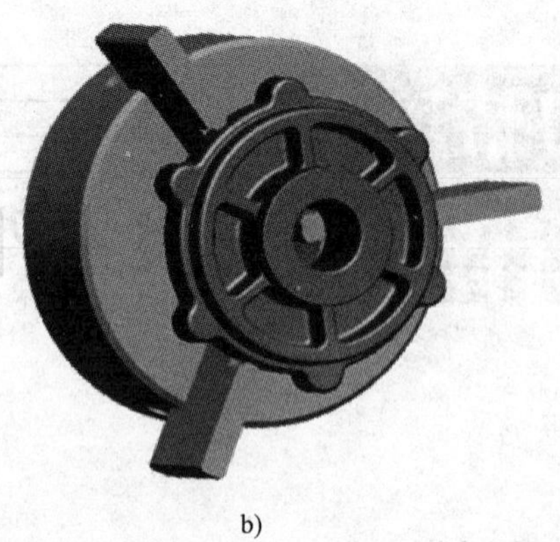

b)

图 2-1 盘、套类零件实体图

a）套筒 b）主轴承盖

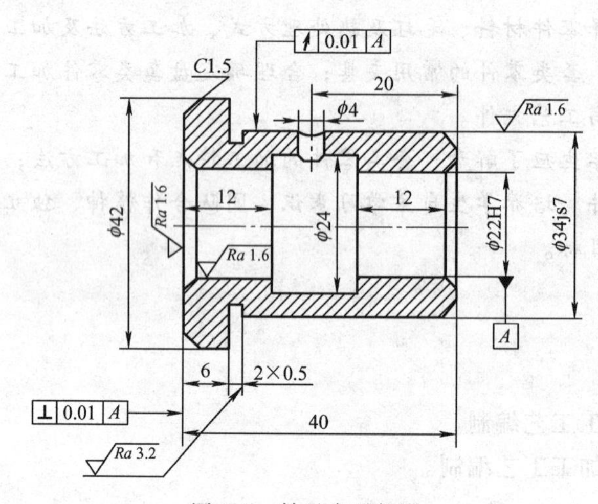

图 2-2 轴承套零件图

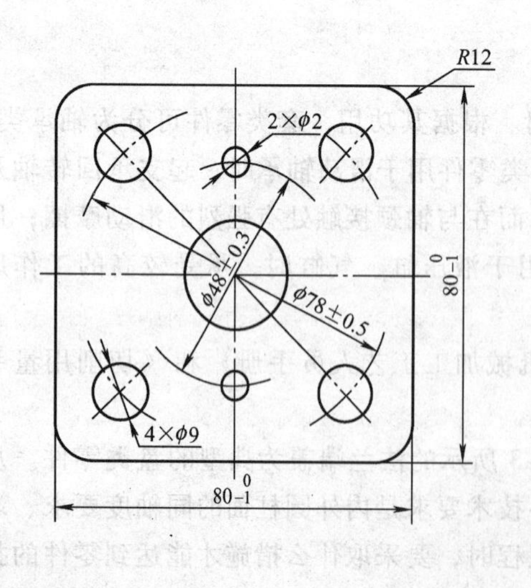

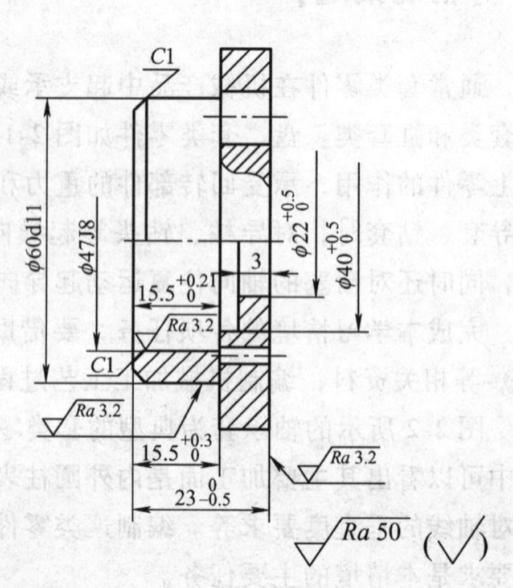

图 2-3 法兰端盖零件图

任务2.1 轴承套零件加工工艺编制

2.1.1 任务描述

轴承套零件加工工艺编制任务单见表2-1。

表2-1 轴承套零件加工工艺编制任务单

<table>
<tr><td>学习领域</td><td colspan="3">机械加工工艺及夹具</td></tr>
<tr><td>学习情境2</td><td>盘、套类零件加工工艺编制</td><td>学时</td><td>20学时</td></tr>
<tr><td>任务2.1</td><td>轴承套零件加工工艺编制</td><td>学时</td><td>12学时</td></tr>
<tr><td colspan="4">布置任务</td></tr>
<tr><td>学习目标</td><td colspan="3">1. 能够正确分析盘、套类零件的结构工艺与技术要求。
2. 能够合理选择零件材料、毛坯及热处理方式。
3. 能够合理选择盘、套类零件加工方法及加工刀具，合理安排加工顺序。
4. 能够根据零件图，编制盘、套类零件加工工艺规程。</td></tr>
<tr><td>任务描述</td><td colspan="3">分小组完成轴承套的结构和技术要求分析，编制图2-2所示轴承套的加工工艺规程。轴承套的零件材料为ZCuSn5Pb5Zn5，每批数量为200件，加工时，应根据工件的毛坯材料、结构形状、加工余量、尺寸精度、形状精度及生产纲领，正确选择定位基准、装夹方法和加工工艺过程，以保证达到图样要求。套类零件在机械产品中通常起支承或导向作用，分为轴套类、导套类和缸套类，如图2-4所示。

a) b) c) d)
e) f)

图2-4 套类零件示例
a)、b）滑动轴承 c）钻套 d）轴承衬套 e）气缸套 f）液压缸套</td></tr>
</table>

<table>
<tr><td>任务分析</td><td colspan="6">图 2-2 所示的轴承套属于短套筒，材料为锡青铜。其主要技术要求为：$\phi34js7$ 外圆对：$\phi22H7$ 孔的径向圆跳动公差为 0.01mm；左端面对 $\phi22H7$ 孔轴线的垂直度公差为 0.01mm。轴承套外圆公差等级为 IT7，采用精车可以满足要求；内孔公差等级也为 IT7，采用铰孔可以满足要求。内孔的加工顺序为：钻孔—车孔—铰孔。
由于外圆对内孔的径向圆跳动公差要求在 0.01mm 内，用软卡爪装夹无法保证。因此精车外圆时应以内孔为定位基准，使轴承套在小锥度心轴上定位，用两顶尖装夹。这样可使加工基准和测量基准一致，容易达到图样要求。
车、铰内孔时，应与端面在一次装夹中加工出，以保证端面与内孔轴线的垂直度误差在 0.01 mm 以内。在制订该零件的加工工艺前，必须认真分析零件的技术要求和结构特点，在此基础上对零件的毛坯进行设计。完成以下具体任务：
1. 根据零件图，进行零件工艺分析，掌握套类零件的功用与结构特点，了解套类零件常用材料。
2. 确定毛坯材料及热处理方法。
3. 确定主要加工表面。
4. 选择定位基准及工艺装备。
5. 拟订工艺过程。
6. 填写工艺文件。</td></tr>
<tr><td>学时安排</td><td>资讯
3 学时</td><td>计划
1.5 学时</td><td>决策
1.5 学时</td><td>实施
3 学时</td><td>检查
1.5 学时</td><td>评价
1.5 学时</td></tr>
<tr><td>提供资料</td><td colspan="6">1. 于爱武. 机械加工工艺编制. 北京：北京大学出版社，2010.
2. 徐海枝. 机械加工工艺编制. 北京：北京理工大学出版社，2009.
3. 林承全. 机械制造. 北京：机械工业出版社，2010.
4. 华茂发. 机械制造技术. 北京：机械工业出版社，2004.
5. 武友德. 机械加工工艺. 北京：北京理工大学出版社，2011.
6. 孙希禄. 机械制造工艺. 北京：北京理工大学出版社，2012.
7. 王守志. 机械加工工艺编制. 北京：教育科学出版社，2012.
8. 卞洪元. 机械制造工艺与夹具. 北京：北京理工大学出版社，2010.
9. 孙英达. 机械制造工艺与装备. 北京：机械工业出版社，2012.</td></tr>
</table>

对学生的要求	1. 能对任务书进行分析，能正确理解和描述目标要求。 2. 具有独立思考、善于提问的学习习惯。 3. 具有查询资料和市场调研能力，具备严谨求实和开拓创新的学习态度。 4. 能执行企业“5S”质量管理体系要求，具有良好的职业意识和社会能力。 5. 具备一定的观察理解和判断分析能力。 6. 具有团队协作、爱岗敬业的精神。 7. 具有一定的创新思维和勇于创新的精神。 8. 按时、按要求上交作业，并列入考核成绩。

2.1.2 资讯

1. 轴承套零件加工工艺编制资讯单（见表 2-2）

表 2-2 轴承套零件加工工艺编制资讯单

学习领域	机械加工工艺及夹具		
学习情境 2	盘、套类零件加工工艺编制	学时	20 学时
任务 2.1	轴承套零件加工工艺编制	学时	12 学时
资讯方式	学生根据教师给出的资讯引导进行查询解答		
资讯问题	1. 轴套类零件的结构特点及种类是什么？ 2. 轴套类零件主要加工表面有哪些？ 3. 轴套类零件的技术性能指标有哪些？ 4. 轴套类零件常用材料有哪些？ 5. 轴套类零件的常用加工方法有哪些？ 6. 套类零件加工中的主要工艺问题及解决措施有哪些？		
资讯引导	1. 问题 1 可参考信息单第一部分内容。 2. 问题 2 可参考信息单第一部分内容。 3. 问题 3 可参考信息单第二部分内容。 4. 问题 4 可参考信息单第三部分内容。 5. 问题 5 可参考信息单第四部分内容。 6. 问题 6 可参考信息单第五部分内容。		

2. 轴承套零件加工工艺编制信息单（见表 2-3）

表 2-3　轴承套零件加工工艺编制信息单

学习领域	机械加工工艺及夹具		
学习情境 2	盘、套类零件加工工艺编制	学时	20 学时
任务 2.1	轴承套零件加工工艺编制	学时	12 学时

序号	信息内容
一	套类零件的功用及结构特点

套类零件在机械产品中通常具有支承或导向作用，可分为轴承类、导套类和缸套类，如图 2-4 所示。套类零件用于滑动轴承时，起支承回转轴及轴上零件的作用，承受回转部件的重力和惯性力，而在与轴颈接触处有强烈的滑动摩擦；用作导套、钻套时，对导柱、钻头等起导向作用；用于液压缸、气缸时，承受较高的工作压力，同时还对活塞的轴向往复运动起导向作用。套类零件的主要表面是内、外圆柱表面。

套类零件的结构特点是：长度大于直径，主要由同轴度要求较高的内外旋转表面组成，零件壁的厚度较薄、易变形等。

二	套类零件的主要技术要求

1. 尺寸精度和形状精度

套类零件的内圆表面是起支承或导向作用的主要表面，它通常与运动着的轴、刀具或活塞相配合。套类零件内圆直径的公差等级一般为 IT7 ，精密的轴套有时达 IT6；形状精度应控制在孔径公差以内，一些精密轴套的形状精度则应控制在孔径公差的 1/3 ~ 1/2 ，甚至更严。对于长的套筒零件，形状精度除圆度要求外，还应有圆柱度要求。

套类零件的外圆表面是自身的支承表面，常以过盈配合或过渡配合同箱体、机架上的孔相连接。外圆直径的公差等级一般为 IT7 ~ IT6，形状精度控制在外径公差以内。

2. 相互位置精度

内、外圆之间的同轴度是套类零件最主要的相互位置精度要求，一般公差为 0.05 ~ 0.01mm。

当套类零件的端面（包括凸缘端面）在工作中须承受轴向载荷，或虽不承受轴向载荷，但加工时作为定位面时，则端面对内孔轴线应有较高的垂直度要求，一般公差为 0.05 ~ 0.02mm。

3. 表面粗糙度

为保证零件的功用并提高其耐磨性，内圆表面粗糙度 *Ra* 应为 1.6 ~ 0.1μm，要求更高的内圆，表面粗糙度 *Ra* 应达到 0.025μm。外圆的表面粗糙度 *Ra* 一般为 3.2 ~ 0.4μm。

三	套类零件的材料与毛坯类型

套类零件的材料一般选用钢、铸铁、青铜或黄铜；有的用双层金属制造，即钢制外套上浇注锡青铜、铅青铜或巴氏合金。

分析图 2-2 所示的轴承套零件的结构，内孔小于 20mm 时，一般采用冷拔、热轧棒料或实心铸件；当孔径较大时，采用带孔的铸件、锻件或无缝钢管。

套筒毛坯的选择与材料、结构、尺寸及生产批量有关，大批量生产时，采用冷挤压和粉末冶金等工艺，可节约材料和提高生产率。

四	套类零件的常见加工表面及加工方法

套类零件的主要加工表面是内、外圆柱表面。

1. 孔的加工方法

内孔表面加工方法较多，常用的粗加工和半精加工方法有钻孔、扩孔、车孔、镗孔、铣孔等；常用的精加工方法有铰孔、磨孔、拉孔、珩孔、研孔等。

2. 表面相互位置精度的保证方法

套类零件的内孔和外圆表面间的同轴度及端面与内孔轴线间的垂直度一般均有较高的要求。为达到这些要求，常采用以下的方法：

1）在一次安装中完成内孔、外圆及端面的全部加工。由于消除了工件安装误差的影响，可以获得很高的相互位置精度；但这种方法工序比较集中，不适合尺寸较大（尤其是长径比较大时）工件的装夹和加工，故多用于尺寸较小的轴套零件的加工。

2）不能在一次安装中同时完成内、外圆表面加工时，内孔与外圆的加工应遵循互为基准的原则。

① 内、外圆表面须经几次安装，反复加工时，常采用先终加工孔，再以孔为精基准终加工外圆的加工顺序。因为这种方法所用夹具（心轴）结构简单，制造和安装误差较小，可保证较高的位置精度。

② 如由于工艺需要先终加工外圆，再以外圆为精基准终加工内孔，为获得较高的位置精度，必须采用定心精度高的夹具，如弹性膜片卡盘、液性塑料夹具、经修磨后的自定心卡盘及软爪等。

3. 防止套类零件变形的工艺措施

套类零件的结构特点是孔壁较薄，加工中因夹紧力、切削力、内应力和切削热等因素的影响容易产生变形，精度不易保证。相应地，在工艺上应注意以下几点：

1）为减小切削力和切削热的影响，粗、精加工应分开进行，使粗加工产生的变形在精加工中得以修正。对于壁厚很薄、加工中极易变形的工件，应采用工序分散原则，并在加工时控制切削用量。

2）为减小夹紧力的影响，工艺上可采取改变夹紧力方向的措施，将径向夹紧改为轴向夹紧。当只能采用径向夹紧时，应尽可能使径向夹紧力沿圆周均匀分布，如使用过渡套、弹性套等。

3）为减小热处理的影响，热处理工序应安排在粗、精加工阶段之间，并适当增加精加工工序的加工余量，以保证热处理引起的变形在精加工中得以修正。

五	套类零件加工中的主要工艺问题及解决措施

1. 主要工艺问题

1）如何保证内孔精度及表面粗糙度。

2）如何保证内外孔之间的同轴度精度。

3）如何防止加工时的变形。

2. 解决工艺问题的措施

（1）保证同轴度精度的方法

1）在一次安装中加工出内外圆柱面。此法适用于零件尺寸较短的情况。如果零件太长，一方面在加工右端时，由于零件中心要加工，无法采用顶尖，若采用中心架，外圆又无法加工，在既没有顶尖，又没有中心架的情况下加工右端就会产生弯曲变形；另一方面如果零件太长，在加工内孔时，刀杆会很长，从而导致刀杆刚性下降，使加工出的孔同轴度精度下降。

2）内外圆柱面反复互为基准。互为基准就是加工外圆时，以内孔定位，而加工内孔时，以外圆定位。套类零件的主要加工部位就是外圆和内孔，采用此种方法后，可以有效地保证同轴度精度要求。互为基准适用于零件尺寸较长且内孔尺寸较小的情况。如果零件尺寸较短、孔径尺寸较大，就可能会在心轴上定位不好。因为如果零件太大，心轴势必也会很大，顶尖可能会支承不起。

（2）防止变形的措施　套类零件由于壁薄，在受力和受热情况下，容易产生变形。所以在加工套类零件时，要充分考虑到夹紧力的部位、作用点、大小和方向，以防止受力变形。同时，还要防止受热变形，因此在加工时，还得粗、精加工分开。

六	加工顺序安排与选择

1. 外圆终加工方案

一般情况下，加工套类零件时，首先应分析内、外圆加工精度的高低。外圆精度要求较高时，通常采用外圆最终加工方案。一般顺序为：粗加工外圆—粗、精加工内圆—精加工外圆。

这种方案适用于内孔尺寸较小、长度较长的情况。由于最终工序的夹具一般采用心轴定位，夹具简单，所以此加工路线应用广泛。

2. 内圆终加工方案

当内圆精度要求较高时，通常采用内圆最终加工方案。一般顺序为：粗加工内圆—粗、精加工外圆—精加工内圆。

此法适用于内圆尺寸较大、长度较短的零件。但此法存在如下缺点：

1）如果用自定心卡盘装夹，同轴度精度较低。

2）如果用专用夹具装夹，夹具结构较为复杂。

3. 外圆表面加工方案的选择

一般精度外圆表面采用车削，精度高的外圆表面采用磨削。

4. 内孔表面加工方案的选择

加工内孔主要采用钻、扩、铰、拉、镗、磨、珩等方法，但各种加工方法适用的具体场合不同。

钻孔：加工范围为 $\phi 0.1 \sim \phi 80$ mm，主要用于 $\phi 30$ mm 以下孔的粗加工，表面粗糙度 Ra 值一般为 12.5 ~ 50μm，公差等级达 IT12。

扩孔：主要用于 $\phi 30 \sim \phi 100$ mm 范围的孔，表面粗糙度 Ra 一般为 6.3μm，公差等级达 IT11 ~ IT10，孔的尺寸必须与钻头相符。

铰孔：加工范围为 3 ~ 150 mm，一般分为机铰和手铰。表面粗糙度 *Ra* 一般为 3.2 ~ 0.4μm，公差等级一般达 IT8 ~ IT7，公差等级最高可达 IT6 级。主要用于 30mm 以下的孔，且孔径必须与铰刀相符，不适合加工短孔、深孔及断续孔。铰孔是 ϕ20mm 以下孔精加工的主要方法。

拉削：主要适用于大批生产，公差等级可达 IT7 ~ IT8，表面粗糙度 *Ra* 可达 1.6 ~ 0.4μm，孔径必须与拉刀相符。

镗削：主要用于 ϕ30mm 以上的孔，公差等级可达 IT7 ~ IT8，表面粗糙度 *Ra* 可达1.6 ~ 0.4μm。

一般孔的加工路线如下：

1）未淬硬的 ϕ50mm 以下的孔：钻—扩—铰。

2）有色金属和未淬硬的孔：钻—粗镗—精镗。

3）较大的淬硬及未淬硬的孔：钻—粗镗—粗磨—精磨。

4）对于某些精度要求较高的孔，在精镗及精磨后，根据需要还可以进行研磨及珩磨。

七	编制并填写套类零件的加工工艺文件

图 2-2 所示的轴承套属于短套，其直径尺寸和轴向尺寸都不大，粗加工可以单件加工，也可多件加工。由于单件加工时，每件都要留出工件装夹的长度，浪费原材料，因此采用同时加工 5 件的方法来提高生产效率。轴承套机械加工工艺过程见表 2-3-1。

表 2-3-1　轴承套机械加工工艺过程

序号	工序名称	工序内容	定位与加紧
1	备料	棒料，按 5 件合一加工下料	
2	钻中心孔	车端面，钻中心孔；掉头车另一端面，钻中心孔	自定心卡盘夹外圆
3	粗车	车外圆 ϕ42mm，长度为 6.5mm，车外圆 ϕ34js7 为 ϕ35mm，车退刀槽 2 × 0.5mm，取总长 40.5mm，车分割槽 ϕ20mm × 3mm，两端倒角 *C*1.5。5 件同加工，尺寸均相同	中心孔
4	钻	钻孔 ϕ22H7 至 ϕ22mm 成单件	软爪夹 ϕ42mm 外圆
5	车、铰	车端面，取总长 40mm 至尺寸 车内孔 ϕ22H7 为 $\phi22_{-0.05}^{\ 0}$mm 车内槽 ϕ24mm × 16mm 至尺寸 铰孔 ϕ22H7 至尺寸 孔两端倒角	软爪夹 ϕ42mm 外圆
6	精车	车 ϕ34js7（±0.012mm）至尺寸	ϕ22H7 孔心轴
7	钻	钻径向油孔 ϕ4mm	ϕ34mm 外圆及端面
8	检查		

2.1.3　计划

根据任务内容制订小组任务计划，简要说明任务实施过程的步骤及注意事项。将计划内容等填入表 2-4 中。轴承套零件加工工艺编制计划单见表 2-4。

表 2-4　轴承套零件加工工艺编制计划单

学习领域	机械加工工艺及夹具		
学习情境 2	盘、套类零件加工工艺编制	学时	20 学时
任务 2.1	轴承套零件加工工艺编制	学时	12 学时
计划方式	由小组讨论制订完成本小组实施计划		
序号	实施步骤		使用资源
制订计划说明			
计划评价	评语：		
班级		第　　组	组长签字
教师签字			日期

2.1.4　决策

各小组互评选定合适的工作计划。小组负责人对任务进行分配，组员按负责人要求完成相关任务内容，并将自己所在小组及个人任务填入表 2-5 中。轴承套零件加工工艺编制决策单见表 2-5。

表 2-5　轴承套零件加工工艺编制决策单

学习情境 2	盘、套类零件加工工艺编制	学时	20 学时
任务 2.1	轴承套零件加工工艺编制	学时	12 学时
分组	小组任务	小组成员	
1			
2			
3			
4			
任务决策			
设备、工具			

2.1.5　实施

1. 实施准备

任务实施准备主要有场地准备、教学仪器（工具）准备、资料准备，见表 2-6。

表 2-6　轴承套零件加工工艺编制实施准备

场地准备	教学仪器（工具）准备	资料准备
机械加工实训室（多媒体）	轴承套	1. 于爱武．机械加工工艺编制．北京：北京大学出版社，2010. 2. 徐海枝．机械加工工艺编制．北京：北京理工大学出版社，2009. 3. 林承全．机械制造．北京：机械工业出版社，2010. 4. 华茂发．机械制造技术．北京：机械工业出版社，2004. 5. 武友德．机械加工工艺．北京：北京理工大学出版社，2011. 6. 孙希禄．机械制造工艺．北京：北京理工大学出版社，2012. 7. 王守志．机械加工工艺编制．北京：教育科学出版社，2012. 8. 卞洪元．机械制造工艺与夹具．北京：北京理工大学出版社，2010. 9. 孙英达．机械制造工艺与装备．北京：机械工业出版社，2012.

2. 实施任务

依据计划步骤实施任务，并完成作业单的填写。轴承套零件加工工艺编制作业单见表2-7。

表2-7　轴承套零件加工工艺编制作业单

学习领域	机械加工工艺及夹具		
学习情境2	盘、套类零件加工工艺编制	学时	20学时
任务2.1	轴承套零件加工工艺编制	学时	12学时
作业方式	小组分析，个人解答，现场批阅，集体评判		
1	根据轴承套零件图，进行零件工艺分析，确定加工关键表面		
作业解答：			
2	正确确定套类零件的加工方案。指出套类零件加工要解决的主要工艺问题		
作业解答：			

3	拟订轴承套的工艺路线，填写工艺文件

作业解答：

作业评价：

班级		组别		组长签字	
学号		姓名		教师签字	
教师评分		日期			

2.1.6　检查评估

学生完成本学习任务后，应展示的结果为：完成的计划单、决策单、作业单、检查单、评价单。

1. 轴承套零件加工工艺编制检查单（见表2-8）

表2-8　轴承套零件加工工艺编制检查单

<table>
<tr><td>学习领域</td><td colspan="6">机械加工工艺及夹具</td></tr>
<tr><td>学习情境2</td><td colspan="4">盘、套类零件加工工艺编制</td><td>学时</td><td>20学时</td></tr>
<tr><td>任务2.1</td><td colspan="4">轴承套零件加工工艺编制</td><td>学时</td><td>12学时</td></tr>
<tr><td>序号</td><td colspan="2">检查项目</td><td colspan="2">检查标准</td><td>学生自查</td><td>教师检查</td></tr>
<tr><td>1</td><td colspan="2">任务书阅读与分析能力，正确理解及描述目标要求</td><td colspan="2">准确理解任务要求</td><td></td><td></td></tr>
<tr><td>2</td><td colspan="2">与同组同学协商，确定人员分工</td><td colspan="2">较强的团队协作能力</td><td></td><td></td></tr>
<tr><td>3</td><td colspan="2">查阅资料能力，市场调研能力</td><td colspan="2">较强的资料检索能力和市场调研能力</td><td></td><td></td></tr>
<tr><td>4</td><td colspan="2">资料的阅读、分析和归纳能力</td><td colspan="2">较强的资料检索能力和分析、归纳能力</td><td></td><td></td></tr>
<tr><td>5</td><td colspan="2">轴承套加工中常见问题</td><td colspan="2">轴套加工常见问题解决措施</td><td></td><td></td></tr>
<tr><td>6</td><td colspan="2">轴承套零件加工工艺编制</td><td colspan="2">轴承套工艺文件</td><td></td><td></td></tr>
<tr><td>7</td><td colspan="2">安全生产与环保</td><td colspan="2">符合“5S”要求</td><td></td><td></td></tr>
<tr><td>8</td><td colspan="2">缺陷的分析诊断能力</td><td colspan="2">缺陷处理得当</td><td></td><td></td></tr>
<tr><td>检查
评价</td><td colspan="6">评语：</td></tr>
<tr><td>班级</td><td></td><td>组别</td><td></td><td>组长签字</td><td colspan="2"></td></tr>
<tr><td>教师签字</td><td colspan="3"></td><td>日期</td><td colspan="2"></td></tr>
</table>

2. 轴承套零件加工工艺编制评价单（见表2-9）

表2-9　轴承套零件加工工艺编制评价单

学习领域	机械加工工艺及夹具				
学习情境2	盘、套类零件加工工艺编制		学时		20学时
任务2.1	轴承套零件加工工艺编制		学时		12学时
评价类别	评价项目	子项目	个人评价	组内互评	教师评价
专业能力（60%）	资讯（8%）	搜集信息（4%）			
		引导问题回答（4%）			
	计划（5%）	计划可执行度（5%）			
	实施（12%）	工作步骤执行（3%）			
		功能实现（3%）			
		质量管理（2%）			
		安全保护（2%）			
		环境保护（2%）			
	检查（10%）	全面性、准确性（5%）			
		异常情况排除（5%）			
	过程（15%）	使用工具规范性（7%）			
		操作过程规范性（8%）			
	结果（5%）	结果质量（5%）			
	作业（5%）	作业质量（5%）			
社会能力（20%）	团结协作（10%）				
	敬业精神（10%）				
方法能力（20%）	计划能力（10%）				
	决策能力（10%）				
评价评语	评语：				

班级		组别		学号		总评	
教师签字			组长签字		日期		

2.1.7 拓展训练

训练项目：套类零件的加工工艺的编制。

训练目的：

1. 掌握套类零件的加工方法。

2. 掌握套类零件加工工艺的编制。

训练要点：

1. 能够分析套类零件的结构特点，选择适合的加工材料和毛坯。

2. 掌握套类零件的结构特点和所使用的工艺装备。

3. 培养学生独立分析和解决问题的能力。

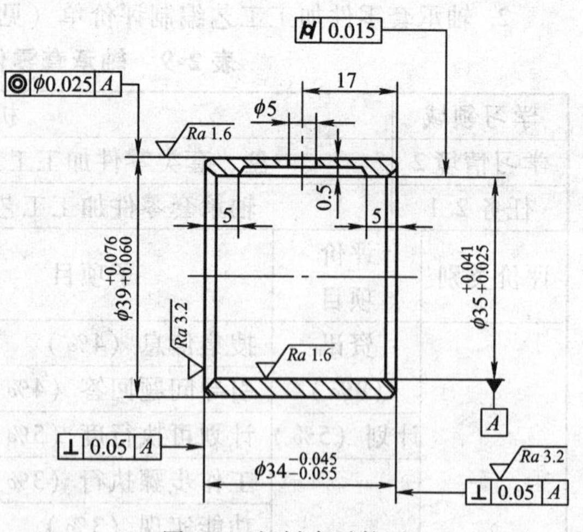

图 2-5 短衬套零件图

训练内容

图 2-5 所示为短衬套零件图，材料为铸造锡青铜，中批生产。图 2-6 所示为液压缸的简图，材料为 20 钢，属于长套筒零件。长套筒和短衬套的装夹及加工方法有很大差别，试编制两工件的加工工艺。

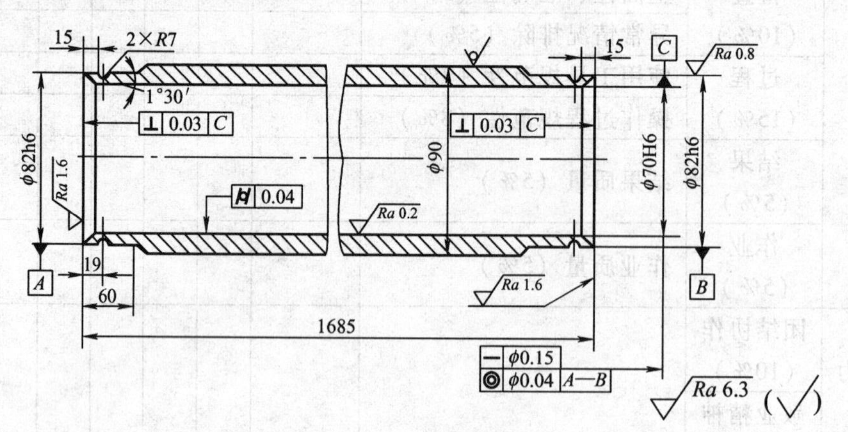

图 2-6 液压缸筒图

训练小结：

短衬套的加工工艺过程见表 2-10。

表 2-10 短衬套的加工工艺过程

序号	工序名	工序内容	定位夹紧	设备
1	铸	铸造毛坯（五件合一）		
2	车	粗车外圆	顶尖	卧式车床
3	镗	粗镗内孔	夹外圆	卧式车床
4	车	车端面，精铰内孔至要求，精车外圆至要求，倒角，切断	夹一端外圆	卧式车床

（续）

序号	工序名	工序内容	定位夹紧	设备
5	车	车另一端面，倒角	夹外圆、端面	卧式车床
6	刮	开润滑油槽	夹外圆、端面	专用机床
7	钻	钻油孔	孔、端面、油槽	立式钻床
8	钳工	去毛刺		
9	检验	检验入库		

液压缸的加工工艺过程见表 2-11。

表 2-11　液压缸的加工工艺过程

序号	工序名	工序内容	定位夹紧	设备
1	配料	无缝钢管切断		锯床
2	车	车 ϕ82mm 到 ϕ88mm，M88 螺纹（工艺用）	一夹一顶	卧式车床
		车端面、倒角	一夹一托	
		掉头车 ϕ82mm 外圆到 ϕ84mm	一夹一顶	
		车端面、倒角	一夹一托	
3	深孔铰	半精镗孔至 ϕ68mm	一端用 M88 × 1.5 螺纹固定，另一端搭中心架	卧式车床
		精镗孔至 ϕ69.85mm		
		精铰至 ϕ70 ± 0.02mm		
4	滚压孔	用滚压头滚压孔	同上	卧式车床
5	车	车工艺螺纹至 ϕ82mm，车 R7mm 槽	一夹（软爪）一顶	卧式车床
		镗内锥孔及车端面	一夹（软爪）一托	
		掉头车 ϕ82mm，车 R7mm 槽	一夹（软爪）一顶	
		镗内锥孔及车端面	一夹（软爪）一托	

2.1.8　实践中常见问题解析

1. 套类零件加工最重要的是要保证内外圆柱表面的同轴度精度要求，以及端面对轴线的垂直度精度要求。为了保证这些技术要求，一般套类零件加工要采用内外交叉、互为基准的方式。

2. 由于套类零件属于薄壁零件，容易造成加工时的变形，所以在加工外圆表面时，通常采用心轴定位装夹，在加工内孔时，采用软爪装夹。

任务 2.2　主轴承盖零件加工工艺编制

2.2.1　任务描述

主轴承盖零件加工工艺编制任务单见表 2-12。

表 2-12　主轴承盖零件加工工艺编制任务单

学习领域	机械加工工艺及夹具		
学习情境 2	盘、套类零件加工工艺编制	学时	20 学时
任务 2.2	主轴承盖零件加工工艺编制	学时	8 学时
布置任务			
学习目标	1. 能够正确分析盘、套类零件的结构工艺与技术要求。 2. 能够合理选择零件材料、毛坯及热处理方式。 3. 能够合理选择盘、套类零件加工方法及加工刀具，合理安排加工顺序。 4. 能够根据零件图，编制盘、套类零件加工工艺规程。		
任务描述	盘类零件主要起支承、轴向定位、密封和防尘等作用，有端盖、支承盖、法兰盘等，如图 2-7 所示。通常外圆柱面安装在箱体孔上，内孔则用于支承轴或轴承。在机器的箱体中，一般都有为装配和调整而设置的孔，这些孔需用端盖、支承盖等盖类零件加以保护，并支承和调整各零部件。图 2-8 所示为主轴承盖，其零件图如图 2-9 所示。其年产量为 5 万台，每台产品中主轴承盖的数量为 1 件，备品率 10%，废品率 1%。试通过计算主轴承盖的生产纲领，确定主轴承盖的生产类型及工艺特征，学习盖类零件的生产纲领的计算方法及生产类型、工艺特征的确定方法。  a)　b)　c) 图 2-7　盖类零件实体图 a）法兰盘　b）端盖　c）支承盖 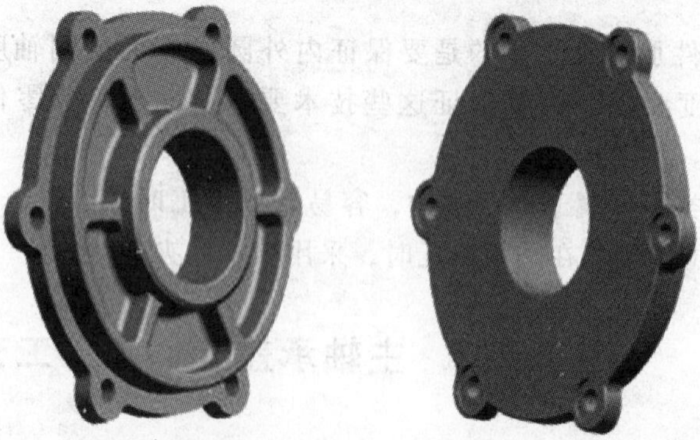 a)　b) 图 2-8　主轴承盖三维图 a）正面　b）背面		

任务描述

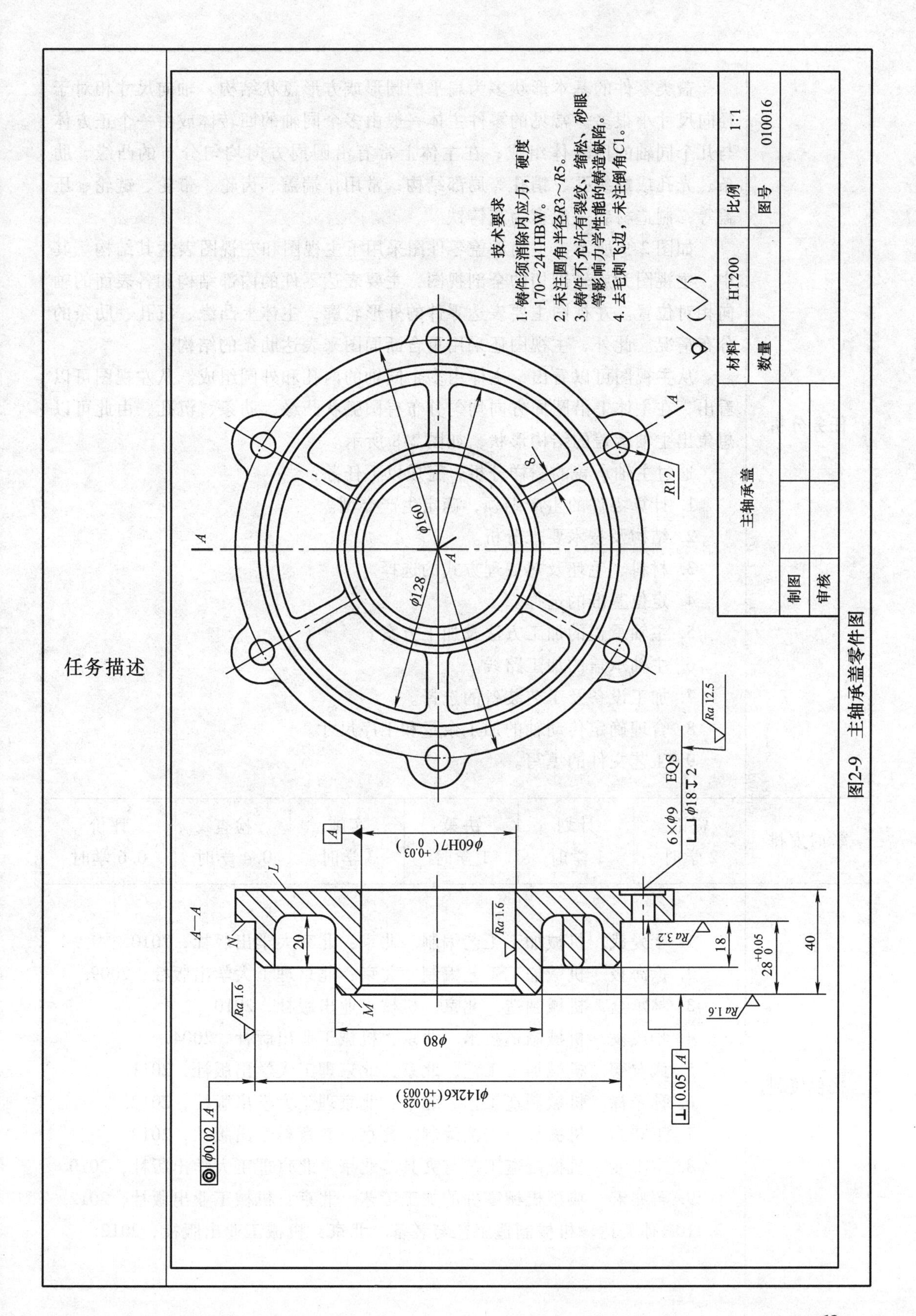

图2-9 主轴承盖零件图

<table>
<tr><td>任务分析</td><td colspan="6">

盖类零件的基本形状多为扁平的圆形或方形盘状结构，轴向尺寸相对于径向尺寸小很多。常见的零件主体一般由多个同轴的回转体或由一个正方体与几个同轴的回转体组成；在主体上常有沿圆周方向均匀分布的凸缘、肋条、光孔或螺纹孔、销孔等局部结构；常用作端盖、齿轮、带轮、链轮、压盖等，制造材料一般多为灰铸铁。
如图 2-9 所示，主轴承盖零件图采用了主视图和左视图表达其结构。其中，主视图为旋转剖切的全剖视图，主要表达零件的内部结构和各表面的轴向相对位置。左视图主要表达零件的外形轮廓，主体上凸缘、沉孔、肋条的分布情况。此外，主视图还采用重合断面图来表达肋条的结构。
从主视图可以看出，主体由多个同轴的内孔和外圆组成。从左视图可以看出，在主体上沿圆周方向均匀分布有圆弧状凸缘、肋条、沉孔，由此可以想象出主轴承盖的结构形状，如图 2-8 所示。
通过主轴承盖的图样分析，完成以下任务：
1. 计算零件的生产纲领，确定生产类型。
2. 结构及技术要求分析。
3. 材料、毛坯及热处理方式的选择。
4. 定位基准的选择。
5. 主轴承盖的加工方法及加工方案。
6. 主轴承盖的加工路线。
7. 加工设备及工艺装备的选择。
8. 合理确定传动轴的加工余量和工序尺寸。
9. 工艺文件的填写。
</td></tr>
<tr><td>学时安排</td><td>资讯
2 学时</td><td>计划
1 学时</td><td>决策
1 学时</td><td>实施
3 学时</td><td>检查
0.4 学时</td><td>评价
0.6 学时</td></tr>
<tr><td>提供资料</td><td colspan="6">

1. 于爱武. 机械加工工艺编制. 北京：北京大学出版社，2010.
2. 徐海枝. 机械加工工艺编制. 北京：北京理工大学出版社，2009.
3. 林承全. 机械制造. 北京：机械工业出版社，2010.
4. 华茂发. 机械制造技术. 北京：机械工业出版社，2004.
5. 武友德. 机械加工工艺. 北京：北京理工大学出版社，2011.
6. 孙希禄. 机械制造工艺. 北京：北京理工大学出版社，2012.
7. 王守志. 机械加工工艺编制. 北京：教育科学出版社，2012.
8. 卞洪元. 机械制造工艺与夹具. 北京：北京理工大学出版社，2010.
9. 蒋兆宏. 典型机械零件的加工工艺. 北京：机械工业出版社，2012.
10. 孙英达. 机械制造工艺与装备. 北京：机械工业出版社，2012.
</td></tr>
</table>

对学生的要求	1. 能对任务书进行分析，能正确理解和描述目标要求。 2. 具有独立思考、善于提问的学习习惯。 3. 具有查询资料和市场调研能力，具备严谨求实和开拓创新的学习态度。 4. 能执行企业“5S”质量管理体系要求，具有良好的职业意识和社会能力。 5. 具备一定的观察理解和判断分析能力。 6. 具有团队协作、爱岗敬业的精神。 7. 具有一定的创新思维和勇于创新的精神。 8. 按时、按要求上交作业，并列入考核成绩。

2.2.2 资讯

1. 主轴承盖零件加工工艺编制资讯单（见表 2-13）

表 2-13 主轴承盖零件加工工艺编制资讯单

学习领域	机械加工工艺及夹具		
学习情境 2	盘、套类零件加工工艺编制	学时	20 学时
任务 2.2	主轴承盖零件加工工艺编制	学时	8 学时
资讯方式	学生根据教师给出的资讯引导进行查询解答		
资讯问题	1. 主轴承盖的生产纲领如何确定？ 2. 主轴承盖的生产类型如何确定？工艺特征怎样？ 3. 主轴承盖的材料及毛坯如何选择？ 4. 盖类零件的工艺基准如何确定？ 5. 如何选择主轴承盖的加工工艺装备？ 6. 如何选择主轴承盖各表面的加工方法？ 7. 尺寸链如何确定和计算？		
资讯引导	1. 问题 1 可参考信息单第一部分内容。 2. 问题 2 可参考信息单第二部分内容。 3. 问题 3 可参考信息单第三部分内容。 4. 问题 4 可参考信息单第四部分内容。 5. 问题 5 可参考信息单第四部分内容。 6. 问题 6 可参考信息单第五部分内容 7. 问题 7 可参考信息单第六部分内容。		

2. 主轴承盖零件加工工艺编制信息单（见表 2-14）

表 2-14　主轴承盖零件加工工艺编制信息单

学习领域	机械加工工艺及夹具		
学习情境 2	盘、套类零件加工工艺编制	学时	20 学时
任务 2.2	主轴承盖零件加工工艺编制	学时	8 学时

序号	信息内容
一	计算主轴承盖的生产纲领

产品的生产纲领 $Q=50000$ 台/年。

每台产品中主轴承盖的数量 $n=1$ 件/台。

主轴承盖的备品率 $a=10\%$。主轴承盖的废品率 $b=1\%$。

主轴承盖的生产纲领计算如下：

$$
\begin{aligned}
N &= Qn(1+a)(1+b) \\
&= 50000\times 1(1+10\%)(1+1\%) \\
&= 55550(件/年)
\end{aligned}
$$

二	确定主轴承盖的生产类型及工艺特征

主轴承盖属于柴油机类型的零件，查表可知主轴承盖属于中型机械。根据主轴承盖的生产纲领（55550 件/年）及零件类型（中型机械），可查出主轴承盖的生产类型为大量生产，工艺特征见表 2-14-1。

表 2-14-1　主轴承盖工艺特征

生产纲领	生产类型	工艺特征
55550 件/年	大量生产	1. 毛坯采用金属模机器造型的制造方法，精度高，加工余量小 2. 加工设备采用自动机床、专用机床，按流水线排列 3. 工艺装备采用专用夹具、专用或复合刀具、专用量具，定程控制尺寸 4. 需编制详细的加工工艺过程卡片和工序卡片 5. 生产效率高、成本低，对操作工人技术要求较低，对调整工人的技术水平要求较高

三	确定盖类零件的毛坯类型及制造方法

根据主轴承盖的制造材料（HT200）可以确定，毛坯类型为铸件。毛坯采用金属模机器造型的铸造方法。

根据主轴承盖毛坯的最大轮廓尺寸（ϕ184mm）和加工表面的公称尺寸（按最大尺寸 ϕ142mm），查 GB/T 6414—1999《铸件　尺寸公差与机械加工余量》可得出，顶面的机械加工余量为 5mm，底面及侧面的机械加工余量为 4mm。各加工表面的机械加工余量统一取 5mm。查 GB/T 6414—1999 可得出，主轴承盖毛坯的尺寸偏差为 ±1.0mm。

四	选择盖类零件的定位基准和加工装备

1. 选择主轴承盖的精基准

1）经分析零件图可知，ϕ60H7 孔轴线是高度方向的设计基准，*M* 面是长度方向的设计基准，如图 2-9 所示。

2）根据基准重合原则，考虑选择已加工的 ϕ60H7 孔和 *M* 面作为精基准。这样可以保证关键表面 ϕ142k6 外圆的同轴度、*N* 面的垂直度要求。此外，这一组定位基准定位面积较大，工件的装夹稳定可靠，容易操作，夹具结构也比较简单，如图 2-10 所示。

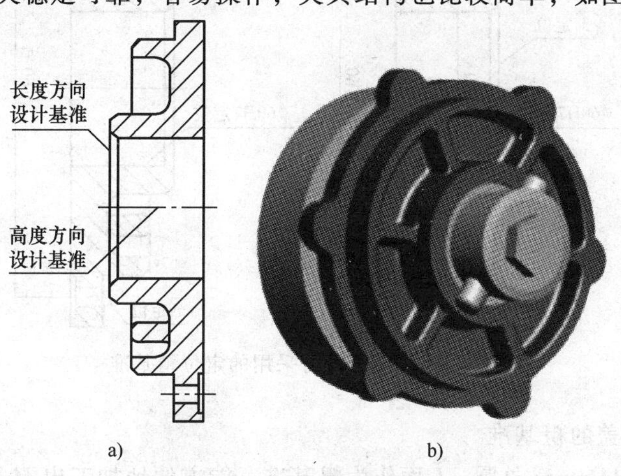

图 2-10　主轴承盖设计基准

a）精基准装夹模型图　b）精基准示意图

3）根据基准统一原则，零件各表面的加工过程分析如下：

① 加工 ϕ142k6 外圆、*N* 面时，可使用这一组精基准定位。

② 加工 6 × ϕ9mm 孔和 ϕ18mm 沉孔时，由于 *M* 面的直径只有 ϕ80mm，比加工孔的位置尺寸 ϕ160mm 小，工件装夹有可能不够稳定可靠。如图 2-11 所示，改用 *N* 面定位，可极大地提高工件装夹的稳定可靠性。因此，加工 6 × ϕ9mm 孔和 ϕ18mm 沉孔时，采用 *N* 面与 ϕ60H7 孔作为定位基准更合理。

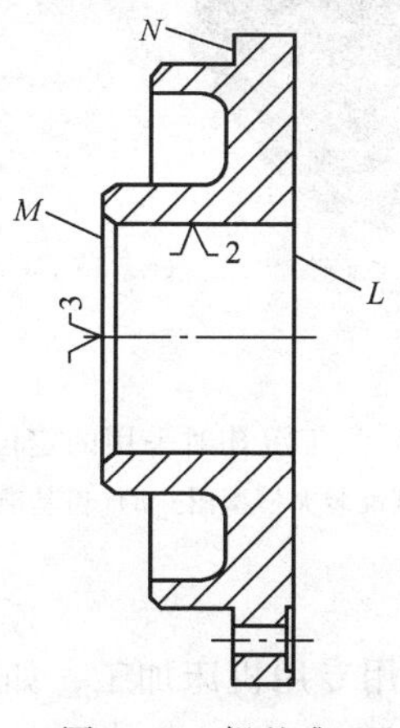

图 2-11　粗基准

选择 M 面和 ϕ60H7 孔作为主要定位基准时，加工其他表面时能使用这一组定位基准作为主要精基准，既符合基准重合原则，又符合基准统一原则，合理又可行，如图 2-12 所示。

由于定位基准与设计基准重合，不需要对它的工序尺寸和定位误差进行分析和计算。

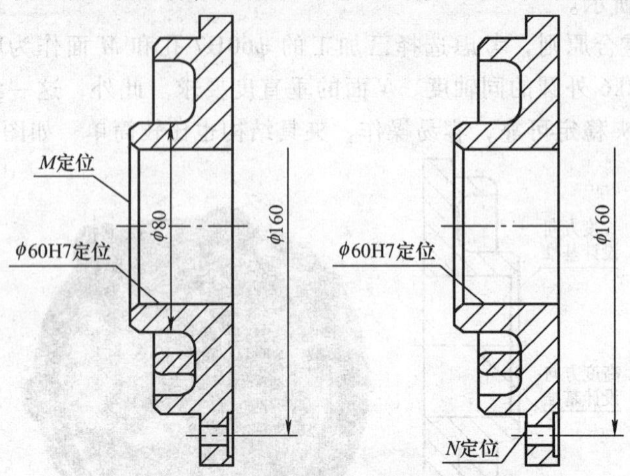

图 2-12　加工沉孔时采用的定位精基准

2. 选择主轴承盖的粗基准

选择不加工的 ϕ160mm 外圆、L 面作为粗基准，能方便地加工出 M 面和 ϕ60H7 孔（精基准），还可以保证 ϕ160mm 外圆与 ϕ142k6 外圆的轴线重合。ϕ160mm 外圆、L 面的面积较大，也较平整光洁，无浇口、冒口及飞边等缺陷，符合粗基准的要求，如图 2-13 所示。

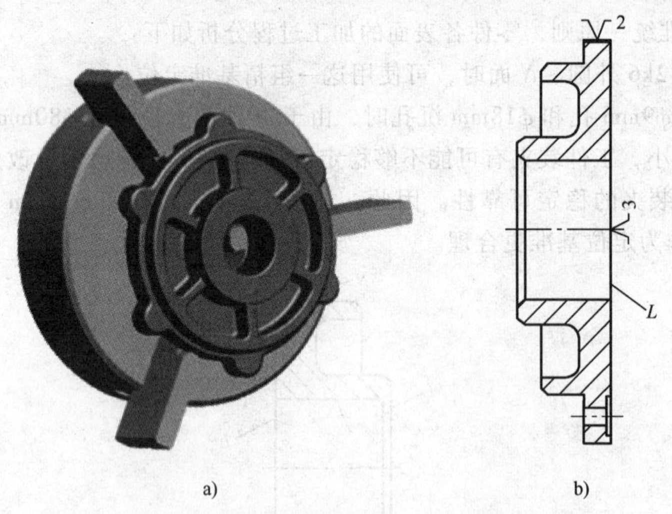

图 2-13　加工沉孔时采用的定位粗基准

a）粗基准装夹模型图　b）粗基准示意图

3. 选择加工工艺装备

根据主轴承盖的工艺特性，采用专用机床加工，如图 2-14 和图 2-15 所示。工艺装备采用专用夹具、专用刀具和专用量具。

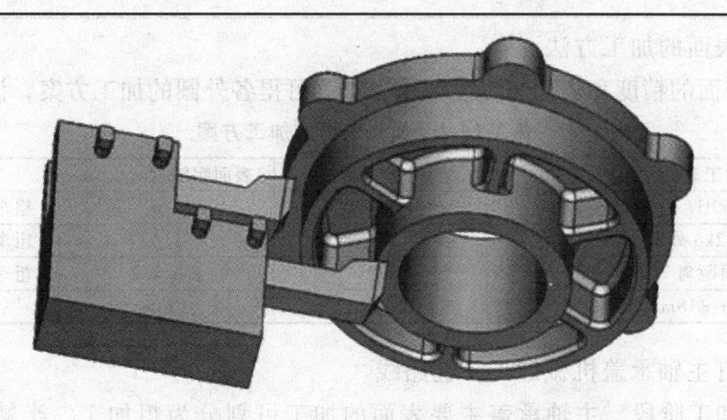

图 2-14　双刀切削端面示意图

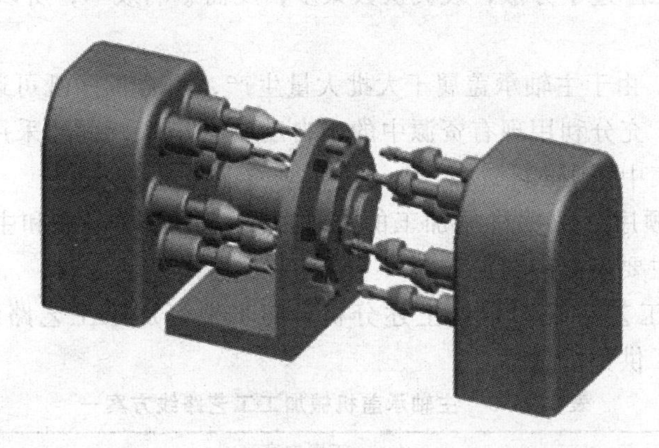

图 2-15　专用双面多轴钻床加工示意图

五	拟订盖类零件工艺路线

工序有两种不同的组合原则，即工序分散原则和工序集中原则。一般单件小批量生产应遵循工序集中原则，大批大量生产既可遵循工序集中原则，也可遵循工序分散原则。

1. 工序分散的特点

1）工序多，工艺过程长，每个工序所包含的加工内容很少，特殊情况下每个工序只有一个工步。

2）所使用的加工设备与工艺装备比较简单，易于调整和掌握。

3）有利于选择合理的切削用量，以减少基本加工时间。

2. 工序集中的特点

1）零件各个表面的加工集中在少数几个工序内完成，每个工序所安排的加工内容多。

2）工件装夹次数少，加工表面间的相互位置精度易于保证。

3）有利于采用高效的专用设备和工艺装备。

4）生产计划和组织简单化，生产面积和操作工人的数量少，辅助时间短。

5）专用设备和工艺装备投资大，调整和维护复杂，生产技术准备工作量大，变换产品困难。生产技术准备工作较容易，易于变换产品。

3. 选择各表面的加工方法

根据加工表面的精度和表面粗糙度要求，查表可得各外圆的加工方案，详见表2-14-2。

表 2-14-2 加工表面的加工方案

加工表面	公差等级	表面粗糙度 $Ra/\mu m$	加工方案
ϕ60H7 孔	IT7	1.6	粗车→半精车→精车
ϕ142k6 外圆	IT6	1.6	粗车→半精车→精车
M、N 面（两面距离 $28_0^{+0.05}$mm）	IT9	1.6、3.2	粗车→半精车→精车
6×ϕ9mm、ϕ18mm 沉孔	IT12 以上	12.5	钻孔

4. 初步拟订主轴承盖机械加工工艺路线

（1）划分加工阶段　主轴承盖主要表面的加工可划分为粗加工、半精加工和精加工三个阶段。考虑到工序过于分散，装夹次数太多，反而影响效率，所以划分为粗加工、精加工两个阶段即可。

（2）组合工序　由于主轴承盖属于大批大量生产，组合工序既可遵循工序分散原则，也可遵循集中原则。充分利用现有资源中的半自动转塔车床，因此采用多刀多工位加工，组合工序遵循工序集中原则。

（3）安排加工顺序　根据机械加工的安排原则，先安排基准和主要表面的粗加工，然后再安排基准和主要表面的精加工。

（4）初步拟订工艺路线　根据上述分析，初步拟订加工工艺路线方案两个，见表2-14-3和表2-14-4，供分析选择。

表 2-14-3 主轴承盖机械加工工艺路线方案一

工序号	工序名称	工序内容	加工设备
10	检验	外协毛坯检验	
20	车削	粗车 ϕ60H7 内孔、ϕ142k6 外圆及 M、N 面（以毛坯面 ϕ160mm 外圆和 L 面定位）	转塔车床
30	车削	半精车、精车 ϕ60H7 内孔（以粗加工的 ϕ142k6 外圆及 M 面定位）	卧式车床
40	车削	半精车、精车 ϕ142k6 外圆和 M、N 面（以已加工 ϕ60H7 内孔及 N 面定位）	卧式车床
50	钻、锪、削	钻 6×ϕ9mm 孔，锪 6×ϕ18mm 沉孔（以已加工的 ϕ60H7 内孔及 M 面定位）	专用机床
60	去毛刺	去锐边毛刺，吹铁屑	
70	终检	按检验工序卡片的要求检验	

表 2-14-4 主轴承盖机械加工工艺路线方案二

工序号	工序名称	工序内容	加工设备
10	检验	外协毛坯检验	
20	车削	粗车 ϕ60H7 内孔（以未加工的 ϕ142k6 外圆及 M 面定位）	卧式车床
30	车削	粗车 ϕ142k6 外圆和 M、N 端面定位（以已加工 ϕ60H7 内孔及毛坯面 L 面定位）	卧式车床
40	车削	半精车、精车 ϕ60H7 孔、ϕ142k6 外圆和 M、N 面（以毛坯面 ϕ160mm 外圆和 L 面定位）	转塔车床
50	钻、锪、削	钻 6×ϕ9mm 孔，锪 ϕ18mm 沉孔（以已加工的 ϕ60H7 内孔及 M 面定位）	专用机床
60	去毛刺	去锐边毛刺，吹铁屑	
70	终检	按检验工序卡片的要求检验	

方案一的优点：定位精基准的选择比方案二更合理，各车削工序加工内容比方案二均衡。缺点：转塔车床为半自动机床，价格高于卧式车床。长期用于粗加工工序，易于降低该机床的加工精度。如果该转塔车床为旧机床，则不需考虑保持机床精度的问题。

方案二的优点：半自动转塔车床用于精车工序，有利于长期保持该机床的加工精度。缺点：半精车、精车工序的定位基准不合理，且其加工内容过于集中，精加工质量监控集中在同一工序，调刀、检验等工作量大，工序时间比其他工序长很多，工序不够均衡。

六	盖类零件加工工序的确定

1. 确定主轴承盖各工序的加工余量及工序尺寸

加工余量的确定：①加工总余量（毛坯余量）——毛坯尺寸与零件图设计尺寸之差；②工序余量——相邻两工序的工序尺寸之差。

确定加工余量的步骤如下：

1）确定 ϕ60H7 孔的加工余量及工序尺寸。ϕ60H7 孔的加工过程如图 2-16 所示。

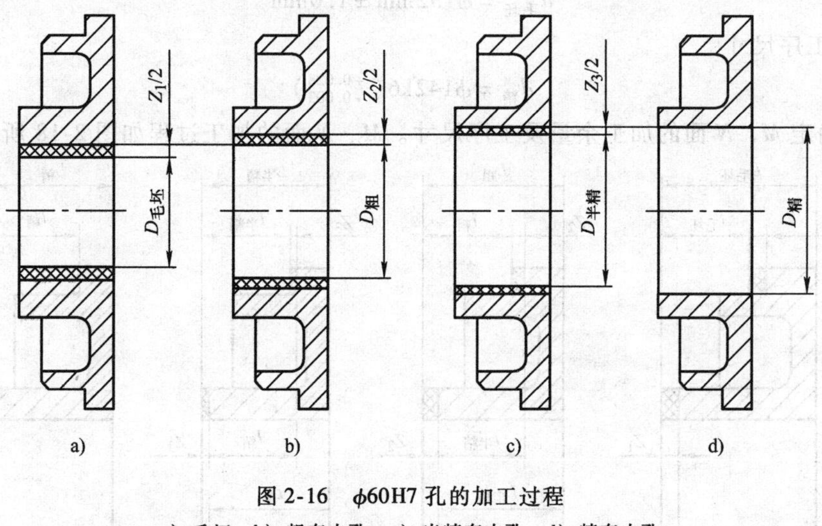

图 2-16 ϕ60H7 孔的加工过程

a）毛坯 b）粗车内孔 c）半精车内孔 d）精车内孔

毛坯尺寸及其偏差

$$D_{毛坯} = \phi 50\text{mm} \pm 1.0\text{mm}$$

精车工序尺寸及其公差

$$D_{精} = \phi 60\text{H7}(^{+0.03}_{0})$$

根据工序尺寸和公差等级，查表得出精车、半精车孔的工序尺寸偏差，按入体原则标注 ϕ60H7 孔的加工余量及工序尺寸。

2）确定 ϕ142k6 外圆的加工余量及工序尺寸。ϕ142k6 外圆的加工过程如图 2-17 所示。

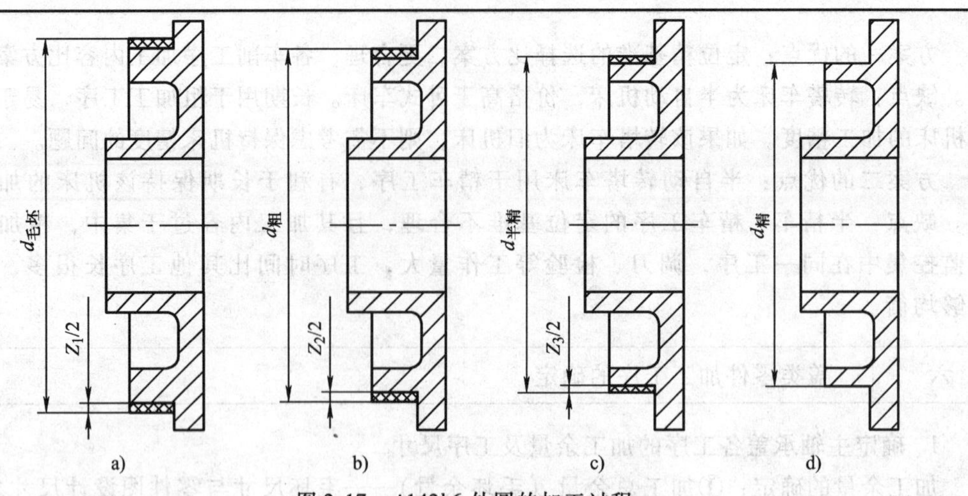

图 2-17　ϕ142k6 外圆的加工过程

a）毛坯　b）粗车　c）半精车　d）精车

毛坯尺寸及其偏差

$$d_{毛坯} = \phi 152\text{mm} \pm 1.0\text{mm}$$

精车工序尺寸

$$d_{精} = \phi 142\text{k}6\left(^{+0.028}_{+0.003}\right)$$

3）确定 M、N 面的加工余量及工序尺寸。M、N 面的加工过程如图 2-18 所示。

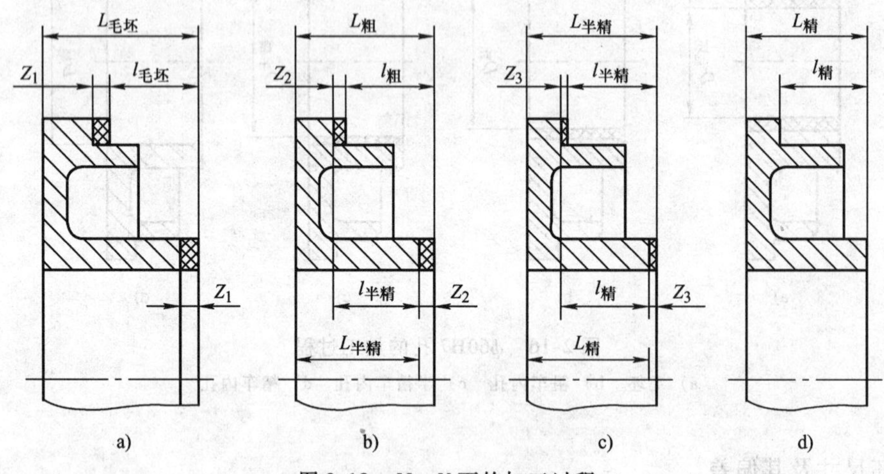

图 2-18　M、N 面的加工过程

a）毛坯　b）粗车　c）半精车　d）精车

2. 确定主轴承盖各工序的切削用量

确定切削用量就是在已选定的刀具材料及几何角度的基础上选择切削深度、进给量和切削速度。

（1）粗车工序

1）确定进给量：加工材料为铸铁材料，可根据材料的硬度（170 ~ 241HBW）和背吃刀量（3.5 ~ 3.7mm），查表得（大批大量生产时按焊接式硬质合金刀具），切削速度 $v = 90 \sim 100\text{m/min}$，进给量 $f = 0.50\text{mm/r}$。

2）确定转速和切削速度。

初算主轴转速为

$$n = \frac{1000v}{\pi D} = \frac{1000 \times 90}{\pi \times 184} \text{r/min} = 155.8 \text{r/min}$$

实际转速取 160r/min。

各表面的实际切削速度分别为

$$v_{内孔} = \frac{\pi Dn}{1000} = \frac{\pi \times 60 \times 160}{1000} \text{m/min} = 30.1 \text{m/min}$$

$$v_{外圆} = \frac{\pi Dn}{1000} = \frac{\pi \times 144.6 \times 160}{1000} \text{m/min} = 72.6 \text{m/min}$$

$$v_{端面} = \frac{\pi Dn}{1000} = \frac{\pi \times 184 \times 160}{1000} \text{m/min} = 92.4 \text{m/min}$$

（2）半精、精车 ϕ60H7 孔工序

1）确定进给量：加工材料为铸铁材料，可根据材料的硬度（170～241HBW）和背吃刀量（0.3～1.3mm），查表得（大批大量生产时按焊接式硬质合金刀具），切削速度 v = 115～130m/min，进给量 f = 0.18mm/r。

2）确定转速和切削速度。

初算主轴转速为

$$n = \frac{1000v}{\pi D} = \frac{1000 \times 115}{\pi \times 60} \text{r/min} = 610.4 \text{r/min}$$

若使用的是转塔车床，查其使用说明书，则取 n = 560r/min，实际切削速度为

$$v_{半精} = \frac{\pi Dn}{1000} = \frac{\pi \times 59.4 \times 560}{1000} \text{m/min} = 104.4 \text{m/min}$$

$$v_{精} = \frac{\pi Dn}{1000} = \frac{\pi \times 60 \times 560}{1000} \text{m/min} = 105.5 \text{m/min}$$

（3）半精、精车 ϕ142k6 外圆和 M、N 面工序

1）确定进给量：加工材料为铸铁材料，可根据材料的硬度（170～241HBW）和背吃刀量（0.3～1.3mm），查表（大批大量生产时按焊接式硬质合金刀具）可得，切削速度 v = 115～130m/min，进给量 f = 0.18mm/r。

2）确定转速和切削速度。

初算主轴转速为

$$n = \frac{1000v}{\pi D} = \frac{1000 \times 130}{\pi \times 184} \text{r/min} = 225.0 \text{r/min}$$

实际主轴转速取 250r/min。

实际切削速度为：

$$v_{半精车外圆} = \frac{\pi Dn}{1000} = \frac{\pi \times 142.6 \times 250}{1000} \text{m/min} = 111.9 \text{m/min}$$

$$v_{精车外圆} = \frac{\pi Dn}{1000} = \frac{\pi \times 142 \times 250}{1000} \text{m/min} = 111.5 \text{m/min}$$

$$v_{半精、精端面}=\frac{\pi Dn}{1000}=\frac{\pi\times184\times250}{1000}\text{m/min}=144.4\text{m/min}$$

（4）钻、锪 $6\times\phi9$mm、$\phi18$mm 沉孔工序

1）确定进给量：本工序采用专用机床群钻加工，根据工件材料（灰铸铁）的硬度（170～241HBW）和深径比（12/9≈1.3），查《机械加工工艺手册》，得出进给量 $f=0.24$mm/r，$v=16$m/min。

2）确定转速和实际切削速度。

计算钻孔主轴转速为

$$n=\frac{1000v}{\pi D}=\frac{1000\times16}{\pi\times9}\text{r/min}=566.2\text{r/min}$$

钻孔实际切削速度为

$$v_{钻}=\frac{\pi Dn}{1000}=\frac{\pi\times9\times570}{1000}\text{r/min}=16.1\text{m/min}$$

七	填写盖类零件的机械加工工艺文件

根据上述计算结果，按机械加工工艺文件中各栏的填写要求，详细填写主轴承盖"机械加工工艺过程卡片""机械加工工序卡片"。因主轴承盖的生产类型是大量生产，故需编制"机械加工工艺过程卡片""机械加工工序卡片"。

2.2.3 计划

根据任务内容制订小组任务计划，简要说明任务实施过程的步骤及注意事项。将计划内容等填入表2-15中。主轴承盖件零件加工工艺编制计划单见表2-15。

表2-15 主轴承盖零件加工工艺编制计划单

学习领域	机械加工工艺及夹具		
学习情境2	轴类零件加工工艺编制	学时	20学时
任务2.2	主轴承盖零件加工工艺编制	学时	8学时
计划方式	小组讨论		
序号	实施步骤		使用资源

制订计划说明				
计划评价	评语：			
班级		第　　组	组长签字	
教师签字			日期	

2.2.4　决策

小组互评选定合适的工作计划。小组负责人对任务进行分配，组员按负责人要求完成相关任务内容，并将自己所在小组及个人任务填入表2-16中。主轴承盖零件加工工艺编制决策单见表2-16。

表2-16　主轴承盖零件加工工艺编制决策单

学习情境2	轴类零件加工工艺编制		学时	20学时
任务2.2	主轴承盖零件加工工艺编制		学时	8学时
分组	小组任务	小组成员		
1				
2				
3				
4				
任务决策				
设备、工具				

2.2.5 实施

1. 实施准备

任务实施准备主要有场地准备、教学仪器（工具）准备、资料准备，见表2-17。

表2-17 主轴承盖零件加工工艺编制实施准备

场地准备	教学仪器（工具）准备	资料准备
机械加工实训室（多媒体）	主轴承盖	1. 于爱武. 机械加工工艺编制. 北京：北京大学出版社，2010. 2. 徐海枝. 机械加工工艺编制. 北京：北京理工大学出版社，2009. 3. 林承全. 机械制造. 北京：机械工业出版社，2010. 4. 华茂发. 机械制造技术. 北京：机械工业出版社，2004. 5 武友德. 机械加工工艺. 北京：北京理工大学出版社，2011. 6. 孙希禄. 机械制造工艺. 北京：北京理工大学出版社，2012. 7. 王守志. 机械加工工艺编制. 北京：教育科学出版社，2012.

2. 实施任务

依据计划步骤实施任务，并完成作业单的填写。主轴承盖零件加工工艺编制作业单见表2-18。

表2-18 主轴承盖零件加工工艺编制作业单

学习领域	机械加工工艺及夹具		
学习情境2	盘、套类零件加工工艺编制	学时	20学时
任务2.2	主轴承盖零件加工工艺编制	学时	8学时
作业方式	小组分析，个人解答，现场批阅，集体评判		
1	生产纲领计算与生产类型确定		
作业解答：			

2	结构及技术要求分析、材料和毛坯选取
作业解答：	
3	定位基准选择及加工方法和方案选择
作业解答：	
4	加工设备的选择及工件的装夹
作业解答：	
5	加工余量和工序尺寸的确定

作业解答：	
6	工艺文件的填写
作业解答：	
作业评价：	

班级		组别		组长签字	
学号		姓名		教师签字	
教师评分		日期			

2.2.6 检查评估

学生完成本学习任务后，应展示的结果为：完成的计划单、决策单、作业单、检查单、评价单。

1. 主轴承盖零件加工工艺编制检查单（见表2-19）

表2-19　主轴承盖零件加工工艺编制检查单

学习领域	机械加工工艺及夹具			
学习情境2	盘、套类零件加工工艺编制		学时	20学时
任务2.2	主轴承盖零件加工工艺编制		学时	8学时
序号	检查项目	检查标准	学生自查	教师检查
1	任务书阅读与分析能力，正确理解及描述目标要求	准确理解任务要求		
2	与同组同学协商，确定人员分工	较强的团队协作能力		
3	资料的分析，归纳能力	较强的资料检索能力和分析、归纳能力		
4	主轴承盖的加工方法	定位基准的选择是否正确		
5	加工顺序的安排、工艺装备的选择	加工余量和工序尺寸的确定		
6	测量工具应用能力	工具使用规范，测量方法正确		
7	安全生产与环保	符合“5S”要求		
检查评价	评语：			
班级		组别		组长签字
教师签字			日期	

2. 主轴承盖零件加工工艺编制评价单（见表2-20）

表 2-20　主轴承盖零件加工工艺编制评价单

学习领域	机械加工工艺及夹具				
学习情境2	盘、套类零件加工工艺编制			学时	20学时
任务2.2	主轴承盖零件加工工艺编制			学时	8学时
评价类别	评价项目	子项目	个人评价	组内互评	教师评价
专业能力（60%）	资讯（8%）	搜集信息（4%）			
		引导问题回答（4%）			
	计划（5%）	计划可执行度（5%）			
	实施（12%）	工作步骤执行（3%）			
		功能实现（3%）			
		质量管理（2%）			
		安全保护（2%）			
		环境保护（2%）			
	检查（10%）	全面性、准确性（5%）			
		异常情况排除（5%）			
	过程（15%）	使用工具规范性（7%）			
		操作过程规范性（8%）			
	结果（5%）	结果质量（5%）			
	作业（5%）	作业质量（5%）			
社会能力（20%）	团结协作（10%）				
	敬业精神（10%）				
方法能力（20%）	计划能力（10%）				
	决策能力（10%）				
评价评语	评语：				
班级		组别		学号	总评
教师签字		组长签字		日期	

学习情境3

齿轮加工工艺编制

【学习目标】

本学习情境主要以齿轮为载体，通过学习，学生能够分析齿轮类零件的结构及技术要求；合理编制齿轮类零件的加工工艺规程；能够在团队协作中正确分析、解决齿轮零件加工工艺编制的实际问题，考虑齿轮类零件的加工成本；能够通过国家标准、网络及其他渠道收集相关信息，查阅并贯彻相关国家标准和行业标准。通过学习训练，培养学生自主学习意识、团队合作精神、独立解决问题的能力，从而达到本课程的学习目标。

【学习任务】

1. 直齿圆柱齿轮加工工艺编制。
2. 双联齿轮加工工艺编制。

【情境描述】

齿轮是变速机构中最常用的零件之一。齿轮的作用是将一根轴的转动传递给另一根轴，也可以实现减速、增速、变向和换向等动作，按规定的速比传递运动和动力。它的适用范围很广，在各种机器中大量采用齿轮传动。图3-1所示为非传力齿轮。

图3-1　非传力齿轮

齿轮由齿圈和轮体两部分组成，按照齿圈上轮齿的分布形式，齿轮可分为直齿、斜齿、人字齿三类；按照轮体的结构特点，可分为齿轮轴、盘形齿轮、套筒齿轮、扇形齿轮和齿条等。

齿轮传动广泛应用于机床、汽车、飞机、船舶及精密仪器等行业中，齿轮传动依靠主动轮与从动轮的啮合传递运动和动力，齿轮加工工艺直接影响到齿轮的精度，从而影响齿轮传动部件和机器的工作质量。因此，在机械制造中，齿轮生产占有极其重要的位置。

完成本学习情境的各项任务，要借助《机械加工工艺人员手册》和《切削用量手册》等相关资料，编制机械加工工艺过程。

图 3-2 所示为某型号一级直齿圆柱齿轮减速器，齿轮传动由主动轮和从动轮组成，它依靠两齿轮间的啮合来传递运动和动力，是应用最广泛的一种机械传动。根据使用要求，选择齿轮的类型、材料、精度、润滑方式和润滑剂，确定齿轮的结构形式和几何尺寸，制订工艺规程。

图 3-2　一级直齿圆柱齿轮减速器中

任务 3.1　直齿圆柱齿轮加工工艺编制

3.1.1　任务描述

直齿圆柱齿轮加工工艺编制任务单见表 3-1。

表 3-1　直齿圆柱齿轮加工工艺编制任务单

学习领域	机械加工工艺及夹具		
学习情境 3	齿轮加工工艺编制	学时	16 学时
任务 3.1	直齿圆柱齿轮加工工艺编制	学时	10 学时
布置任务			
学习目标	1. 能够分析齿轮类零件的结构及技术要求。 2. 能够合理编制齿轮类零件的加工工艺规程。 3. 能够在团队协作中正确分析、解决齿轮零件加工工艺编制的实际问题，考虑齿轮类零件的加工成本。 4. 能够通过国家标准、网络及其他渠道收集相关信息，查阅并贯彻相关国家标准和行业标准。		
任务描述	图 3-3 所示为某厂制造的某型号减速器的从动齿轮，其备品率为 4%，废品率约为 1.2%，请分析该齿轮结构及技术要求，确定生产类型，选择毛坯类型及合理的制造方法，选取定位基准和加工装备，拟订工艺路线，设计加工工序，并填写工艺文件。		

任务描述

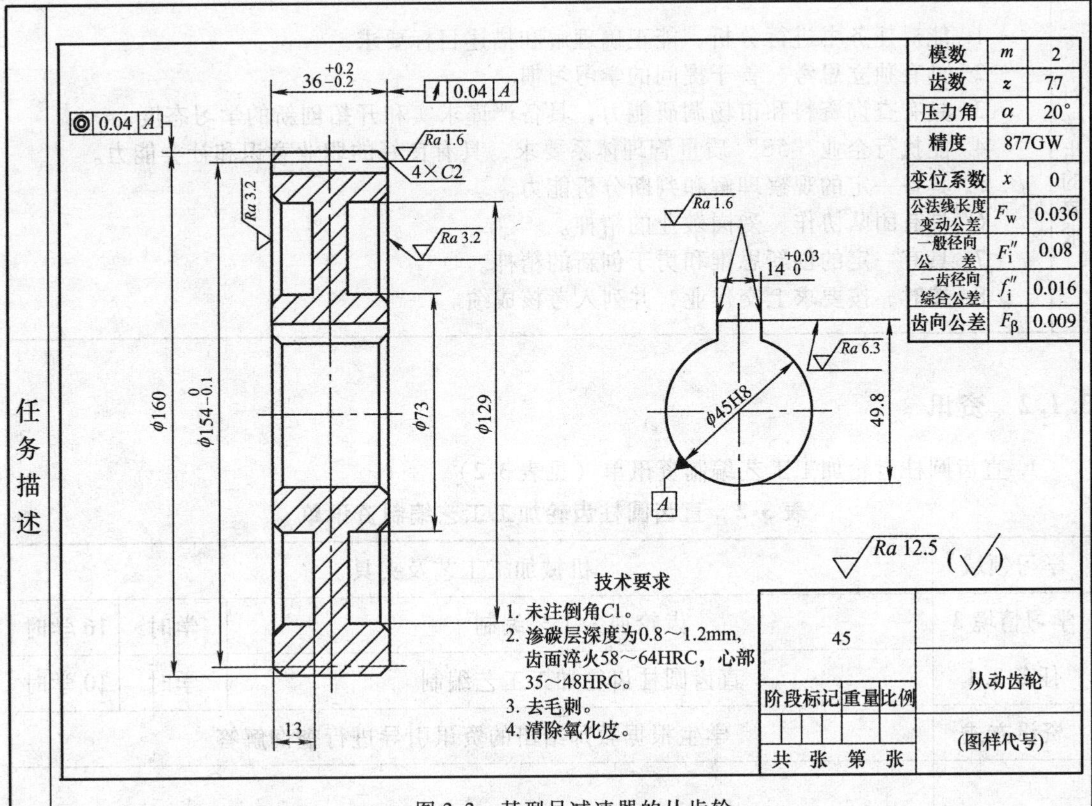

图 3-3　某型号减速器的从齿轮

任务分析

通过分析齿轮的结构、功用，完成以下具体任务：

1. 分析齿轮的基本结构、工作原理。
2. 分析齿轮的技术要求、精度等级，齿轮技术要求确定的一般原则。
3. 分析齿轮的加工工艺对齿轮精度的影响。
4. 分析齿轮齿形加工方法和齿形加工方案。

学时安排	资讯	计划	决策	实施	检查	评价
	3 学时	1 学时	1 学时	2 学时	1.5 学时	1.5 学时

提供资料

1. 于爱武．机械加工工艺编制．北京：北京大学出版社，2010.
2. 徐海枝．机械加工工艺编制．北京：北京理工大学出版社，2009.
3. 林承全．机械制造．北京：机械工业出版社，2010.
4. 华茂发．机械制造技术．北京：机械工业出版社，2004.
5. 武友德．机械加工工艺．北京：北京理工大学出版社，2011.
6. 孙希禄．机械制造工艺．北京：北京理工大学出版社，2012.
7. 王守志．机械加工工艺编制．北京：教育科学出版社，2012.
8. 卞洪元．机械制造工艺与夹具．北京：北京理工大学出版社，2010.
9. 孙英达．机械制造工艺与装备．北京：机械工业出版社，2012.

对学生的要求	1. 能对任务书进行分析，能正确理解和描述目标要求。 2. 具有独立思考、善于提问的学习习惯。 3. 具有查询资料和市场调研能力，具备严谨求实和开拓创新的学习态度。 4. 能执行企业“5S”质量管理体系要求，具有良好的职业意识和社会能力。 5. 具备一定的观察理解和判断分析能力。 6. 具有团队协作、爱岗敬业的精神。 7. 具有一定的创新思维和勇于创新的精神。 8. 按时、按要求上交作业，并列入考核成绩。

3.1.2　资讯

1. 直齿圆柱齿轮加工工艺编制资讯单（见表 3-2）

表 3-2　直齿圆柱齿轮加工工艺编制资讯单

学习领域	机械加工工艺及夹具		
学习情境 3	齿轮加工工艺编制	学时	16 学时
任务 3.1	直齿圆柱齿轮加工工艺编制	学时	10 学时
资讯方式	学生根据教师给出的资讯引导进行查询解答		
资讯问题	1. 齿轮的类型如何划分？其主要用在哪些地方？其毛坯有哪几种形式？ 2. 国家标准中齿轮的精度如何划分？ 3. 齿轮加工常用的热处理有哪些？各有什么作用？ 4. 盘套类齿轮的齿形加工常采用什么定位基准？ 5. 齿坯加工的主要内容有哪些？ 6. 常用的齿形加工方案有哪些？ 7. 齿轮加工常用的刀具有哪些？ 8. 如何选用齿轮加工机床？		
资讯引导	1. 问题 1 可参考信息单第一部分内容。 2. 问题 2 可参考信息单第二部分内容。 3. 问题 3 可参考信息单第三部分内容。 4. 问题 4 可参考信息单第四部分内容。 5. 问题 5 可参考信息单第五部分内容。 6. 问题 6 可参考信息单第五部分内容。 7. 问题 7 可参考信息单第六部分内容。 8. 问题 8 可参考信息单第六部分内容。		

2. 直齿圆柱齿轮加工工艺编制信息单（见表3-3）。

表3-3　直齿圆柱齿轮加工工艺编制信息单

<table>
<tr><td>学习领域</td><td colspan="4">机械加工工艺及夹具</td></tr>
<tr><td>学习情境3</td><td colspan="2">齿轮加工工艺编制</td><td>学时</td><td>16学时</td></tr>
<tr><td>任务3.1</td><td colspan="2">直齿圆柱齿轮加工工艺编制</td><td>学时</td><td>10学时</td></tr>
<tr><td>序号</td><td colspan="4">信息内容</td></tr>
<tr><td>一</td><td colspan="4">齿轮的结构、类型、功用</td></tr>
<tr><td colspan="5">齿轮是变速机构中最常用的零件之一，其功用是传递动力和运动。圆柱齿轮的结构因使用要求不同而有所差异。齿轮一般由齿圈和轮体两部分组成。
按照齿圈上轮齿的分布形式，齿轮可分为直齿、斜齿和人字齿3类；按照轮体的结构特点，可分为齿轮轴、盘形齿轮、套筒齿轮、扇形齿轮和齿条等。齿轮的分类如图3-4所示。</td></tr>
<tr><td colspan="5">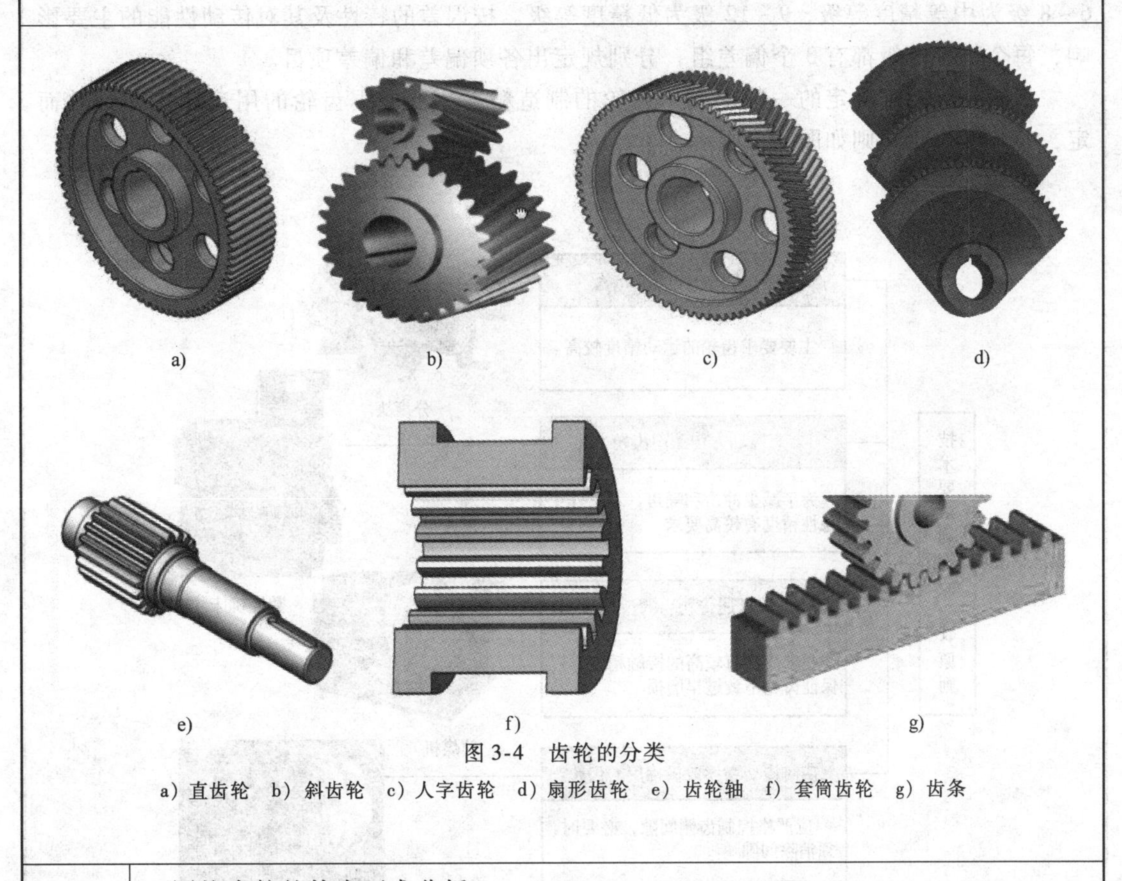
a)　b)　c)　d)　e)　f)　g)
图3-4　齿轮的分类
a) 直齿轮　b) 斜齿轮　c) 人字齿轮　d) 扇形齿轮　e) 齿轮轴　f) 套筒齿轮　g) 齿条</td></tr>
<tr><td>二</td><td colspan="4">圆柱齿轮的技术要求分析</td></tr>
<tr><td colspan="5">齿轮制造精度的高低直接影响机器的工作性能、承载能力、噪声和使用寿命，因此根据齿轮的使用要求，对齿轮传动提出四个方面的技术要求，见表3-3-1。</td></tr>
</table>

表 3-3-1　齿轮技术要求

技术要求	说　明
传递运动准确性	要求齿轮较准确地传递运动，传动比恒定，即要求齿轮在一转中的转角误差不超过一定范围
传递运动平稳性	要求齿轮传递运动平稳，以减小冲击、振动和噪声，即要求限制齿轮转动时瞬时速比的变化
载荷分布均匀性	要求齿轮工作时，齿面接触要均匀，以使齿轮在传递动力时不致因载荷分布不均而使接触应力过大，引起齿面过早磨损。接触精度除了包括齿面接触均匀性以外，还包括接触面积和接触位置
传动侧隙的合理性	要求齿轮工作时，非工作齿面间留有一定的间隙，以储存润滑油，补偿因温度、弹性变形所引起的尺寸变化和加工、装配时的一些误差

齿轮的精度等级：国家标准 GB/T 10095.1—2008 规定了齿轮及齿轮副共有 13 个精度等级，从 0 ~ 12 顺次降低。其中 0 ~ 2 级是尚待制订的精度等级，3 ~ 5 级为高精度等级，6 ~ 8 级为中等精度等级，9 ~ 12 级为低精度等级。按误差的特性及其对传动性能的主要影响，每个精度等级都有 3 个偏差组，分别规定出各项偏差和偏差项目。

齿轮技术要求确定的一般原则：齿轮的制造精度主要根据齿轮的用途和工作条件而定，其一般确定原则如图 3-5 所示。

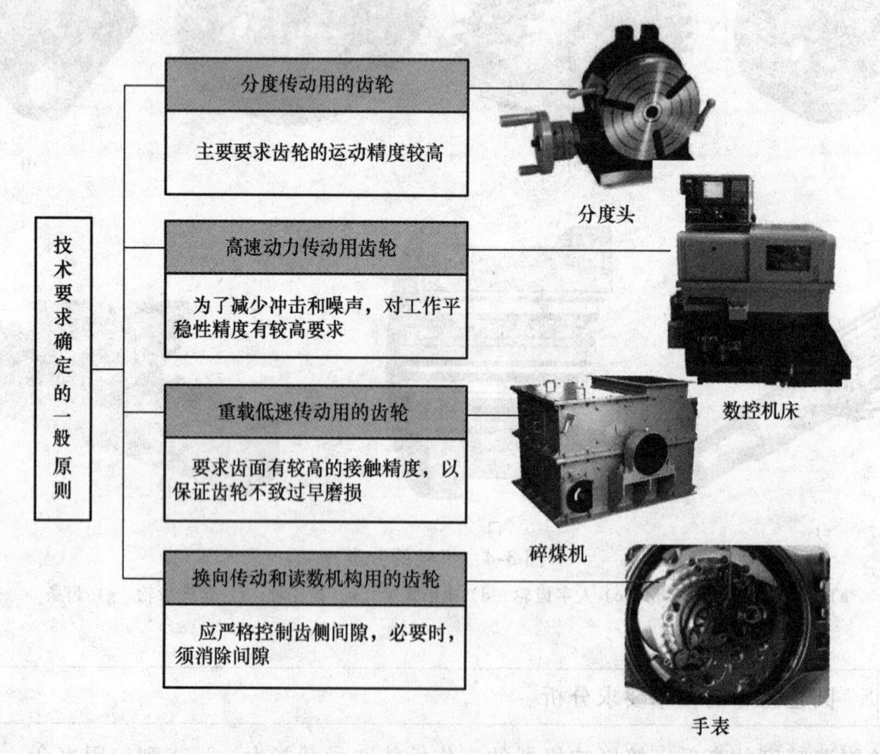

图 3-5　齿轮技术要求确定原则

三	齿轮的材料、毛坯选取及热处理

齿轮的材料应根据其用途和使用时的工作条件选用合适的材料。齿轮材料的选择对齿轮的加工性能和使用寿命都有直接的影响。一般齿轮常选用 45 钢或中、低碳合金钢，如 20Cr、40Cr、20CrMnTi 等。齿轮材料的选用如图 3-6 所示。

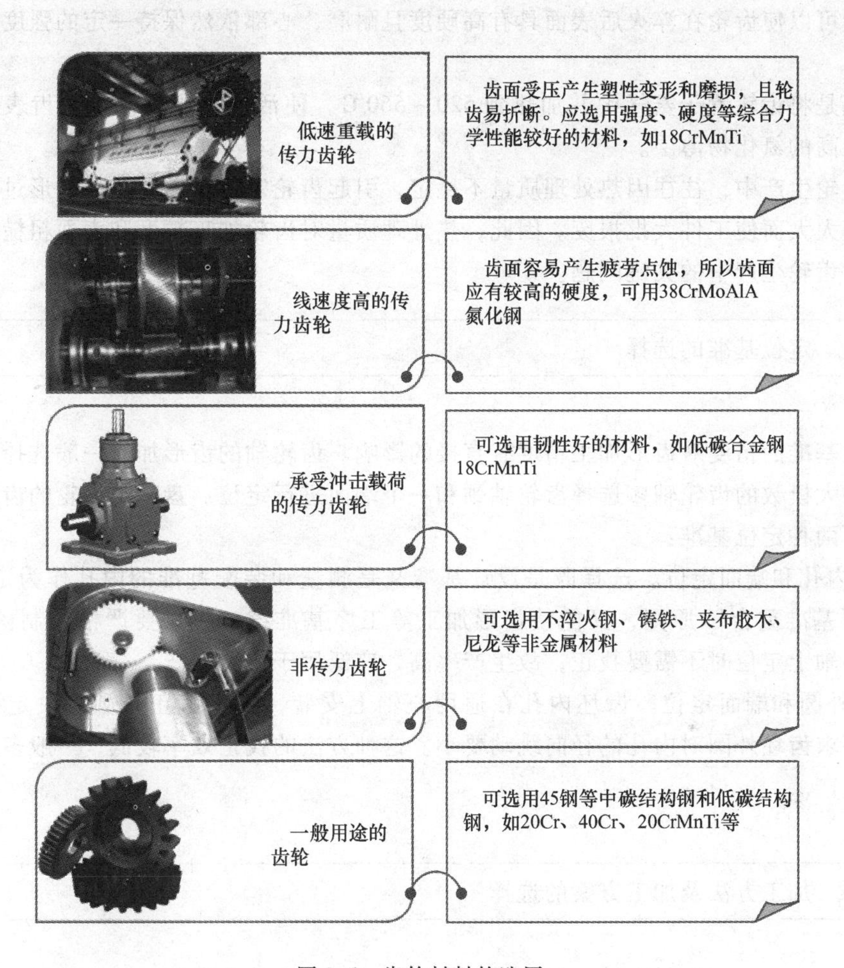

图 3-6 齿轮材料的选用

齿轮毛坯形式主要有棒料、锻件和铸件。

棒料：用于尺寸小、结构简单且对强度要求低的齿轮。

锻件：用于强度要求高，耐磨损、耐冲击的齿轮。

铸件：直径大于 $\phi400\sim\phi600$mm 的齿轮，常用铸造的方法铸造齿坯。铸钢件用于直径较大或结构形状复杂、不宜锻造的齿轮；铸铁件则用于受力小、无冲击的开式传动齿轮。

为了减少机械加工量，对大尺寸、低精度的齿轮，可以直接铸出轮齿；对于小尺寸、形状复杂的齿轮，采用压力铸造、精密铸造、粉末冶金、热扎和冷挤压等新工艺，可制造出具有轮齿的齿坯，以提高劳动生产率，节约原材料。

齿轮毛坯一般安排正火处理，中碳钢可在齿坯粗加工后安排调质处理，齿形加工后根据需要安排齿面高频感应加热淬火、渗碳淬火或渗氮处理。

轮齿常用的热处理为高频感应淬火、渗碳及渗氮。

高频感应淬火可以形成比普通淬火硬度稍高的表层，并保持了心部的强度与韧性。

渗碳可以使齿轮在淬火后表面具有高硬度且耐磨，心部依然保持一定的强度和较高的韧性。

渗氮是将齿轮置于氨气中并加热到520～560℃，使活性氮原子渗入轮齿表面层，形成硬度很高的氮化物薄层。

在齿轮生产中，往往因热处理质量不稳定，引起齿轮定位基面及齿面变形过大或表面粗糙度值太大而使工件大批报废。因此，热处理质量对齿轮加工精度和表面粗糙度影响很大，成为齿轮生产中的关键问题。

四	定位基准的选择

定位基准的精度对齿形加工精度有直接的影响。齿轮轴的齿形加工一般选择顶尖孔定位，某些大模数的齿轮轴多选择齿轮轴颈和一个端面进行定位。盘套类齿轮的齿形加工多采用以下两种定位基准：

1）内孔和端面定位。选择既是设计基准又是测量和装配基准的内孔作为定位基准，既符合“基准重合”原则，又能使齿形加工等工序基准统一，只要严格控制内孔精度，在专用心轴上定位时不需要找正，故生产率高，广泛用于成批生产。

2）外圆和端面定位。齿坯内孔在通用心轴上安装，通过找正外圆来决定孔中心位置，故要求齿坯外圆对内孔的径向跳动要小。这种方法的找正效率较低，一般多用于单件小批量生产。

五	加工方法及加工方案的选择

齿坯加工在齿轮的整个加工过程中占有重要的位置。齿形加工之前的齿轮加工称为齿坯加工，齿轮的内孔（或轴颈）、端面或外圆经常作为齿形加工的定位、测量和装配的基准。齿坯的精度对齿轮的加工精度有着重要的影响。

1. 齿坯加工精度

齿轮在加工、检验和装夹时的径向基准面和轴向基准面应尽量一致。一般情况下，以齿轮孔和端面为齿形加工的基准面，所以齿坯精度中主要是对齿轮孔的尺寸精度、形状精度以及孔和端面的位置精度有较高的要求；当外圆作为测量基准或定位、找正基准时，对齿坯外圆也有较高的要求。齿坯加工中，主要保证的是基准孔（或轴颈）的尺寸精度和形状精度、基准端面相对于基准孔（或轴颈）的位置精度。不同精度孔（或轴颈）的齿坯公差以及表面粗糙度等要求，见表3-3-2、表3-3-3和表3-3-4。

表 3-3-2　齿坯尺寸和形状公差

齿轮精度等级①	5	6	7	8	9
孔的尺寸公差和形状公差等级	IT5	IT6	IT7		IT8
轴的尺寸公差和形状公差等级	IT5		IT6		IT7
顶圆直径公差②	IT7		IT8		IT8

① 三个公差组的精度等级不同时，按最高精度等级确定公差值。

② 顶圆不作为测量齿厚基准时，尺寸公差按 IT11 给定，但应小于 0.1mm。

表 3-3-3　齿坯基准面径向和轴向圆跳动公差　（单位：mm）

分度圆直径/mm		精度等级				
大于	到	1 和 2	3 和 4	5 和 6	7 和 8	9 和 12
0	125	2.8	7	11	18	28
125	400	3.6	9	14	22	36
400	800	5.0	12	20	32	50

表 3-3-4　齿坯基准面的表面粗糙度 *Ra*　（单位：μm）

精度等级	3	4	5	6	7	8	9	10
孔	≤0.2	≤0.2	0.4～0.2	≤0.8	1.6～0.8	≤1.6	≤3.2	≤3.2
颈端	≤0.1	0.2～0.1	≤0.2	≤0.4	≤0.8	≤1.6	≤1.6	≤1.6
端面	0.2～0.1	0.4～0.2	0.6～0.4	0.6～0.3	1.6～0.8	3.2～1.6	≤3.2	≤3.2

2. 齿坯加工工艺方案

齿坯加工工艺方案主要取决于齿轮的轮体结构、技术要求和生产类型。

齿坯加工的主要内容有：齿坯的孔、端面、顶尖孔（轴类齿轮）以及齿圈外圆和端面的加工。对于轴类齿轮和套筒齿轮的齿坯，其加工过程和一般轴、套类基本相同。以下主要讨论盘类齿轮齿坯的加工工艺方案。

（1）单件小批生产的齿坯加工　一般齿坯的孔、端面及外圆的粗、精加工都在通用车床上经两次装夹完成。但必须注意：将孔和基准端面的精加工在一次装夹内完成，以保证位置精度。具体要求如下：

1）在卧式车床上粗车齿轮各部分。

2）在一次安装中精车内孔和基准端面，以保证基准端面对内孔的跳动要求。

3）以内孔在心轴上定位，精车外圆、端面及其他部分。

（2）成批生产的齿坯加工　成批生产齿坯时，经常采用“车—拉—车”的工艺方案。

1）以齿坯外圆或轮毂定位，粗车外圆、端面和内孔。

2）以端面定位拉孔。

3）以孔定位精车外圆及端面等。

（3）大批量生产的齿坯加工　大批量生产应采用高生产率的机床（如拉床、多轴自动或多刀半自动车床等）和高效专用夹具加工。在加工中等尺寸齿轮齿坯时，多采用“钻—拉—多刀车”的工艺方案。

1）以毛坯外圆及端面定位进行钻孔或扩孔。

2）以端面支承拉孔。

3）以孔定位在多刀半自动车床上粗车、精车外圆、端面、车槽及倒角等。

4）不卸下心轴，在另一台车床上继续精车外圆、端面、车槽和倒角。

3. 齿形加工方法分类

齿轮齿形的加工方法，按加工中有无切屑可分为无切削加工和切削加工两大类。

（1）无切削加工　无切削加工常采用热轧、冷轧、精锻和粉末冶金等新工艺。其优点是生产率高，材料消耗少，成本低等；缺点是加工精度较低，工艺不够稳定，特别是当生产批量较小时难以采用。

（2）切削加工　切削加工常用的方法有铣齿、磨齿、插齿、滚齿和珩齿等。切削加工具有良好的加工精度，但生产率低，材料消耗多，成本高。

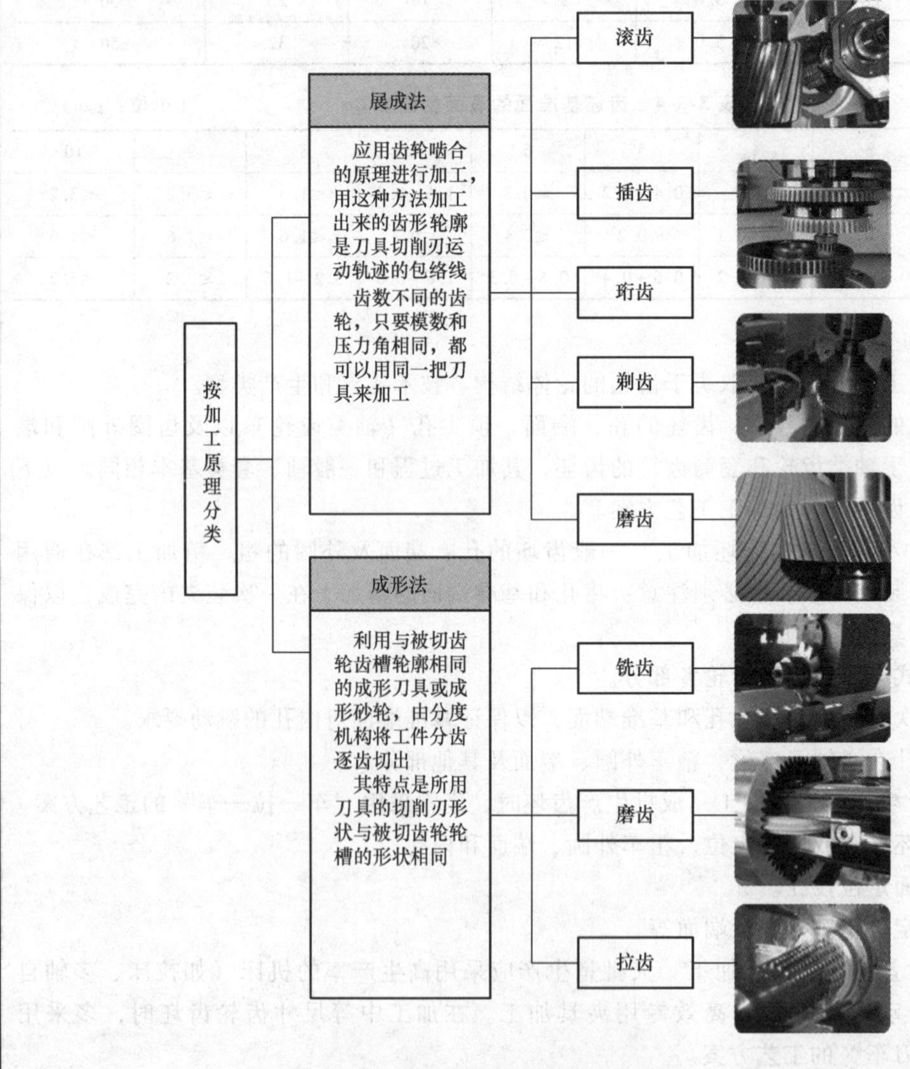

图 3-7　齿轮加工方法分类

切削加工按加工原理又可分为展成法和成形法两类，如图 3-7 所示。采用成形法加工齿轮常用盘状铣刀和指形齿轮铣刀，如图 3-8 所示。

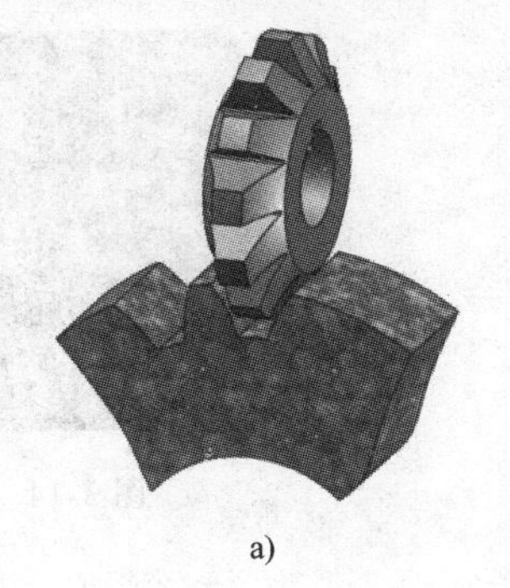

a)

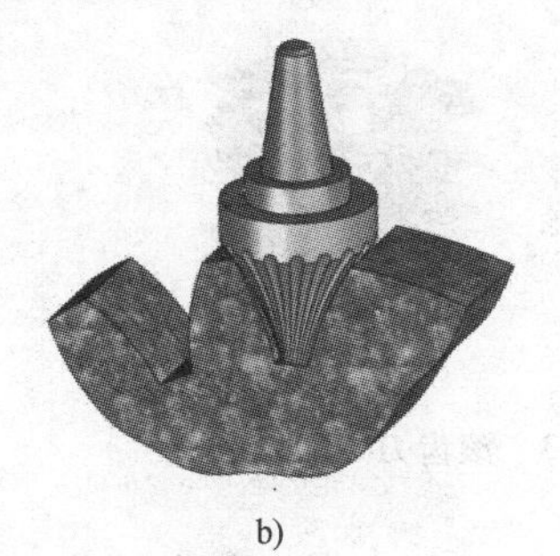

b)

图 3-8　成形法加工齿轮
a）盘形齿轮铣刀　b）指形齿轮铣刀

采用成形法加工齿轮时，一般用齿轮铣刀在铣床上铣齿、用成形砂轮磨齿或用齿轮拉刀拉齿等，常用装置和方法如图 3-9 ~ 图 3-12 所示。

图 3-9　S380 成形法磨齿机

图 3-10　成形法磨齿

图 3-11　成形法铣齿

图 3-12　成形法拉齿

成形法存在分度误差及刀具的安装误差，加工精度较低，一般只能加工出 9 ~ 10 级精度。

展成法是应用齿轮啮合的原理进行加工的，用这种方法加工出来的齿形轮廓是刀具切削刃运动轨迹的包络线。齿数不同的齿轮，只要模数和压力角相同，都可以用同一把刀具来加工。实现方法有：滚齿、插齿、剃齿、珩齿和磨齿等方法。

4. 常见的齿形加工方法

（1）滚齿　滚齿是齿形加工中生产率较高、应用最广的一种加工方法。滚齿时，蜗杆形的齿轮滚刀在滚齿机上与被切齿轮做空间交轴啮合，滚刀的旋转形成连续的切削运动，切削加工出外啮合的直齿、斜齿圆柱齿轮等。滚齿刀如图 3-13 所示，滚齿加工如图 3-14 所示。

图 3-13　滚齿刀

图 3-14　滚齿加工

滚齿的加工精度等级一般为 6～10 级，对于 8、9 级精度齿轮，可直接滚齿得到，对于 7 级精度以上的齿轮，通常滚齿可作为齿形的粗加工或半精加工。当采用 AA 级齿轮滚刀和高精度滚齿机时，可直接加工出 7 级精度以上的齿轮。

提示：国际标准把滚刀的精度等级分为 AA 级、A 级和 B 级。

在滚齿加工中，由于机床、刀具、夹具和齿坯在制造、安装和调整中不可避免地存在一些误差，因此被加工齿轮在尺寸、形状和位置等方面也会产生一些误差。这些误差将影响齿轮传动的准确性、平稳性、载荷分布的均匀性和齿侧间隙。滚齿误差产生的主要原因和采取的相应措施见表 3-3-5。

表 3-3-5　滚齿误差产生的主要原因和采取的相应措施

误差的影响	滚齿误差		主要原因	采取的相应措施
影响传递运动的准确性	齿距累积误差超差	齿圈径向圆跳动超差 F_r	齿坯几何偏心或安装偏心	提高齿坯基准面精度要求，提高夹具定位面精度，提高调整技术水平
			用顶尖定位时，顶尖与机床中心偏心	更换顶尖及提高中心孔制造质量，并在加工过程中保护中心孔
			用顶尖定位时，因顶尖或中心孔制造不良，使定位面接触不好造成偏心	提高顶尖及中心孔制造质量，并在加工过程中保护中心孔
		法线长度变动量超差 F_w	滚齿机分度蜗轮精度过低 滚齿机工作台圆形导轨磨损 分度蜗轮与工作台圆形导轨不同轴	提高机床分度蜗轮精度 采用滚齿机校正机构修刮导轨，并以其为基准精滚（或珩）分度蜗轮
影响传递运动的平稳性产生噪声产生振动	齿形误差超差	齿形变肥或变瘦，且左右齿形不对称	滚刀压力角误差 前面刃磨产生较大的前角	更换滚刀或重磨前面
		一边齿顶变肥，另一边齿顶边瘦，齿形不对称	刃磨时产生导程误差或直槽滚刀非轴向性误差 刀具对中不好	误差较小时，重调刀架转角 新调整滚刀刀齿，使它和齿坯中心对中
		齿面上个别点凸出或凹进	滚刀容屑槽槽距误差	重磨滚刀前面
		齿形面误差近似正弦分布的短周期误差	刀杆径向圆跳动太大 滚刀和刀轴间隙大 滚刀分度圆柱对内孔轴线径向圆跳动误差超差	找正刀杆 找正滚刀 重磨滚刀前面

（续）

误差的影响	滚齿误差		主要原因	采取的相应措施
影响传递运动的平稳性产生噪声产生振动	齿形误差超差	齿形一侧齿顶多切，另一侧齿根多切切	滚刀轴向齿距误差 滚刀端面与孔轴线不垂直 垫圈两端面不平行	防止刀杆轴向窜动 找正滚刀偏摆，转动滚刀或刀杆加垫圈 重磨垫圈两端面
		基圆齿距偏差超差 f_{pb}	滚刀轴向齿距误差 滚刀压力角误差 机床蜗杆副齿距误差过大	提高滚刀铲磨精度（齿距压力角） 更换滚刀或重磨前面 检修滚齿机或更换蜗杆副
载荷分布均匀性	齿向误差超差		机床几何精度低或使用磨损（立柱导轨、顶尖、工作台水平性等）	定期检修几何精度
			夹具制造、安装、调整精度低	提高夹具的制造和安装精度
			齿坯制造、安装、调整精度低	提高齿坯精度
	表面粗糙度值过大		滚刀因素 滚刀刃磨质量差 滚刀径向圆跳动量大 滚刀磨损 滚刀未固紧而产生振动 辅助轴承支承不好	选用合格滚刀或重新刃磨 重新校正滚刀 刃磨滚刀 紧固滚刀 调整间隙
			切削用量选择不当	选择合适的切削用量
			切削挤压引起	增加切削液的流量或采用顺铣加工
			齿坯刚性不好或没有夹紧，加工时产生振动	选用小的切削用量或夹紧齿坯，提高齿坯刚性
			机床有间隙 工作台蜗杆副有间隙 滚刀轴向窜动和径向圆跳动误差大 刀架导轨与刀架间有间隙 进给丝杠有间隙	检修机床，消除间隙

滚齿的加工适用范围：

滚齿加工通用性好，既可加工圆柱齿轮，又可加工蜗轮；既可加工渐开线齿形，又可加工圆弧、摆线等齿形；既可加工小模数、小直径齿轮，又可加工大模数、大直径齿轮。

（2）插齿　插齿是利用齿轮形插齿刀或齿条形梳齿刀切出齿形的加工方法。用插齿刀切齿时，刀具随插齿机主轴做轴向往复运动，同时由机床传动链使插齿刀与工件按一定速比相互旋转保证插齿刀转一齿时工件也转一齿，形成展成运动，齿轮的齿形即被准确地包络出来。插齿刀如图 3-15 所示，插齿如图 3-16 所示。

插齿的加工精度等级一般为 7 ~ 9 级，表面粗糙度 *Ra* 为 3.2 ~ 6.3μm。在插齿加工中，同样存在加工误差。但插齿加工与滚齿加工相比，精度较高。

1）传动准确性：齿坯安装时的几何偏心使工件产生径向位移，使齿圈产生径向跳动；工作台分度蜗轮的运动偏心使工件产生切向位移，造成公法线长度变动；插齿刀的制造齿距累积误差和安装误差，也会造成插齿的公法线变动。

图 3-15　插齿刀

图 3-16　插齿

2）传动平稳性：插齿刀设计时没有近似误差，所以插齿的齿形误差比滚齿小。

3）载荷均匀性：机床刀架刀轨对工作台回转中心的平行度造成工件产生齿向误差；插齿刀的上下往复频繁运动使刀轨磨损，加上刀具刚性差，因此插齿的齿向误差比滚齿大。

4）表面粗糙度：插齿后的表面粗糙度值比滚齿小，这是因为插齿过程中包络齿面的切削刃数较多。

插齿应用范围较广，它能加工内外啮合齿轮、扇形齿轮齿条及斜齿轮等。但是加工齿条需要附加齿条夹具，并在插齿机上开洞；加工斜齿轮需要螺旋刀轨。所以插齿适于加工模数较小、齿宽较小、工作平稳性要求较高、运动精度要求不高的齿轮。

（3）剃齿　剃齿是根据一对轴线交叉的斜齿轮啮合时，沿齿向有相对滑动而建立的一种加工方法。剃齿时，剃齿刀在剃齿机上对齿轮齿面进行精整加工，常作为滚齿或插齿的后续工序，一般加工余量为 0.05～0.1mm（单面），剃齿后可使齿轮精度大致提高一级，齿面的表面粗糙度达 Ra1.25～0.32μm。径向剃齿机如图 3-17 所示，剃齿如图 3-18 所示。

图 3-17　径向剃齿机

图 3-18　剃齿

剃齿的加工精度等级一般为 7～9 级，表面粗糙度 Ra 为 3.2～6.3μm。

由于剃齿的质量较好，生产率高，所用机床简单，调整方便，剃齿刀寿命高，所以汽车、拖拉机和机床中的齿轮多用这种加工方法进行精加工。

近年来，含钴、钼成分较高的高性能高速钢刀具的应用使得剃齿也能进行硬齿面的齿轮精加工，加工精度可达7级，齿面的表面粗糙度 Ra 为0.8~1.6μm。但淬硬前的精度应提高一级，剃齿余量为0.01~0.03mm。

剃齿工艺中的几个问题：

齿轮硬度为22~32HRC时，剃齿刀校正误差能力最好，如果齿轮材质不均匀，含杂质过多或韧性过大会引起剃齿刀滑刀或啃刀，最终影响剃齿的齿形及表面粗糙度。

剃齿是齿形的精加工方法，因此剃齿前的齿轮应有较高的精度，通常剃齿后的精度只能比剃齿前提高一级。

剃齿余量的大小对剃齿质量和生产率均有较大影响。余量不足时，剃齿误差及表面缺陷不能全部除去；余量过大，则剃齿效率低，刀具磨损快，剃齿质量反而下降。

为了减轻剃齿刀齿顶负荷，避免刀尖折断，剃齿前在齿根处挖掉一块。这不仅对工作平稳性有利，而且可使剃齿后的工件沿外圆不产生毛刺。

此外，合理地确定切削用量和正确的操作也十分重要。

(4) 磨齿　展成法磨齿是将运动中的砂轮表面作为假想齿条的齿面与被磨齿轮做啮合传动，形成展成运动磨出齿形。蜗杆砂轮磨齿如图3-19所示。不同的齿轮加工方法其加工精度不同，具体见表3-3-6。

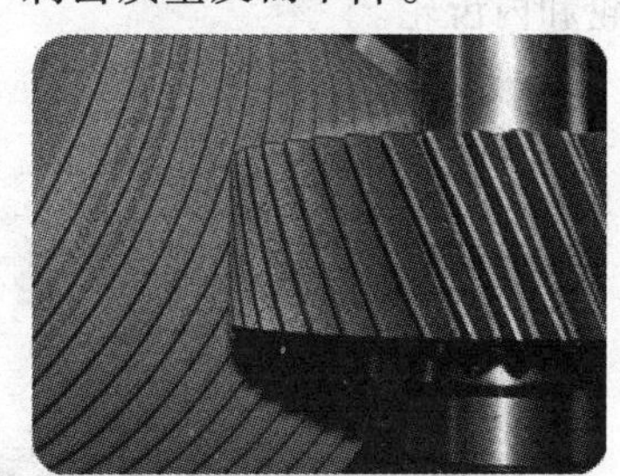

图3-19　蜗杆砂轮磨齿

表3-3-6　齿轮加工方法及其加工精度

加工方法	加工精度	表面粗糙度 Ra/μm
盘形齿轮铣刀铣齿	9级	2.5~10
指形齿轮铣刀铣齿	9级	2.5~10
滚齿加工	6~8级	1.25~15
插齿加工	6~8级	1.25~5
剃齿加工	6~7级	0.32~1.25
磨齿加工	4~7级	0.16~0.63

(5) 齿形加工方案　齿形加工是齿轮加工的关键，其加工方案的选择取决于诸多因素，主要取决于齿轮的精度等级，此外还应考虑齿轮的结构特点、硬度、表面粗糙度、生产批量和设备条件等。常用齿形加工方案见表3-3-7。

表3-3-7　常用齿形加工方案

分　类	加工方案
9级精度以下的齿轮加工方案	一般采用铣齿—齿端加工—热处理—修正内孔的加工方案。若无热处理，可去掉修正内孔的工序。适用于单件小批生产或维修
7~8级精度的齿轮加工方案	采用滚（插）齿—齿端加工—淬火—修正基准—珩齿（研齿）的加工方案。若无淬火工序，可去掉修正基准和珩齿工序。适于各种批量生产
6~7级精度的齿轮加工方案	采用滚（插）齿—齿端加工—剃齿—淬火—修正基准—珩齿（或磨齿）的加工方案 单件小批生产时采用磨齿方案，大批大量生产时采用珩齿方案。如不需淬火，则可去掉磨齿或珩齿工序
3~6级精度的齿轮加工方案	采用滚（插）齿—齿端加工—淬火—修正基准—磨齿加工方案，适用于各种批量生产。齿轮精度虽低于6级，但淬火后变形较大的齿轮，也需采用磨齿方案

六	齿轮加工的设备选择及工艺装备

1. 加工设备

加工设备按照加工原理不同分可为滚齿机、插齿机、拉齿机、铣齿机、珩齿机、剃齿机和磨齿机等。图 3-20 所示为 S200CDM 型滚齿机。图 3-21 所示为 YA4232CNC 型剃齿机。

按照被加工齿轮种类可分为圆柱齿轮加工机床和锥齿轮加工机床两大类。

滚齿机是用滚刀按展成法加工直齿、斜齿、人字齿轮和蜗轮等，加工范围广，可达到高精度或高生产率。

插齿机是用插齿刀按展成法加工直齿、斜齿齿轮和其他齿形件，主要用于加工多联齿轮和内齿轮。

图 3-20　S200CDM 型滚齿机

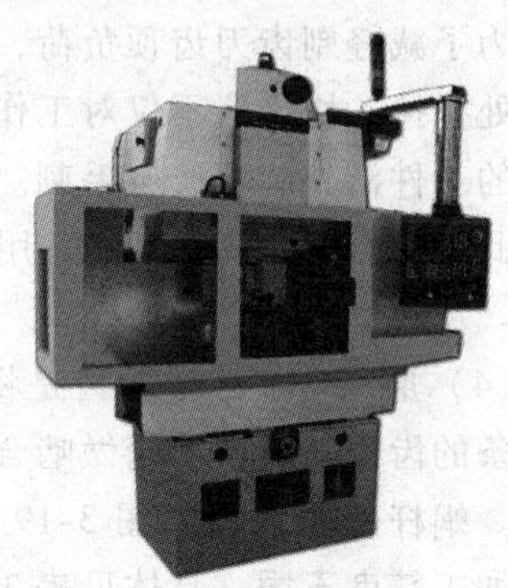

图 3-21　YA4232CNC 型剃齿机

铣齿机是用成形铣刀按分度法加工，主要用于加工特殊齿形的仪表齿轮。

剃齿机是用齿轮式剃齿刀加工齿轮的一种高效机床。

磨齿机是用砂轮精加工淬硬圆柱齿轮或齿轮刀具齿面的高精度机床。

珩齿机是利用珩轮与被加工齿轮的自由啮合，消除淬硬齿轮毛刺和其他齿面缺陷的机床。

2. 齿轮加工设备的选用

选用齿轮加工机床时，应根据待加工齿轮的形状、精度、模数和直径等参数及机床型号参数综合选择。

1）齿轮形状与精度。不同齿轮加工机床适合加工的齿轮不同，如插齿机不能加工人字形齿轮。同时，不同加工原理的机床，其齿轮加工精度不同。所以应先根据齿轮形状及精度确定齿轮加工机床类型。

2）齿轮模数及直径。不同机床可加工的齿轮最大模数、齿轮最大直径不同，选择机床时，应从最大加工模数、最大加工直径等方面考虑待选机床能否加工待加工齿轮。

3）机床功率。机床功率决定了各工序的最大进给量。为提高生产效率，若在粗加工中安排的进给量较大，这时需要的机床功率较大，选择机床时考虑机床功率。

3. 齿轮加工常用刀具

齿轮刀具是用于加工齿轮齿形的刀具，由于齿轮的种类很多，其生产批量、质量的要求以及加工方法又各不相同，所以齿轮加工刀具的种类也较多。

(1) 齿轮刀具的分类

1) 按照齿轮类型，可分为以下三类：

① 圆柱齿轮刀具。圆柱齿轮刀具又可分为渐开线圆柱齿轮刀具（盘形齿轮铣刀、指形齿轮铣刀、齿轮滚刀、插齿刀和剃齿刀等）和非渐开线圆柱齿轮刀具（圆弧齿轮滚刀、摆线齿轮滚刀和花键滚刀等）。

② 蜗轮刀具，如蜗轮滚刀、蜗轮飞刀等。

③ 锥齿轮刀具。

2) 按刀具的工作原理可分为以下两类：

① 成形齿轮刀具。这类刀具的切削刃的廓形与被加工齿轮端剖面内的槽形相同，如盘形齿轮铣刀、指形齿轮铣刀等。

② 展成齿轮刀具。这类刀具加工齿轮时，刀具本身就是一个齿轮，它和被加工齿轮各自按啮合关系要求的速比转动，由刀具齿形包络出齿轮的齿形，如齿轮滚刀、插齿刀和剃齿刀等。

(2) 齿轮铣刀　用模数盘形齿轮铣刀铣削直齿圆柱齿轮时，刀具廓形应与工件端剖面内的齿槽的渐开线廓形相同，根据形状的不同分为盘形齿轮铣刀和指形齿轮铣刀两种。

当被铣削齿轮的模数、压力角相等，而齿数不同时，其基圆直径也不同，因而渐开线的形状（弯曲程度）也不同。因此铣削不同的齿数，应采用不同齿形的铣刀，即不能用一把铣刀铣削同一模数中所有齿数的齿轮齿形。这就需要有大量的齿轮铣刀，在生产上不经济，而且对于小于9级的齿轮来说也没有必要。为此，在生产中是将同一模数的齿轮铣刀按渐开线的弯曲度相近的齿数，分成8把一组（精确地分成15把一组），每种铣刀用于加工一定齿数范围的一组齿轮。

(3) 齿轮滚刀　齿轮滚刀是加工渐开线齿轮所用的齿轮加工刀具。由于被加工齿轮是渐开线齿轮，所以它本身也具有渐开线齿轮的几何特性。齿轮滚刀实际上是仅有少数齿，但齿很长而螺旋角又很大的斜齿圆柱齿轮，因为它的齿很长而螺旋角又很大，可以绕滚刀轴线转好几圈，因此，从外表上看，它很像蜗杆。

为了使这个“蜗杆”能起切削作用，须沿其长度方向开出好多容屑槽，因此把“蜗杆”上的螺纹割成许多较短的刀齿，并产生了前刀面和切削刃。每个刀齿有一个顶刃和两个侧刃。为了使刀齿有后角，还要用铲齿方法铲出侧后面和后刀面。

标准齿轮滚刀精度分为AA、A、B、C四个等级。加工时按照齿轮精度的要求，选用相应的齿轮滚刀。AA级滚刀可以加工6~7级齿轮，A级可以加工7~8级齿轮，B级可加工8~9级齿轮，C级可加工9~10级齿轮。

(4) 插齿刀　插齿刀可分为直齿插齿刀和斜齿插齿刀两类。直齿插齿刀如图3-22所示，又分为以下三种结构形式：

1) 盘形直齿插齿刀。这是最常用的一种结构形式，用于加工直齿外齿轮和大直径的内齿轮。不同规范的插齿机应选用不同分度圆直径的插齿刀。

2) 碗形直齿插齿刀。它以内孔和端面定位，夹紧螺母可容纳在刀体内，主要用于加工多联齿轮和带凸肩的齿轮。

3）锥柄直齿插齿刀。这种插齿刀的公称分度圆直径有 25mm 和 38mm 两种。因直径较小，不能做成套装式，所以做成带有锥柄的整体结构形式。这种插齿刀主要用于加工内齿轮。

插齿刀有三个精度等级：AA 级适用于加工 6 级精度齿轮，A 级适用于加工 7 级精度的齿轮，B 级适用于加工 8 级精度的齿轮。应该根据被加工齿轮的传动平稳性精度等级选取。

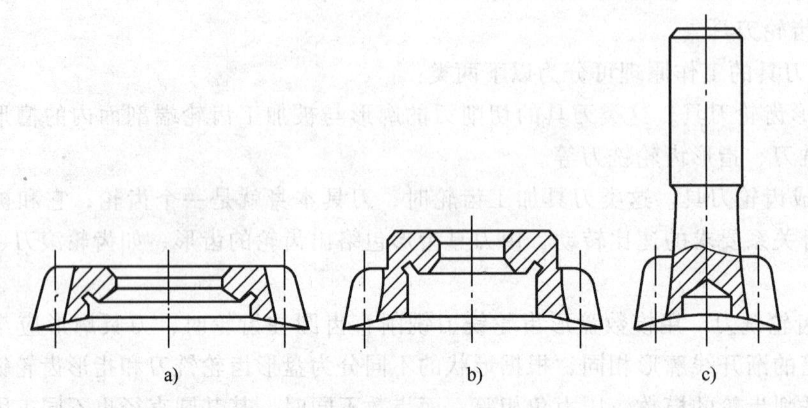

图 3-22　直齿插齿刀

a）盘形直齿插齿刀　b）碗形直齿插齿刀　c）锥柄直齿插齿刀

七　齿轮加工余量的确定

在实际生产中，齿轮加工余量应考虑工件的结构形状、生产数量、车间设备条件及工人技术等级等各项因素，酌情修正后选取，见表 3-3-8。

表 3-3-8　齿轮加工余量　（单位：mm）

齿轮模数 m		2	3	4	5	6	7	8	9	10	11	12
精滚、精插余量 a		0.6	0.75	0.9	1.05	1.2	1.35	1.5	1.7	1.9	2.1	2.2
剃齿余量 a	齿轮直径 ≤50	0.08	0.09	0.1	0.11	0.12	—	—	—	—	—	—
	齿轮直径 50～100	0.09	0.1	0.11	0.12	0.14	—	—	—	—	—	—
	齿轮直径 100～200	0.12	0.13	0.14	0.15	0.16	—	—	—	—	—	—
磨齿余量 a		0.15	0.2	0.23	0.26	0.29	0.32	0.35	0.38	0.4	0.45	0.5
渗碳齿轮余量 a	齿轮直径 ≥40～50	—	—	—	—	—	—	—	—	0.45	0.5	0.6
	齿轮直径 >50～75	—	—	—	—	—	0.45	0.5	0.55	0.6	0.65	0.7
	齿轮直径 >75～100	—	—	—	0.45	0.5	0.55	0.6	0.65	0.7	0.75	0.8
	齿轮直径 >100～150	—	0.45	0.5	0.55	0.6	0.65	0.7	0.75	0.8	—	—
	齿轮直径 >150～200	0.5	0.55	0.6	0.65	0.7	0.75	—	—	—	—	—
	齿轮直径 >200	0.6	0.65	0.7	0.75	—	—	—	—	—	—	—
锥齿轮精加工余量 a		0.4	0.5	0.57	0.65	0.72	0.8	0.87	0.93	1.0	1.07	1.5
蜗轮精加工余量 a		0.8	1.0	1.2	1.4	1.6	1.8	2.0	2.2	2.4	2.6	3.0
蜗杆精加工余量 a	粗铣后精车	0.8	1.0	1.2	1.3	1.4	1.5	1.6	1.7	1.8	1.9	2.0
	淬火后精磨	0.2	0.25	0.3	0.35	0.4	0.45	0.5	0.55	0.6	0.7	0.8

3.1.3 计划

根据任务内容制订小组任务计划，简要说明任务实施过程的步骤及注意事项。将计划内容等填入表3-4中。直齿圆柱齿轮加工工艺编制计划单见表3-4。

表3-4 直齿圆柱齿轮加工工艺编制计划单

<table>
<tr><td>学习领域</td><td colspan="4">机械加工工艺及夹具</td></tr>
<tr><td>学习情境3</td><td colspan="2">齿轮加工工艺编制</td><td>学时</td><td>16学时</td></tr>
<tr><td>任务3.1</td><td colspan="2">直齿圆柱齿轮加工工艺编制</td><td>学时</td><td>10学时</td></tr>
<tr><td>计划方式</td><td colspan="4">由小组讨论制订完成本小组实施计划</td></tr>
<tr><td>序号</td><td colspan="2">实施步骤</td><td colspan="2">使用资源</td></tr>
<tr><td></td><td colspan="2"></td><td colspan="2"></td></tr>
<tr><td></td><td colspan="2"></td><td colspan="2"></td></tr>
<tr><td></td><td colspan="2"></td><td colspan="2"></td></tr>
<tr><td></td><td colspan="2"></td><td colspan="2"></td></tr>
<tr><td></td><td colspan="2"></td><td colspan="2"></td></tr>
<tr><td></td><td colspan="2"></td><td colspan="2"></td></tr>
<tr><td></td><td colspan="2"></td><td colspan="2"></td></tr>
<tr><td>制订计划说明</td><td colspan="4"></td></tr>
<tr><td>计划评价</td><td colspan="4">评语：</td></tr>
<tr><td>班级</td><td></td><td>第　组</td><td>组长签字</td><td></td></tr>
<tr><td>教师签字</td><td colspan="2"></td><td>日期</td><td></td></tr>
</table>

3.1.4 决策

小组互评选定合适的工作计划。小组负责人对任务进行分配，组员按负责人要求完成相关任务内容，并将自己所在小组及个人任务填入表3-5中。直齿圆柱齿轮加工工艺编制决策单见表3-5。

表3-5 直齿圆柱齿轮加工工艺编制决策单

学习情境3	齿轮加工工艺编制		学时	16学时
任务3.1	直齿圆柱齿轮加工工艺编制		学时	10学时
分组	小组任务	小组成员		
1				
2				
3				
4				
任务决策				
设备、工具				

3.1.5 实施

1. 实施准备

任务实施准备主要有场地准备、教学仪器（工具）准备、资料准备，见表3-6。

表3-6 直齿圆柱齿轮加工工艺编制实施准备

场地准备	教学仪器（工具）准备	资料准备
机械加工实训室（多媒体）	直齿圆柱齿轮	1. 于爱武. 机械加工工艺编制. 北京：北京大学出版社，2010. 2. 徐海枝. 机械加工工艺编制. 北京：北京理工大学出版社，2009. 3. 林承全. 机械制造. 北京：机械工业出版社，2010. 4. 华茂发. 机械制造技术. 北京：机械工业出版社，2004. 5. 武友德. 机械加工工艺. 北京：北京理工大学出版社，2011. 6. 孙希禄. 机械制造工艺. 北京：北京理工大学出版社，2012. 7. 王守志. 机械加工工艺编制. 北京：教育科学出版社，2012.

2．实施任务

依据计划步骤实施任务，并完成作业单的填写。直齿圆柱齿轮加工工艺编制作业单见表3-7。

表 3-7　直齿圆柱齿轮加工工艺编制作业单

学习领域	机械加工工艺及夹具				
学习情境 3	齿轮加工工艺编制			学时	16 学时
任务 3.1	直齿圆柱齿轮加工工艺编制			学时	10 学时
作业方式	小组分析，个人解答，现场批阅，集体评判				
1	常用的齿形加工方案有哪些				
作业解答：					
2	说明直齿圆柱齿轮的技术要求				
作业解答：					
3	填写直齿圆柱齿轮的机械加工工艺卡				
作业解答：					
作业评价：					
班级		组别		组长签字	
学号		姓名		教师签字	
教师评分		日期			

3.1.6 检查评估

学生完成本学习任务后，应展示的结果为：完成的计划单、决策单、作业单、检查单、评价单。

1. 直齿圆柱齿轮加工工艺编制检查单（见表 3-8）

表 3-8 直齿圆柱齿轮加工工艺编制检查单

学习领域	机械加工工艺及夹具			
学习情境 3	齿轮加工工艺编制		学时	16 学时
任务 3.1	直齿圆柱齿轮加工工艺编制		学时	10 学时
序号	检查项目	检查标准	学生自查	教师检查
1	任务书阅读与分析能力，正确理解及描述目标要求	准确理解任务要求		
2	与同组同学协商，确定人员分工	较强的团队协作能力		
3	查阅资料能力，市场调研能力	较强的资料检索能力和市场调研能力		
4	资料的阅读、分析和归纳能力	较强的资料检索能力和分析、归纳能力		
5	直齿圆柱齿轮的加工方案	直齿圆柱齿轮的加工方案的合理性		
6	直齿圆柱齿轮的加工余量和工序尺寸的确定	加工余量的确定、工序尺寸计算结果准确性		
7	安全生产与环保	符合“5S”要求		
8	缺陷的分析诊断能力	缺陷处理得当		
检查评价	评语：			
班级		组别		组长签字
教师签字			日期	

2. 直齿圆柱齿轮加工工艺编制评价单（见表3-9）

表3-9　直齿圆柱齿轮加工工艺编制评价单

学习领域	机械加工工艺及夹具				
学习情境3	齿轮加工工艺编制			学时	16学时
任务3.2	直齿圆柱齿轮加工工艺编制			学时	10学时
评价类别	评价项目	子项目	个人评价	组内互评	教师评价
专业能力（60%）	资讯（8%）	搜集信息（4%）			
		引导问题回答（4%）			
	计划（5%）	计划可执行度（5%）			
	实施（12%）	工作步骤执行（3%）			
		功能实现（3%）			
		质量管理（2%）			
		安全保护（2%）			
		环境保护（2%）			
	检查（10%）	全面性、准确性（5%）			
		异常情况排除（5%）			
	过程（15%）	使用工具规范性（7%）			
		操作过程规范性（8%）			
	结果（5%）	结果质量（5%）			
	作业（5%）	作业质量（5%）			
社会能力（20%）	团结协作（10%）				
	敬业精神（10%）				
方法能力（20%）	计划能力（10%）				
	决策能力（10%）				
评价评语	评语：				
班级		组别		学号	总评
教师签字		组长签字		日期	

3.1.7 实践中常见问题解析

1. 小尺寸、形状复杂的齿轮可以采用精密铸造、压力铸造、精密锻造、粉末冶金、热轧和冷挤等新工艺制造出具有轮齿的齿坯，以提高劳动生产率，节约原材料。

2. 成形法存在分度误差及刀具的安装误差，加工精度较低，一般只能加工出9~10级精度的齿轮。此外，加工过程中需多次不连续分齿，生产率也很低。因此，成形法主要用于单件小批量生产和修配工作中加工精度不高的齿轮。

任务3.2 双联齿轮加工工艺编制

3.2.1 任务描述

双联齿轮加工工艺编制任务单见表3-10。

表3-10 双联齿轮加工工艺编制任务单

学习领域	机械加工工艺及夹具		
学习情境3	齿轮加工工艺编制	学时	16学时
任务3.2	双联齿轮加工工艺编制	学时	6学时
布置任务			
学习目标	1. 能够分析双联齿轮类零件的结构、技术要求和加工方法。 2. 能够合理地编制双联齿轮类零件的加工工艺规程。 3. 掌握双联齿轮加工中使用的各种工艺装备。 4. 能够解决双联齿轮加工中的质量问题。		
任务描述	图3-23所示为一双联齿轮，材料为40Cr，齿面高频淬火，精度为5级，齿部热处理，齿部硬度为50HRC，如要大批大量生产，加工工艺如何制订？ 图3-23 双联齿轮		

<table>
<tr><td>任务分析</td><td colspan="6">双联齿轮主要用于一些机械设备的变速箱中，通过与操纵机构的结合，使齿轮滑动，从而实现变速。该双联齿轮为盘类齿轮，有两个齿圈，在齿圈上切出直齿齿形，在轮体上带有花键。双联齿轮加工工艺过程大致要经过如下几个阶段：毛坯加工及热处理、齿坯加工、齿形粗加工、齿端加工、齿面热处理、修正精基准及齿形精加工等。通过对双联齿轮的结构分析，完成以下具体任务：
1. 分析双联齿轮的结构、工作原理。
2. 分析双联齿轮的技术性能。
3. 分析双联齿轮的加工工艺过程。</td></tr>
<tr><td>学时安排</td><td>资讯
2 学时</td><td>计划
0.5 学时</td><td>决策
0.5 学时</td><td>实施
2 学时</td><td>检查
0.5 学时</td><td>评价
0.5 学时</td></tr>
<tr><td>提供资料</td><td colspan="6">1. 于爱武．机械加工工艺编制．北京：北京大学出版社，2010.
2. 徐海枝．机械加工工艺编制．北京：北京理工大学出版社，2009.
3. 林承全．机械制造．北京：机械工业出版社，2010.
4. 华茂发．机械制造技术．北京：机械工业出版社，2004.
5. 武友德．机械加工工艺．北京：北京理工大学出版社，2011.
6. 孙希禄．机械制造工艺．北京：北京理工大学出版社，2012.
7. 王守志．机械加工工艺编制．北京：教育科学出版社，2012.
8. 卞洪元．机械制造工艺与夹具．北京：北京理工大学出版社，2010.
9. 孙英达．机械制造工艺与装备．北京：机械工业出版社，2012.</td></tr>
<tr><td>对学生的要求</td><td colspan="6">1. 能对任务书进行分析，能正确理解和描述目标要求。
2. 具有独立思考、善于提问的学习习惯。
3. 具有查询资料和市场调研能力，具备严谨求实和开拓创新的学习态度。
4. 能执行企业“5S”质量管理体系要求，具有良好的职业意识和社会能力。
5. 具备一定的观察理解和判断分析能力。
6. 具有团队协作、爱岗敬业的精神。
7. 具有一定的创新思维和勇于创新的精神。
8. 按时、按要求上交作业，并列入考核成绩。</td></tr>
</table>

3.2.2　资讯

1. 双联齿轮加工工艺编制资讯单（见表 3-11）

表 3-11　双联齿轮加工工艺编制资讯单

学习领域	机械加工工艺及夹具		
学习情境 3	齿轮加工工艺编制	学时	16 学时
任务 3.2	双联齿轮加工工艺编制	学时	6 学时
资讯方式	学生根据教师给出的资讯引导进行查询解答		
资讯问题	1. 双联齿轮的结构、特点是什么？ 2. 双联齿轮有哪些功用？ 3. 双联齿轮的技术要求是什么？ 4. 齿轮加工的热处理及使用的设备有哪些？ 5. 齿轮的热处理工艺如何进行？ 6. 双联齿轮的工艺过程是什么？		
资讯引导	1. 问题 1 可参考信息单第一部分内容。 2. 问题 2 可参考信息单第一部分内容。 3. 问题 3 可参考信息单第一部分内容。 4. 问题 4 可参考信息单第二部分内容。 5. 问题 5 可参考信息单第二部分内容。 6. 问题 6 可参考信息单第三部分内容。		

2. 双联齿轮加工工艺编制信息单（见表 3-12）

表 3-12　双联齿轮加工工艺编制信息单

学习领域	机械加工工艺及夹具		
学习情境 3	齿轮加工工艺编制	学时	16 学时
任务 3.2	双联齿轮加工工艺编制	学时	6 学时
序号	信息内容		
一	双联齿轮加工工艺过程分析		

1. 双联齿轮的结构及技术条件分析

该双联齿轮为盘类齿轮，有两个齿圈，在齿圈上切出直齿齿形，在轮体上带有花键孔；材料为 40Cr，精度为 7GK 和 7LJ，齿部硬度为 50HRC。

2. 工艺分析

1）齿轮端面对基准 *C* 的圆跳动公差为 0.02mm，主要保证端面平整光滑，双联齿轮利用花键轴和花键孔进行配合定位，必须保证花键孔的尺寸精度。双联齿轮之间啮合要求严格，要保证双联齿轮的齿形准确及较高的同轴度精度。

2）双联齿轮轴向距离较小，需要根据生产纲领选择合适的加工工艺。

3）由于齿轮的加工精度较高，要严格控制好定位。

4）ϕ30H12 的花键孔是比较重要的孔，是后续加工中各工序的主要定位基准。在保证此孔表面粗糙度的同时，孔的尺寸精度应在原精度的基础上提高到 H7。

3. 工艺过程分析

（1）确定毛坯的制造形式　由于零件结构简单、尺寸较小，且有台阶轴，其力学性能要求较高，精度较高。要大量生产，就选择模锻件，加工余量小，表面质量好，机械强度高，生产率高。材料为40Cr钢，毛坯尺寸公差等级要求为IT11～IT12。

（2）定位基准的选择　根据零件图分析，花键孔的轴向圆跳动和平行度等均应通过正确的定位才能保证。齿轮加工的定位基准尽可能与装配基准、测量基准相一致，符合基准重合原则。在齿轮加工过程中（如滚齿、剃齿）也应尽量采用相同的定位基准。带孔齿轮以孔定位和一个端面支承。

粗基准的选择：通常以外圆作为粗基准。

精基准的选择：当加工完ϕ30mm的花键孔后，各工序以花键孔为定位基准。

（3）齿轮的加工阶段

1）齿坯加工阶段。主要为加工齿形基准并完成齿形以外的次要表面加工。这一阶段主要为下一阶段加工齿形准备精基准，使齿轮的内孔和端面的精度基本达到规定的技术要求。

2）齿形粗加工阶段。这是保证齿轮加工精度的关键阶段，其加工方法的选择对齿轮的加工顺序并无影响，主要取决于加工精度要求。对于需要淬硬的齿轮，必须在齿形加工阶段加工出能满足最后精加工所要求的齿形精度。对于不需要淬硬的齿轮，此阶段的加工就是齿轮的最后加工阶段，即符合图样要求的齿轮。

3）热处理阶段。此阶段的目的是使齿面达到规定的硬度要求。

4）齿形的精加工阶段。此阶段的目的是修正齿轮经过淬火后所引起的齿形变形，进一步提高齿形精度，降低表面粗糙度值，使之能够达到最终的精度要求。此外，还应对定位基准面（孔和端面）进行修整，并以修整过的基准面定位进行齿形精加工，能够使定位准确可靠，余量分别比较均匀，以便能达到精加工的目的。

另外，齿端的锐边经过渗碳淬火后很脆，在齿轮传动中易崩裂。通常在滚齿之后、齿轮淬火之前，需去除齿端的锐边，即齿轮的齿端加工，方法有倒圆、倒尖、倒棱和去毛刺等。

二	齿轮热处理方法及热处理使用的设备

齿轮热处理工艺一般有调质正火、渗碳（或碳氮共渗）、渗氮及感应淬火等。

调质处理通常用于中碳钢和中碳合金钢齿轮。调质后材料的综合性能良好，容易切削和磨合。正火处理通常用于中碳钢齿轮。正火处理可以消除内应力，细化晶粒，改善材料的力学性能和切削性能。

硬齿面齿轮，硬度大于350HBW时，常采用表面淬火、表面渗碳淬火与渗氮等热处理方法。表面淬火处理通常用于中碳钢和中碳合金钢齿轮。经过表面淬火后齿面硬度一般为40～55HRC，增强了轮齿齿面耐点蚀和耐磨损的能力，齿心仍然保持良好的韧性，故可以承受一定的冲击载荷。渗碳淬火齿轮可以获得高的表面硬度、耐磨性、韧性和耐冲击性能，能提供高的耐点蚀、耐疲劳性能。

与大齿轮相比，小齿轮循环次数较多，而且齿根较薄。两个软齿面齿轮配对时，一般使小齿轮的齿面硬度比大齿轮高出30～50HBW，以使一对软齿面传动的大小齿轮的寿命接近相等，也有利于提高轮齿的抗胶合能力。而两个硬齿面齿轮配对时，大小齿轮的硬度大致相同。

齿轮热处理主要是提高齿面硬度，渗碳淬火齿轮的承载能力可比调质齿轮提高2～3倍，使用较多。但采用何种材料及热处理方法应视具体需要及可能性而定，见表3-12-1。常见齿轮热处理案例见表3-12-2。

表 3-12-1　不同材料的热处理特点及适用条件

材料	热处理	特点	适用条件
调质钢	调质或正火	具有较好的强度和韧性，常在硬度为 20～300HBW 的范围内使用；当受刀具的限制而不能提高小齿轮硬度时，为保持大小齿轮之间的硬度差，可使用正火的大齿轮，但强度较调质者差；不需要专门的热处理设备和齿面精加工设备，制造成本低；齿面硬度较低，易于磨合，但是不能充分发挥材料的承载能力	广泛应用于强度和精度要求不太高的中低速齿轮传动，以及热处理和齿面精加工困难的大型齿轮
	高频淬火	齿面硬度高，具有较强的耐点蚀和耐磨性能；心部具有较好的韧性，表面经硬化后产生的残余压缩应力，大大提高了齿根强度；通常的齿面硬度范围是：合金钢 45～55HRC，碳素钢 40～50HRC；为进一步提高心部的强度，往往在高频淬火前先调质；为消除热处理变形，需要磨齿，增加了加工时间和成本，但是可以获得高精度的齿轮；表面硬化层深度和硬度沿齿面不等；由于急速加热和冷却，容易淬裂	广泛用于要求承载能力高、体积小的齿轮
渗氮钢	渗氮	可以获得很高的齿面硬度，具有较强的耐点蚀和耐磨性能；心部具有较好的韧性，为提高心部强度，对中碳钢往往先调质；由于加热温度低，所以变形小，渗氮后不需磨齿；硬化层很薄，因此承载能力不及渗碳淬火齿轮，不宜用于冲击载荷条件下；成本较高	适用于较大载荷下工作的齿轮，以及没有齿面精加工设备而又需要硬齿面的条件下
铸钢	正火或调质，及高频淬火	可以制造形状复杂的大型齿轮，其强度低于同种牌号和热处理的调质钢，容易产生铸造缺陷	用于不能锻造的大型齿轮

表 3-12-2　常见齿轮热处理案例

工作条件	材料及热处理	工作条件	材料及热处理
低速、轻载、不受冲击	HT200、HT250、HT300，去应力退火	低速（<1m/s）、轻载，如车床溜板齿轮	45 钢调制，200～250HBW
低速、中载，如标准系列减速器齿轮	45、40Cr、40MnB；调质：220～250 HBW	中速、中载、无猛烈冲击，如机床主轴箱齿轮	40Cr、40MnVB，淬火、中温回火，40～45HRC
高速、轻载	15、20、20MnVB、20Cr；渗碳、淬火、低温回火；56～62HRC	载荷不高的大齿轮，如大型龙门刨齿轮	50Mn2、50、65Mn，淬火、空冷，硬度<241HBW

1. 齿轮加工不同阶段的热处理

齿轮加工中一般会在锻造或铸造后、齿形加工过程中进行热处理。

（1）锻造或铸造后的毛坯热处理

1）目的：消除锻造及粗加工所引起的残余应力，改善材料的切削性能和提高综合力学性能。

2）热处理工序。正火或调质。

（2）齿形加工过程中的热处理

1）目的：提高齿面的硬度和耐磨性。

2）热处理工序：退火、渗碳淬火、高频淬火、碳氮共渗或渗氮处理等。

2. 齿轮热处理常用设备

热处理设备是对零件进行退火、回火、淬火、加热等热处理工艺操作的设备。现有的热处理设备种类较多，如渗碳炉（图 3-24）、真空炉、回火炉（图 3-25）、焙烧炉、箱式炉、硝盐炉、时效炉、感应炉、盐浴炉、淬火炉（图 3-26）及退火炉（图 3-27）等。

选用的热处理设备应在满足热处理工艺要求的基础上，有较高的生产率、热效率和低能耗。通常，当产品有足够批量时，选用专用设备有最好的节能效果。

图 3-24　渗碳炉

图 3-25　回火炉

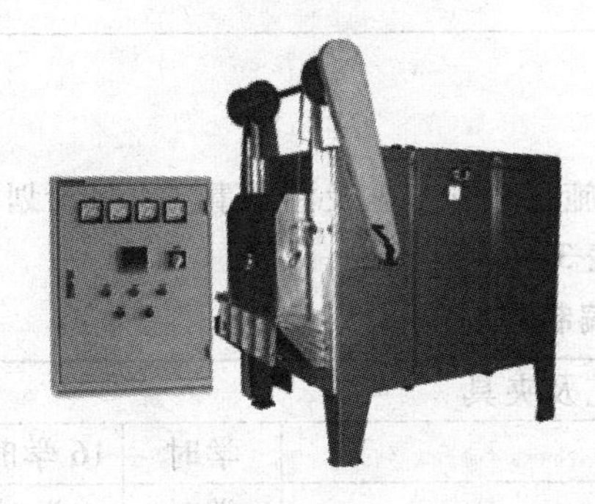

图 3-26　淬火炉

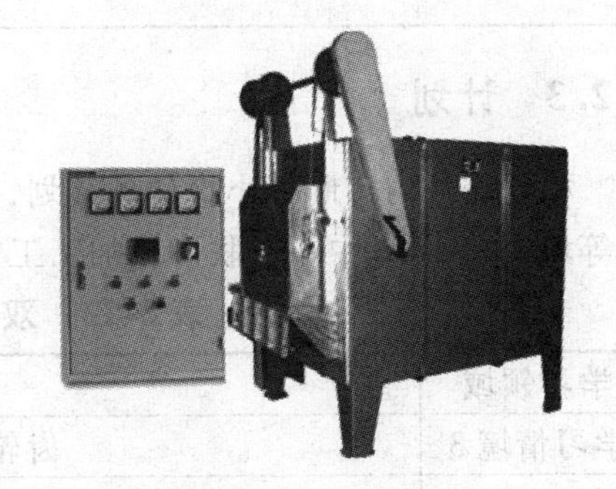

图 3-27　退火炉

三	双联齿轮加工工艺过程

双联齿轮的技术要求及加工工艺过程见表 3-12-3 和表 3-12-4。

表 3-12-3　双联齿轮的技术要求

齿轮号		Ⅰ	Ⅱ
模数	m	2mm	2mm
齿数	z	28	42
精度等级	r	7GK	7JL
齿圈径向圆跳动公差	F_r	0.036mm	0.036mm
公法线长度变动公差	F_W	0.028mm	0.028mm
基节极限偏差	f_{Pb}	±0.013mm	±0.013mm
齿形公差	f_f	0.011mm	0.011mm
齿向公差	F_β	0.011mm	0.011mm
跨齿数	k	4	5
公法线平均长度	w	$21.36^{0}_{-0.05}$mm	$27.61^{0}_{-0.05}$mm

表 3-12-4 双联齿轮的加工工艺过程

序号	工序名称	工序内容	定位基准
1	锻造	毛坯锻造	
2	热处理	正火	
3	粗车	粗车外圆及端面，留余量 1.5～2mm，钻镗花键底孔至尺寸 $\phi30H7$	外圆及端面
4	拉	拉花键孔	$\phi30H7$ 孔及 A 面
5	钳	钳工去毛刺	
6	半精车	上心轴，精车外圆、端面及槽至要求	花键孔及 A 面
7	检验	检验	
8	滚齿	滚齿（$z=42$），留剃齿余量 0.07～0.10mm	花键孔及 B 面
9	插齿	滚齿（$z=28$），留剃齿余量 0.04～0.06mm	花键孔及 A 面
10	倒角	倒角	花键孔及端面
11	钳	钳工去毛刺	
12	剃齿	剃齿（$z=42$），公法线长度至尺寸上限	花键孔及 A 面
13	剃齿	剃齿（$z=28$），采用螺旋角度为 5°的剃齿刀，剃齿后公法线长度至尺寸上限	花键孔及 A 面
14	热处理	齿部高频淬火：G52	
15	推孔	推孔	花键孔及 A 面
16	珩齿	珩齿	花键孔及 A 面
17	检验	总检验入库	

3.2.3 计划

根据任务内容制订小组任务计划，简要说明任务实施过程的步骤及注意事项。将计划内容等填入表 3-13 中。双联齿轮加工工艺编制计划单见表 3-13。

表 3-13 双联齿轮加工工艺编制计划单

学习领域	机械加工工艺及夹具				
学习情境 3	齿轮加工工艺编制			学时	16 学时
任务 3.2	双联齿轮加工工艺编制			学时	6 学时
计划方式	小组讨论				
序号	实施步骤			使用资源	
制订计划说明					
计划评价	评语：				
班级		第　组	组长签字		
教师签字			日期		

3.2.4 决策

小组互评选定合适的工作计划。小组负责人对任务进行分配，组员按负责人要求完成相关任务内容，并将自己所在小组及个人任务填入表3-14中。双联齿轮加工工艺编制决策单见表3-14。

表3-14 双联齿轮加工工艺编制决策单

学习情境3	齿轮加工工艺编制		学时	16学时
任务3.2	双联齿轮加工工艺编制		学时	6学时
分组	小组任务	小组成员		
1				
2				
3				
4				
任务决策				
设备、工具				

3.2.5 实施

1. 实施准备

任务实施准备主要有场地准备、教学仪器（工具）准备、资料准备，见表3-15。

表3-15 双联齿轮加工工艺编制实施准备

场地准备	教学仪器(工具)准备	资料准备
机械加工实训室(多媒体)	双联齿轮	1. 于爱武．机械加工工艺编制．北京：北京大学出版社，2010. 2. 徐海枝．机械加工工艺编制．北京：北京理工大学出版社，2009. 3. 林承全．机械制造．北京：机械工业出版社，2010. 4. 华茂发．机械制造技术．北京：机械工业出版社，2004. 5. 武友德．机械加工工艺．北京：北京理工大学出版社，2011. 6. 孙希禄．机械制造工艺．北京：北京理工大学出版社，2012. 7. 王守志．机械加工工艺编制．北京：教育科学出版社，2012. 8. 卞洪元．机械制造工艺与夹具．北京：北京理工大学出版社，2010. 9. 孙英达．机械制造工艺与装备．北京：机械工业出版社，2012.

2. 实施任务

依据计划步骤实施任务，并完成作业单的填写。双联齿轮加工工艺编制作业单见表3-16。

表3-16 双联齿轮加工工艺编制作业单

<table>
<tr><td>学习领域</td><td colspan="5">机械加工工艺及夹具</td></tr>
<tr><td>学习情境3</td><td colspan="3">齿轮加工工艺编制</td><td>学时</td><td>16学时</td></tr>
<tr><td>任务3.2</td><td colspan="3">双联齿轮加工工艺编制</td><td>学时</td><td>6学时</td></tr>
<tr><td>作业方式</td><td colspan="5">小组分析，个人解答，现场批阅，集体评判</td></tr>
<tr><td>1</td><td colspan="5">双联圆柱齿轮的结构特点及用途</td></tr>
<tr><td colspan="6">作业解答：</td></tr>
<tr><td>2</td><td colspan="5">写出双联齿轮的工艺路线并填写工艺卡片</td></tr>
<tr><td colspan="6">作业解答：</td></tr>
<tr><td colspan="6">作业评价：</td></tr>
<tr><td>班级</td><td></td><td>组别</td><td></td><td>组长签字</td><td></td></tr>
<tr><td>学号</td><td></td><td>姓名</td><td></td><td>教师签字</td><td></td></tr>
<tr><td>教师评分</td><td></td><td>日期</td><td></td><td></td><td></td></tr>
</table>

3.2.6 检查评估

学生完成本学习任务后，应展示的结果为：完成的计划单、决策单、作业单、检查单、评价单。

1. 双联齿轮加工工艺编制检查单（见表3-17）

表3-17 双联齿轮加工工艺编制检查单

学习领域	机械加工工艺及夹具			
学习情境3	齿轮加工工艺编制		学时	16学时
任务3.2	双联齿轮加工工艺编制		学时	6学时
序号	检查项目	检查标准	学生自查	教师检查
1	任务书阅读与分析能力，正确理解及描述目标要求	准确理解任务要求		
2	与同组同学协商，确定人员分工	较强的团队协作能力		
3	资料的分析、归纳能力	较强的资料检索能力和分析、归纳能力		
4	双联齿轮零件图绘制正确性	双联齿轮零件图		
5	双联齿轮零件加工工艺路线正确性和完整性	双联齿轮零件加工工艺卡片		
6	测量工具应用能力	工具使用规范，测量方法正确		
7	安全生产与环保	符合“5S”要求		
检查评价	评语：			
班级		组别		组长签字
教师签字			日期	

2. 双联齿轮加工工艺编制评价单（见表 3-18）

表 3-18　双联齿轮加工工艺编制评价单

学习领域	机械加工工艺及夹具								
学习情境 3	齿轮加工工艺编制						学时		16 学时
任务 3.2	双联齿轮加工工艺编制						学时		6 学时
评价类别	评价项目	子项目	个人评价	组内互评					教师评价
专业能力（60%）	资讯（8%）	搜集信息(4%)							
		引导问题回答(4%)							
	计划(5%)	计划可执行度(5%)							
	实施（12%）	工作步骤执行(3%)							
		功能实现(3%)							
		质量管理(2%)							
		安全保护(2%)							
		环境保护(2%)							
	检查（10%）	全面性、准确性(5%)							
		异常情况排除(5%)							
	过程（15%）	使用工具规范性(7%)							
		操作过程规范性(8%)							
	结果(5%)	结果质量(5%)							
	作业(5%)	作业质量(5%)							
社会能力（20%）	团结协作（10%）								
	敬业精神（10%）								
方法能力（20%）	计划能力（10%）								
	决策能力（10%）								
评价评语	评语：								
班级		组别		学号			总评		
教师签字		组长签字		日期					

3.2.7 拓展训练

训练项目：圆柱齿轮制造项目综合训练。

试编制图 3-28 所示齿轮的机械加工工艺规程。

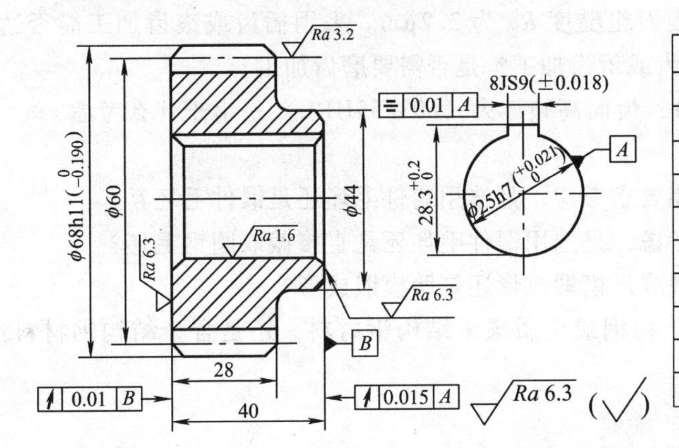

模数	m	3
压力角	α	20°
齿数	z	20
精度等级	8FH	
齿圈径向跳动公差	F_r	0.045
公法线长度变动公差	F_W	0.040
齿距极限偏差	f_{pt}	±0.020
基节极限偏差	f_{pb}	±0.018
齿向公差	F_β	0.018
公法线平均长度极限偏差	23.23	$^{-0.086}_{-0.139}$
跨齿数	k	3

图 3-28 圆柱齿轮综合训练

训练目的

1. 机床方面：通过训练能够合理地选择和使用加工设备（X6132 和 Y3150E）。

2. 工装方面：通过训练能够合理地选用齿轮加工的刀具、夹具和量具。

3. 工艺方面：通过训练能够合理地进行齿轮加工工艺规程的拟订。

训练要点

1. 完成齿轮毛坯零件综合图一张。

2. 完成齿轮机械加工工艺过程卡和工序卡一套。

3. 综合训练总结一份。

4. 培养学生独立分析和解决问题的能力。

设备和工具

主要加工设备：CA6140、X6132、Y3150E 各一台，刀具、夹具、量具若干。

训练内容

1. 工艺分析及工艺规程的制订

（1）与传动轴的比较

1）比较传动轴与齿轮在结构特点、功能关系方面的区别和联系。

2）从齿轮与轴的装配关系和齿轮的功能等方面考虑，应对齿轮提出哪些技术要求？

3）从齿轮的主要技术要求考虑，齿轮与传动轴的加工方案应该有什么主要区别？

（2）技术要求分析

1）内孔 $\phi25^{+0.021}_{0}$ mm 的精度较高，表面粗糙度值较低，主要出于哪些考虑（提示：齿形加工、测量及装配的基准）？

2）齿轮小端面对基准 A（$\phi25^{+0.021}_{0}$ mm 的轴线）有圆跳动公差要求主要出于什么考虑（提示：轴向定位基准）？

3）齿轮大端面对小端面的圆跳动公差要求为什么没有小端面严格（提示：大端面供装

夹时压紧和装配时锁紧使用)?

4)齿顶圆精度从使用方面考虑要求不高，但从工艺方面考虑（若以齿顶圆定位）则要求较高（与内孔的同轴度，对内孔轴线的径向圆跳动)，为什么（提示：不以齿顶圆定位加工齿形)?

5)齿轮精度要求为8FH，齿面表面粗糙度 *Ra* 为 3.2μm。采用插齿或滚齿加工能否达到对齿轮的质量要求？是否还需要剃齿或珩齿加工？是否需要磨齿加工？

6)齿轮坯调质（220~240HBW)，齿面高频淬火（50~55HRC）是出于什么考虑？

(3)选材和选毛坯

1)从齿轮的结构形状和组织性能要求考虑，是选用铸件毛坯还是锻件毛坯？

2)从齿轮大、小外圆直径尺寸考虑，是选用锻件毛坯还是直接截取圆钢毛坯？

3)若选用锻件毛坯，采用自由锻成形模锻成形还是胎模锻成形？

4)若选用锻件毛坯，选用碳素结构钢或优质碳素结构钢材料，还是合金结构钢材料？钢材中碳的质量分数应在什么范围？

(4)工艺分析

1)齿轮加工通常分为齿轮坯加工和齿形加工两个阶段，为什么？

2)齿轮坯加工阶段的主要内容是什么（提示：齿形加工和测量的基准)？主要工艺问题是什么（提示：基准的精度)？

3)齿轮坯加工的技术要求是保证内孔、大外圆的尺寸精度，大外圆和两端面对内孔轴线的位置精度。前者通常是如何保证的（提示：分粗、精两段加工)？后者是如何保证的（提示：一次装夹中加工出有位置精度要求的各表面)？

4)齿轮坯加工通常在车床上完成。粗、精加工阶段应该有几次安装？小端面对基准 *A* 的圆跳动公差应如何保证（提示：以内孔定位，装夹在心轴上精车小端面)？

5)为什么说齿形加工方案主要取决于齿轮精度和齿形热处理方法？齿形加工方案列于表3-19中，以供参考。

表3-19　齿形加工方案

序号	齿形加工方案	精度等级	表面粗糙度 *Ra*/μm
1	滚(插)齿	9~8	3.2~1.6
2	粗、精滚(插)齿	7~6	1.6~0.8
3	滚(插)齿—剃齿	7~6	1.6~0.8
4	滚(插)齿—挤齿	7~6	0.4~0.1
5	滚(插)齿—剃齿—淬火—修基准—珩齿	7~6	1.6~0.8
6	滚(插)齿—渗碳淬火—修基准—硬滚	7~6	1.6~0.4
7	滚(插)齿—(渗碳)淬火—修基准—硬滚	7~6	1.6~0.8
8	滚(插)齿—(渗碳)淬火—修基准—粗、精磨齿	5~4	0.4~0.2

6)该齿轮齿形加工应采用内孔和一个端面定位，为什么（提示：批量)？内孔与定位心轴之间的间隙应尽量小，为什么（提示：保证齿轮轴线的径向位置)？齿轮的轴向位置和夹紧方式试参考图3-29来说明。

7)齿面高频淬火后齿形和内孔必然产生变形，应如何纠正？若以磨削纠正变形，应先磨齿还是先磨孔（提示：若以孔定位磨齿则先磨孔）？

8）齿轮坯调质处理通常安排在粗加工之后进行，试指出主要原因（提示：保留优良组织多，消除粗加工产生的内应力）。

9）齿面高频淬火应安排在什么位置？

10）齿轮的齿端加工有倒圆、倒尖、倒棱（图3-30）和去毛刺等。倒圆、倒尖后的齿轮，沿轴向滑动时容易进入啮合。倒棱可去除齿端的锐边，这些锐边经渗碳淬火后很脆，在齿轮传动中易崩裂。

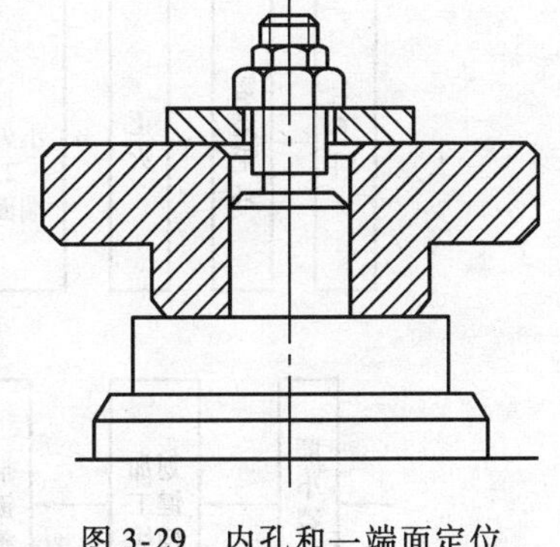

图3-29　内孔和一端面定位

用指形齿轮铣刀全倒圆时（图3-31），铣刀在高速旋转的同时沿圆弧做往复摆动，加工一个齿端后沿径向退出，分度后再送进加工下一个齿端。

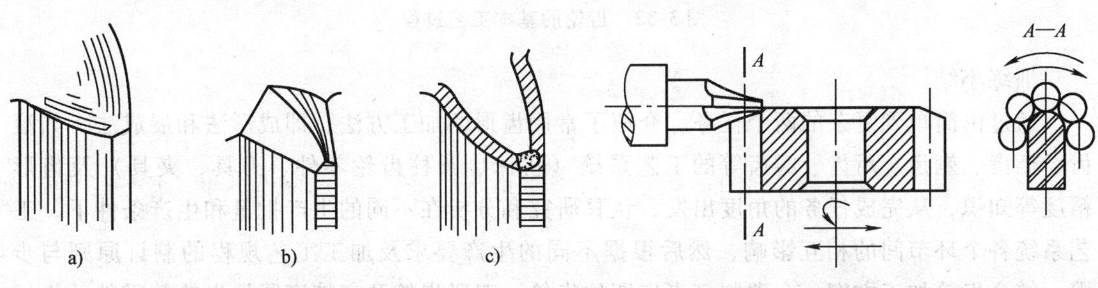

图3-30　齿端加工形式

a）倒圆　b）倒尖　c）倒棱

图3-31　齿端倒圆加工示意图

11）齿轮淬火后基准孔常产生变形，为保证齿形精加工质量，对基准孔必须进行修正。对于大径定心的花键孔齿轮，通常用花键推刀修正；对于圆柱孔齿轮，可采用推孔或磨孔修正。推孔生产率高，常用于内孔未淬硬的齿轮；磨孔精度高，但生产率低，对整体淬火齿轮、内孔较大、齿厚较薄的齿轮，均以磨孔为宜。磨孔时应以齿轮分度圆定心，这样可使磨孔后的齿圈径向圆跳动较小，对后续磨齿或珩齿有利。为提高生产率，有的工厂以金刚镗代替磨孔也取得了较好的效果。采用磨孔（或镗孔）修正基准孔时，齿坯加工时内孔应留有加工余量；采用推孔修正时，一般可不留加工余量。

（5）编制该齿轮的基本工艺过程　具有台阶齿轮的基本工艺过程如图3-32所示。拟订各种有台阶齿轮机械加工工艺时可以此为基础适当增减某些工序。

2. 机床的调整训练

（1）铣床及附件分度头的调整

1）主运动及进给运动的调整。

2）铣削图3-28所示的齿轮时，铣刀对中调整练习。

3）铣齿分度训练。

（2）滚齿机的调整

1）选出主运动、展成运动、垂直进给运动的挂轮。

2）进行滚刀安装角调整。

3）进行滚刀对中调整。

4）检查运动方向。

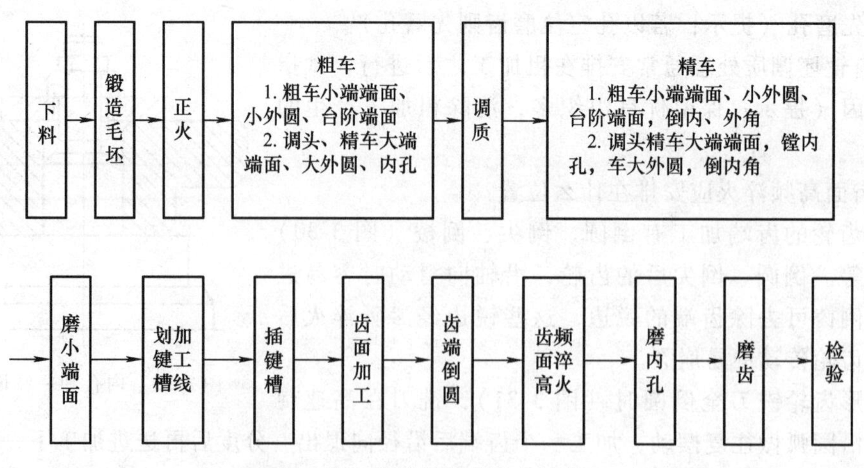

图 3-32　齿轮的基本工艺过程

训练小结

通过由简单到复杂的两个任务，介绍了常用齿形的加工方法，即成形法和展成法，如滚齿、插齿、剃齿、珩齿、磨齿等的工艺系统（机床、圆柱齿轮零件、刀具、夹具）及齿形精度等知识，从完成任务的角度出发，认真研究和分析在不同的生产批量和生产条件下，工艺系统各个环节间的相互影响，然后根据不同的生产要求及加工工艺规程的制订原则与步骤，结合齿轮加工方案，合理制订直齿圆柱齿轮、双联齿轮及高精度圆柱齿轮等零件的机械加工工艺规程，正确填写工艺文件，体验岗位需求，积累工作经验。

此外，通过学习花键轴零件加工方法等知识，可以进一步扩大知识面，提高解决实际生产问题的能力。本部分需重点掌握的知识点有以下几方面内容：

（1）齿轮的结构和功用　齿轮可以看成是由齿圈和轮体两部分构成，其功用是按一定速比传递运动和动力。

（2）选材和选毛坯　齿轮承受交变载荷，工作时处于复杂应力状态，应具有良好的综合力学性能。因此，齿轮多选用中碳优质碳素结构钢（如 45 钢）或中碳合金钢（如 40Cr 钢）锻件毛坯，很少直接用圆钢毛坯，受力不大的齿轮可以采用铸件毛坯。急需时可采用焊接结构毛坯。

（3）主要技术要求和主要工艺问题　齿轮内孔和端面的尺寸精度、几何精度、表面粗糙度及齿形精度等是齿轮加工的主要技术要求和要解决的主要工艺问题。

（4）定位基准和装夹方法　齿轮加工时常以内孔和端面定位或外圆和端面定位，采用卡盘或心轴装夹。

（5）工艺特点　一般来说，齿轮加工的工艺特点是：分齿轮坯加工和齿形加工两大阶段，以内孔、端面定位，符合基准重合和基准统一原则；齿轮坯加工多采用通用的设备、工装，齿形加工多采用专用的设备、工装。

3.2.8　实践中常见问题解析

1. 圆柱齿轮的结构形式直接影响齿轮的加工工艺过程。单齿圈盘类齿轮的结构工艺性最好，可采用任何一种齿形加工方法加工轮齿；双联或三联等多齿圈齿轮的小齿圈的加工受其轮缘间的轴向距离的限制，其齿形加工方法的选择就受到限制，加工工艺性差。

2. 齿轮加工的关键是齿面加工。目前，齿面加工的主要方法是：齿面的切削加工和齿面的磨削加工。前者由于加工效率高，有较高的加工精度，因而是目前广泛采用的齿面加工方法。后者主要用于齿面的精加工，效率一般比较低。按照加工原理，齿面加工可以分为成形法和展成法两大类。

3.2.9 知识拓展

Y3150E 型滚齿机（图 3-33）主要用于加工直齿和斜齿圆柱齿轮。其主要技术参数为：加工齿轮最大直径 500mm，最大宽度 250mm，最大模数 8mm，最小齿数 5k（k 为滚刀头数）。

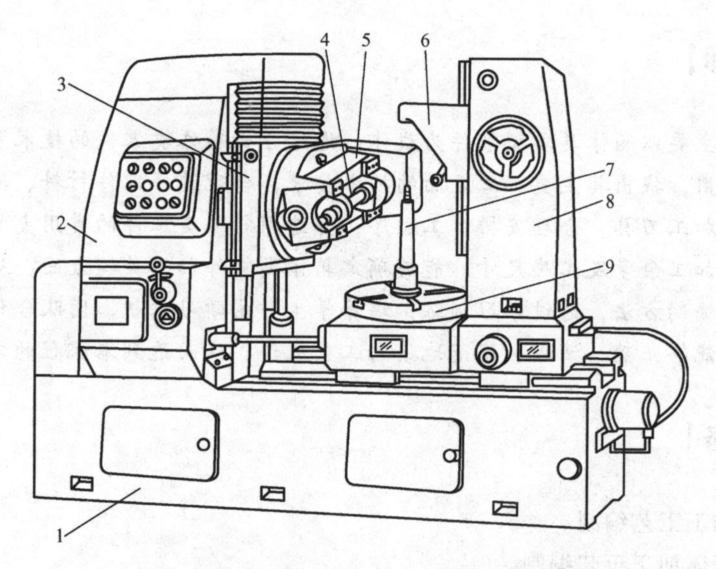

图 3-33　Y3150E 型滚齿机外形图

1—床身　2—立柱　3—刀架溜板　4—刀杆　5—滚刀架
6—支架　7—工件心轴　8—后立柱　9—工作台

如图 3-33 所示，机床由床身 1、立柱 2、刀架溜板 3、滚刀架 5、后立柱 8 和工作台 9 等主要部件组成。立柱 2 固定在床身上。刀架溜板 3 带动滚刀架可沿立柱导轨做垂直方向进给运动或快速移动。滚刀安装在刀杆 4 上，滚刀架 5 的主轴带动滚刀做旋转主运动。滚刀架可绕自己的水平轴线转动，以调整滚刀的安装角度。工件安装在工作台 9 的工件心轴 7 上或直接安装在工作台上，随同工作台一起做旋转运动。工作台和后立柱装在同一溜板上，可沿床身的水平导轨移动，以调整工件的径向位置或做手动径向进给运动。后立柱上的支架 6 可通过轴套或顶尖支承工件心轴的上端，以提高滚切工作的平稳性。

学习情境 4

箱体类零件加工工艺编制

【学习目标】

本学习情境主要以箱体类典型零件为载体，通过分析箱体类零件的技术资料，学生应明确箱体类零件功用，找出其主要加工表面的技术要求，合理选择零件材料、毛坯及热处理方式、加工方法及加工刀具，合理安排加工顺序；会选用箱体类零件的常用夹具；能够合理确定箱体类零件的加工余量及工序尺寸；能够确定箱体类零件加工关键表面，从而学会箱体类零件的加工工艺编制方法，通过学习训练，培养学生自主学习意识、团队合作精神、独立解决问题的能力，能够正确、清晰、规范地填写工艺文件，从而达到本课程的学习目标。

【工作任务】

1. 主轴箱加工工艺编制。
2. 减速器箱体加工工艺编制。

【情境描述】

箱体类零件通常作为机器及其部件装配时的基准零件，它将机器部件中的一些轴、套、轴承和齿轮等有关零件装配起来，并使之保持正确的相互位置关系，以传递转矩或改变转速来完成规定的运动。因此，箱体类零件的加工质量将直接影响箱体的装配精度和回转精度，并进一步影响机器的工作精度、使用性能和寿命。

常见的箱体类零件有机床主轴箱、机床进给箱、变速箱、减速箱、发动机缸体和机座等。箱体根据零件的结构形式不同可分为整体式箱体和分离式箱体两大类，如图 4-1 所示。整体式箱体是整体铸造、整体加工，加工较困难，但装配精度高；分离式箱体可分别制造，便于加工和装配，但增加了装配工作量。

完成本学习情境的各项任务，要借助《机械加工工艺人员手册》和《切削用量手册》等相关资料，编制机械加工工艺过程。

图 4-2 所示为几种常见的箱体类零件简图，箱体零件的尺寸大小和结构形式依其用途不同有很大差别，但在结构上仍有共同的特点：结构复杂，箱壁薄且壁厚不均匀，内部呈腔

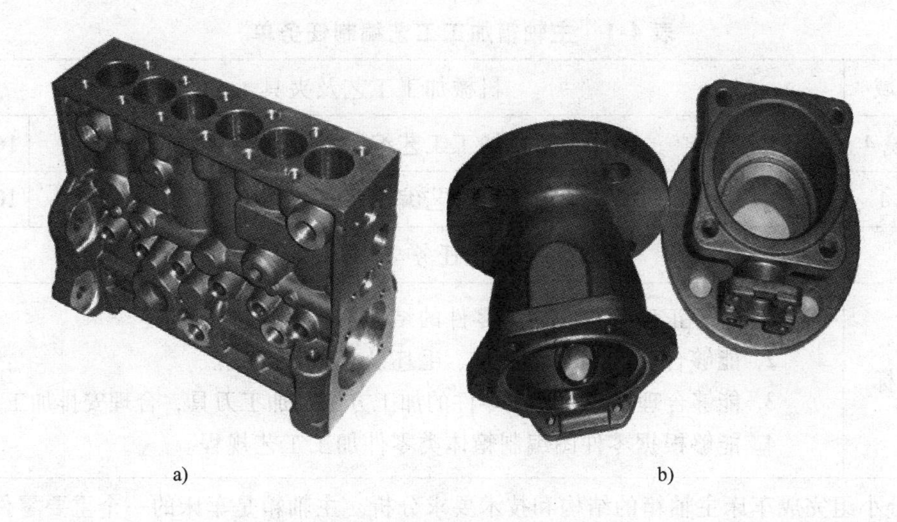

图 4-1　箱体类零件的分类

a）整体式箱体　b）分离式箱体

型。在箱壁上既有精度要求较高的轴承孔和装配用的基准平面，也有精度要求较低的紧固孔和次要平面。因此，箱体零件的加工部位多，加工精度高，加工难度大。

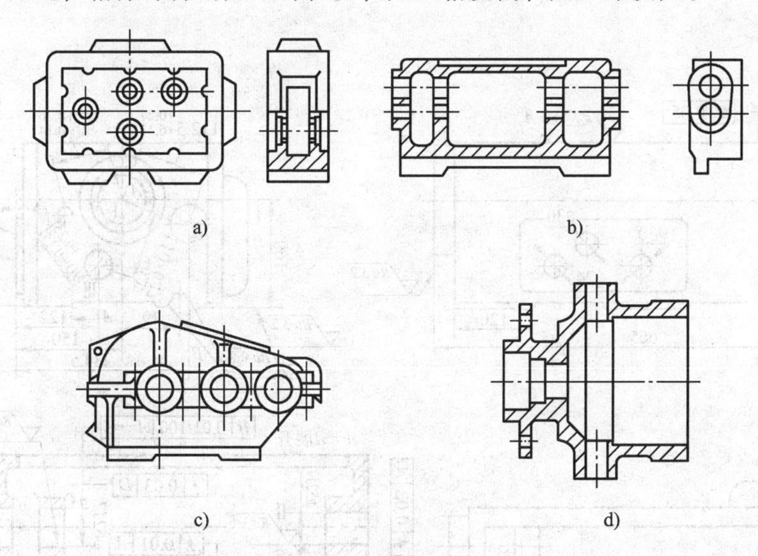

图 4-2　几种常见的箱体类零件简图

a）组合机床主轴箱　b）车床进给箱　c）分离式减速箱　d）泵壳

任务 4.1　主轴箱加工工艺编制

4.1.1　任务描述

主轴箱加工工艺编制任务单见表 4-1。

表 4-1　主轴箱加工工艺编制任务单

<table>
<tr><td>学习领域</td><td colspan="3">机械加工工艺及夹具</td></tr>
<tr><td>学习情境 4</td><td>箱体类零件加工工艺编制</td><td>学时</td><td>16 学时</td></tr>
<tr><td>任务 4. 1</td><td>主轴箱加工工艺编制</td><td>学时</td><td>10 学时</td></tr>
<tr><td colspan="4">布置任务</td></tr>
<tr><td>学习目标</td><td colspan="3">1. 能够正确分析箱体类零件的结构与技术要求。
2. 能够合理选择零件材料、毛坯及热处理方式。
3. 能够合理选择箱体类零件的加工方法及加工刀具，合理安排加工顺序。
4. 能够根据零件图编制箱体类零件加工工艺规程。</td></tr>
<tr><td>任务描述</td><td colspan="3">分小组完成车床主轴箱的结构和技术要求分析。主轴箱是车床的一个重要零件，主要是用来安装齿轮和轴等零件，箱体上的孔有较高的精度要求，其加工质量的好坏直接影响车床的工作精度。图 4-3 所示为车床主轴箱箱体零件图，车床主轴箱是一个变速和变向部件，输出车削加工的主运动。通过分析车床主轴箱的结构特点，确定箱体的加工关键表面，从而学习箱体类零件技术资料的分析方法，编制箱体类零件的加工工艺规程。
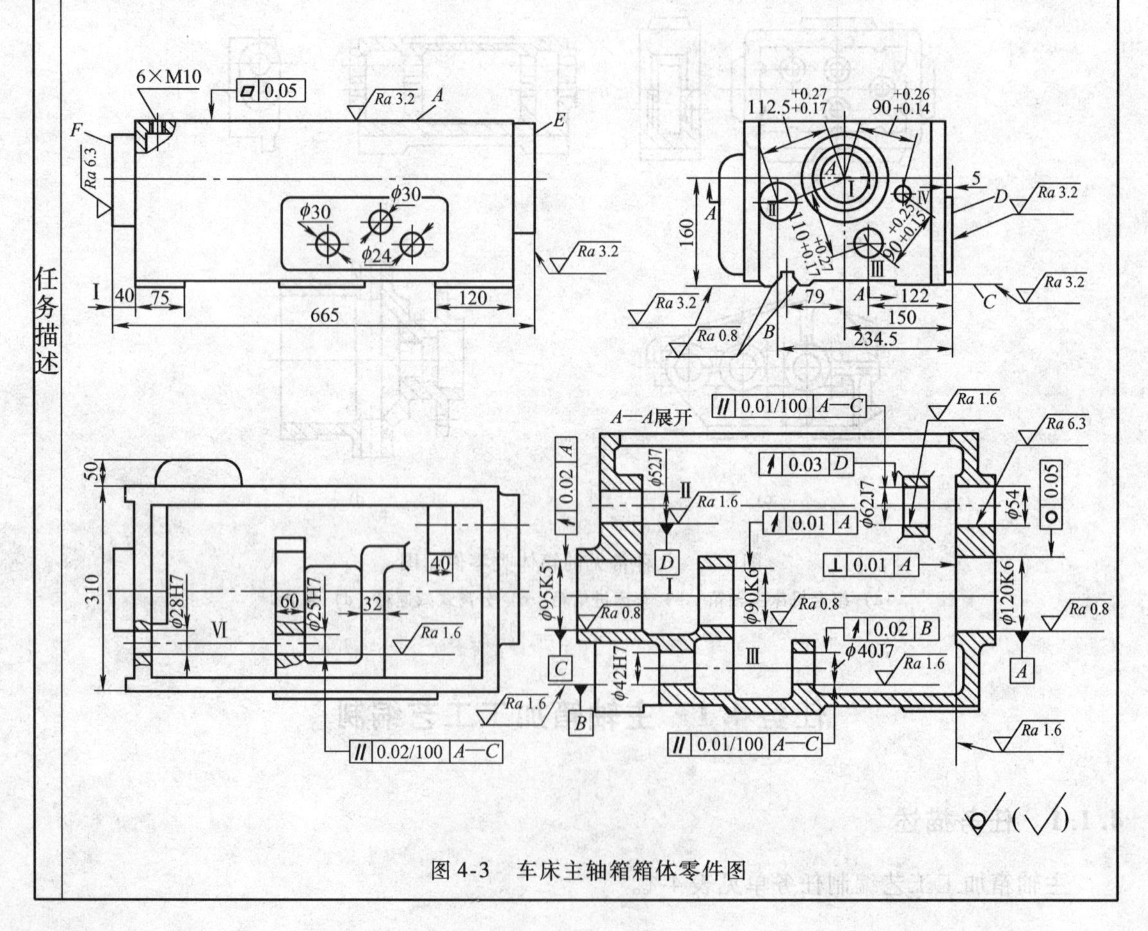

图 4-3　车床主轴箱箱体零件图</td></tr>
</table>

<table>
<tr><td>任务分析</td><td colspan="6">通过对主轴箱零件图的分析，该主轴箱属于典型的箱体类零件，在制订该零件的加工工艺前，必须认真分析零件的技术要求和结构特点，在此基础上对零件进行毛坯的设计。完成以下具体任务：
1. 根据主轴箱零件图，进行零件工艺分析，掌握主轴箱零件的功用、结构特点以及常用材料。
2. 确定毛坯材料及热处理方法。
3. 确定主要加工表面。
4. 选择定位基准及工艺装备。
5. 拟订工艺过程。
6. 填写工艺文件。</td></tr>
<tr><td>学时安排</td><td>资讯
2 学时</td><td>计划
1.5 学时</td><td>决策
1.5 学时</td><td>实施
1.5 学时</td><td>检查
1.5 学时</td><td>评价
2 学时</td></tr>
<tr><td>提供资料</td><td colspan="6">1. 于爱武．机械加工工艺编制．北京：北京大学出版社，2010.
2. 徐海枝．机械加工工艺编制．北京：北京理工大学出版社，2009.
3. 林承全．机械制造．北京：机械工业出版社，2010.
4. 华茂发．机械制造技术．北京：机械工业出版社，2004.
5. 武友德．机械加工工艺．北京：北京理工大学出版社，2011.
6. 孙希禄．机械制造工艺．北京：北京理工大学出版社，2012.
7. 王守志．机械加工工艺编制．北京：教育科学出版社，2012.
8. 卞洪元．机械制造工艺与夹具．北京：北京理工大学出版社，2010.
9. 孙英达．机械制造工艺与装备．北京：机械工业出版社，2012.</td></tr>
<tr><td>对学生的要求</td><td colspan="6">1. 能对任务书进行分析，能正确理解和描述目标要求。
2. 具有独立思考、善于提问的学习习惯。
3. 具有查询资料和市场调研能力，具备严谨求实和开拓创新的学习态度。
4. 能执行企业“5S”质量管理体系要求，具有良好的职业意识和社会能力。
5. 具备一定的观察理解和判断分析能力。
6. 具有团队协作、爱岗敬业的精神。
7. 具有一定的创新思维和勇于创新的精神。
8. 按时、按要求上交作业，并列入考核成绩。</td></tr>
</table>

4.1.2 资讯

1. 主轴箱加工工艺编制资讯单（见表 4-2）

表 4-2　主轴箱加工工艺编制资讯单

学习领域	机械加工工艺及夹具		
学习情境 4	箱体类零件加工工艺编制	学时	16 学时
任务 4.1	主轴箱加工工艺编制	学时	10 学时
资讯方式	学生根据教师给出的资讯引导进行查询解答		
资讯问题	1. 主轴箱零件的结构特点及种类有哪些？ 2. 主轴箱零件主要加工表面有哪些？ 3. 主轴箱零件的技术性能指标有哪些？ 4. 主轴箱零件常用材料有哪些？ 5. 主轴箱零件为什么要进行热处理？ 6. 主轴箱零件的常用加工方法有哪些？ 7. 箱体类零件的加工设备有哪些？ 8. 主轴箱零件的定位基准如何选择？工艺装备怎样？		
资讯引导	1. 问题 1 可参考信息单第一部分内容。 2. 问题 2 可参考信息单第一部分内容。 3. 问题 3 可参考信息单第二部分内容。 4. 问题 4 可参考信息单第三部分内容。 5. 问题 5 可参考信息单第三部分内容。 6. 问题 6 可参考信息单第四部分内容。 7. 问题 7 可参考信息单第四部分内容。 8. 问题 8 可参考信息单第五部分内容。		

2. 主轴箱加工工艺编制信息单（见表 4-3）

表 4-3　主轴箱加工工艺编制信息单

学习领域	机械加工工艺及夹具		
学习情境 4	箱体类零件加工工艺编制	学时	16 学时
任务 4.1	主轴箱加工工艺编制	学时	10 学时
序号	信息内容		
一	主轴箱零件的功用及结构特点		

箱体类零件是机器的基础件，它将机器中的轴、轴承、套和齿轮等零件按一定的相互位置关系装配在一起，按一定的传动关系协调地运动。箱体类零件的加工质量不但直接影响箱体的装配精度和运动精度，而且还会影响机器的工作精度、使用性能和寿命。

由于机器的不同结构特点和箱体在机器中的不同功用，箱体类零件具有多种不同的结构形式。箱体由许多精度要求不同的孔和平面组成，它的结构形状一般比较复杂，壁薄且壁厚不均，内部呈型腔。箱体不仅需要加工的表面较多，且加工的难度较大，既有精度要求较高的孔系和平面，也有许多精度要求较低的紧固孔。箱体类零件尽管形状各异、尺寸不一，但其结构均有以下的主要特点：

1）形状复杂。箱体通常作为装配的基础件，在它上面安装的零件或部件越多，箱体的形状越复杂，因为安装时不仅要有定位面和定位孔，还要有固定用的螺钉孔等；为了支承零部件，需要有足够的刚度，采用较复杂的截面形状和加强肋等；为了储存润滑油，需要具有一定形状的空腔，还要有观察孔和放油孔等；考虑吊装搬运，还必须做出吊钩和凸耳等。

2）体积较大。箱体内要安装和容纳有关的零部件，因此必然要求箱体有足够大的体积。例如，大型减速器箱体长达4～6m、宽3～4m。

3）壁薄容易变形。箱体体积大、形状复杂，又要求减少质量，所以大都设计成腔形薄壁结构。但是在铸造、焊接和切削加工过程中会产生较大的内应力，引起箱体变形。在搬运过程中，方法不当也容易引起箱体变形。

4）有精度要求较高的孔和平面。这些孔大都是轴承的支承孔，平面大都是装配的基准面，它们在尺寸精度、表面粗糙度、形状和位置精度等方面都有较高的要求。其加工精度将直接影响箱体的装配精度及使用性能。

箱体零件的加工工作量较大，一般中型机床制造厂用于箱体类零件的机械加工劳动量占整个产品加工量的15%～20%。

二　主轴箱零件的主要技术要求

现以图4-3所示车床主轴箱箱体零件图为例，介绍箱体零件的技术要求。

1. 孔的精度

支承孔是箱体上的重要表面，为保证轴的回转精度和支承刚度，应提高孔与轴承的配合精度。孔径的尺寸误差和几何形状误差会造成轴承与孔的配合不良。孔径过大，配合过松，会使主轴回转轴线不稳定，并降低了支承刚度，易产生振动和噪声；孔径过小，会使配合过紧，轴承将因外圈变形而不能正常运转，缩短寿命。装轴承的孔不圆，也会使轴承外圈变形而引起主轴径向跳动。因此，对孔的精度要求是较高的。本例中，主轴孔的尺寸公差等级为IT6，其余孔为IT6～IT7。孔的几何形状精度未作规定，一般控制在尺寸公差范围内。

2. 孔与孔的位置精度

同轴线上各孔的同轴度误差和孔端面对轴线垂直度误差，会使轴和轴承装配到箱体内出现歪斜，从而造成主轴径向跳动和轴向窜动，也加剧了轴承磨损。孔系之间的平行度误差会影响齿轮的啮合质量。一般同轴上各孔的同轴度公差约为最小孔尺寸公差的一半。同轴线上支承孔的同轴度公差一般为ϕ0.01～ϕ0.03mm。各平行孔之间轴线的不平行也会影响齿轮的啮合质量。支承孔之间的平行度公差为0.03～0.06mm，中心距公差一般为±(0.02～0.08)mm。

3. 孔和平面的位置精度

一般都要规定主要孔和主轴箱安装基面的平行度要求，它们决定了主轴和床身导轨的相互位置关系。这项精度是在总装时通过刮研来达到的。为了减少刮研工作量，一般都要规定主轴轴线对安装基面的平行度公差。在垂直和水平两个方向上，只允许主轴前端向上和向前偏。

各支承孔与装配基面间的距离尺寸及相互位置精度也是影响机器与设备的使用性能和工作精度的重要因素。一般支承孔与装配基面间的平行度公差为0.03~0.1 mm。

4. 主要平面的精度

箱体装配基面、定位基面的平面度与表面粗糙度直接影响箱体安装时的位置精度及加工中的定位精度，影响机器的接触精度和有关的使用性能。其平面度一般为0.02~0.1mm 。主要平面间的平行度、垂直度为（0.02~0.1）mm/300mm。

装配基面的平面度会影响主轴箱与床身连接时的接触刚度，加工过程中作为定位基准面则会影响主要孔的加工精度。因此，规定底面和导向面必须平直，用涂色法检查接触面积或单位面积上的接触点数来衡量平面度的大小。顶面的平面度要求是为了保证箱盖的密封性，防止工作时润滑油泄出。当大批大量生产将其顶面用作定位基面加工孔时，对它的平面度的要求还要提高。

5. 表面粗糙度

重要孔和主要平面的表面粗糙度会影响结合面的配合性质或接触刚度，其具体要求一般用 *Ra* 值来评价。一般要求主轴孔 *Ra* 值为0.4μm，其他各纵向孔 *Ra* 值为1.6μm，孔的内端面 *Ra* 值为3.2μm，装配基准面和定位基准面 *Ra* 值为0.63~2.5μm，其他平面的 *Ra* 值为2.5~10μm。

三　主轴箱零件的毛坯类型及热处理

箱体类零件有复杂的内腔，应选用易于成形的材料和制造方法。铸铁容易成形，切削性能好、价格低廉，并且具有良好的耐磨性和减振性。因此，箱体类零件的材料大都选用HT200~HT400 的各种牌号的灰铸铁。通常主轴箱箱体类零件用的材料是 HT200，而对于较精密的箱体类零件（如坐标镗床主轴箱）则选用耐磨铸铁。

另外，其他某些简易机床的箱体类零件或小批量、单件生产的箱体类零件，为了缩短毛坯制造周期和降低成本，可采用钢板焊接结构。某些大负荷的箱体类零件有时也根据设计需要，采用铸钢件毛坯。在特定条件下，为了减轻质量，可采用铝镁合金或其他铝合金制作箱体毛坯，如航空发动机箱体等。

铸件毛坯的精度和加工余量是根据生产批量而定的。对于单件小批量生产，一般采用木模手工造型。这种毛坯的精度低，加工余量大，其平面余量一般为7~12mm，孔在半径上的余量为8~12mm。在大批大量生产时，通常采用金属模机器造型。此时毛坯的精度较高，加工余量可适当减小，则平面余量为5~10mm，孔（半径上）的余量为7~12mm。为了减少加工余量，对于单件小批生产直径大于 ϕ50mm 的孔和成批生产大于 ϕ30mm 的孔，一般都要在毛坯上铸出预孔。另外，在毛坯铸造时，应防止砂眼和气孔的产生，应使箱体零件的壁厚尽量均匀，以减少毛坯制造时产生的残余应力。

热处理是箱体零件加工过程中的一个十分重要的工序，需要合理安排。由于箱体零件的结构复杂，壁厚也不均匀，因此，在铸造时会产生较大的残余应力。为了消除残余应力，减少加工后的变形并保证精度的稳定，所以，在铸造之后必须安排人工时效处理。人工时效的工艺规范为：加热到500～550℃，保温4～6h，冷却速度小于或等于30℃/h，出炉温度小于或等于200℃。

普通精度的箱体类零件，一般在铸造之后安排一次人工时效处理。对一些高精度或形状复杂的箱体类零件，在粗加工之后还要安排一次人工时效处理，以消除粗加工所造成的残余应力。

有些精度要求不高的箱体类零件毛坯，有时不安排时效处理，而是利用粗、精加工工序间的停放和运输时间，使之得到自然时效。

箱体类零件人工时效的方法，除了加热保温法外，也可采用振动时效来达到消除残余应力的目的。

四	主轴箱零件的常见加工表面及加工方法

箱体零件的结构复杂，壁厚不均匀，有铸造内应力。箱体零件有较高的精度要求，加工精度的稳定性要好。因此，拟订箱体加工工艺时，要划分加工阶段，以减少内应力和热变形对加工精度的影响。划分阶段后还要及时发现毛坯缺陷，采取措施，以避免更大浪费。

主轴箱零件的加工主要是一些平面和孔的加工，其加工方法和工艺路线如下。

1. 箱体上平面的加工

（1）铣削加工平面　铣削是以铣刀的旋转作为主运动，工件或铣刀作为进给运动，在铣床上进行切削加工的方法。铣削和刨削一样用于加工各种平面（如水平面、倾斜面等）、沟槽（如键槽、齿轮、T形槽和螺旋槽等）以及成形面（如凸轮）等的粗加工、半精加工，如图4-4所示。

铣刀是多刃刀具，在铣削加工中同时有几个刀齿参与切削，所以铣削的生产率一般比刨削高。但铣削有时是断续切削，刀具容易振动，影响加工精度。此外，它也可以加工内孔以及切断工件等。铣削加工的精度一般可达IT9～IT7，表面粗糙度 Ra 可达6.3～31.6μm。

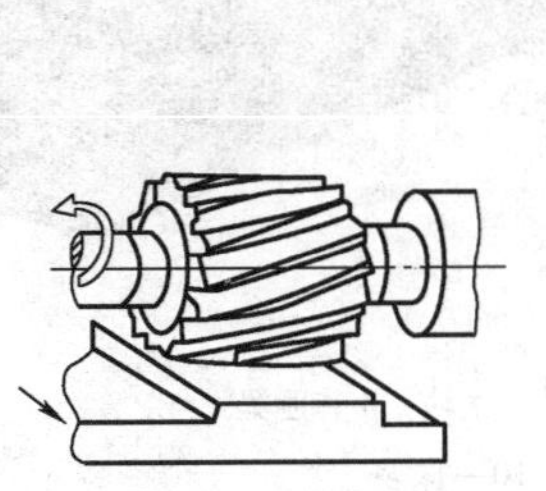
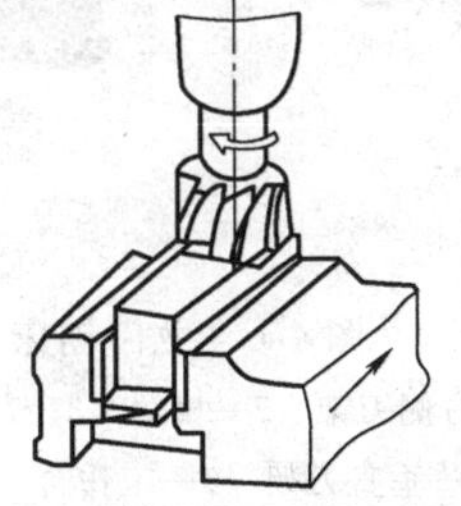
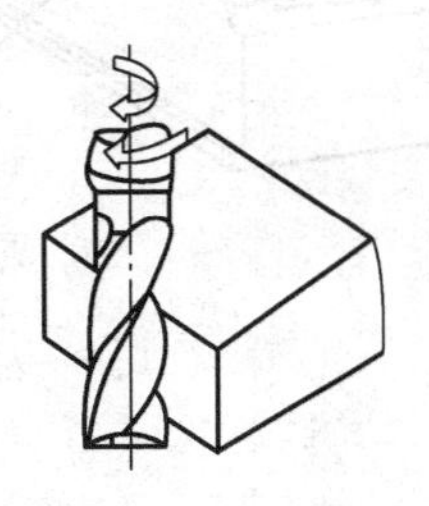

图4-4　铣削加工平面

铣削的切削速度高，而且是多刃切削，生产效率较高，其应用广泛，仅次于车削加工。

铣刀刀齿在刀具上的分布形式有两种：一种是分布在刀具的圆周表面上，另一种是分布在刀具的端面上，对应的分别是圆周铣和面铣。

（2）刨削加工平面　刨削是在刨床上使用刨刀进行切削加工的一种方法。在牛头刨床（图4-5）上刨削时，刨刀的往复直线移动为主运动，工件随工作台在垂直于主运动方向做间歇性的进给运动。

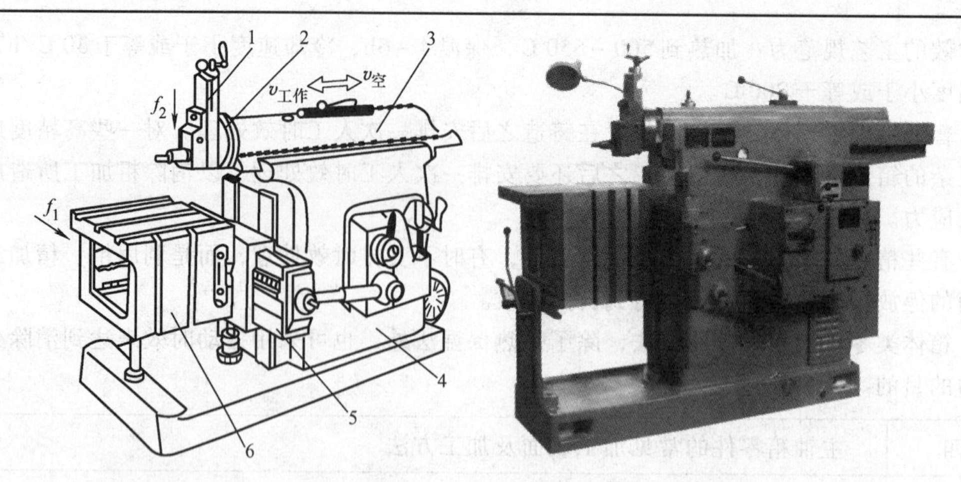

图 4-5 牛头刨床

1—刀架 2—转盘 3—滑枕 4—床身 5—横梁 6—工作台

牛头刨床因其滑枕刀架形似牛头而得名。牛头刨床属于中型通用机床，适用于加工中、小型零件。

在龙门刨床（图 4-6）上刨削时，切削运动和牛头刨床相反：安装在工作台上的工件做往复直线运动为主运动，而刨刀则作间歇性的进给运动。

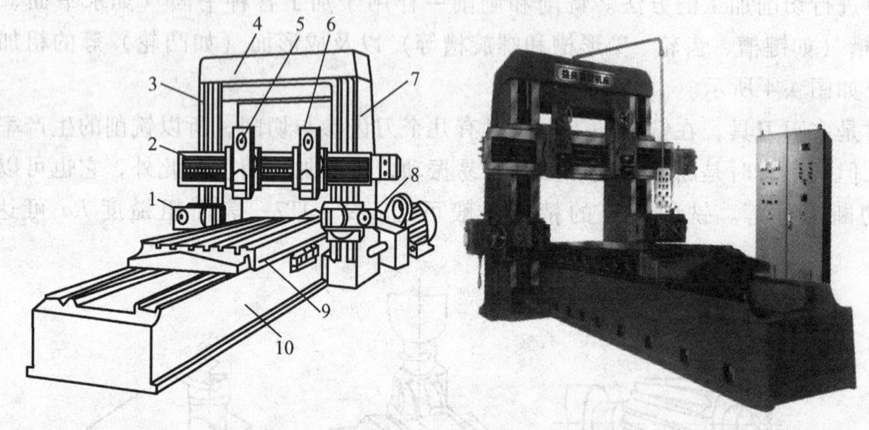

图 4-6 龙门刨床

1、8—左、右侧刀架 2—横梁 3、7—立柱 4—顶梁

5、6—垂直刀架 9—工作台 10—床身

龙门刨床主要用于加工大型或重型零件上的各种平面、沟槽和导轨面，也用于若干小型零件的同时刨削。

大型龙门刨床往往还附有铣头和磨头等部件，以便使工件在一次安装中完成刨、铣及磨平面等工作，这种机床又称为龙门刨铣床或龙门刨铣磨床。

刨削的加工范围基本上与铣削相似，可以刨削平面、台阶面、燕尾面、矩形槽、V 形槽以及 T 形槽等，如图 4-7 所示。刨削类机床主要有龙门刨床、牛头刨床和插床三种类型。按照切削时主运动方向的不同，刨削可分为水平刨削和垂直刨削。水平刨削一般称为刨削，垂直刨削则称为插削。插床如图 4-8 所示，插床实质上是立式牛头刨床。插床主要用于加工工件的内表面，如内孔键槽及多边形孔等。

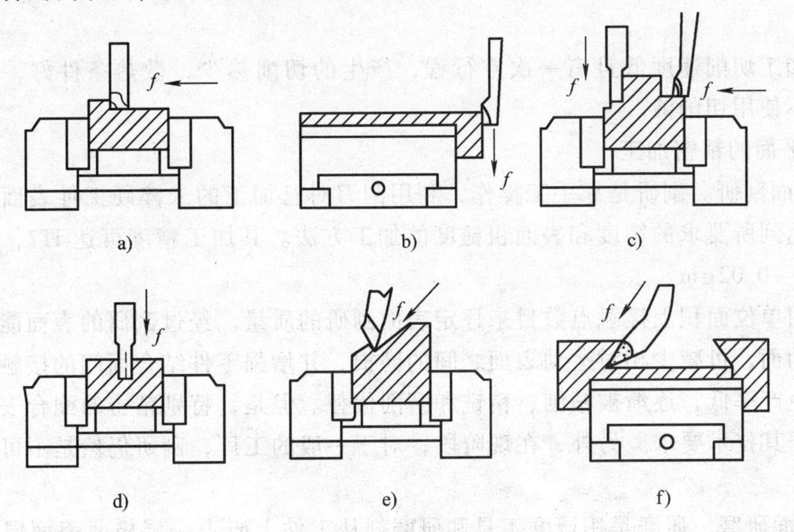

图 4-7 刨削加工平面

a）刨平面 b）刨垂直面 c）刨台阶 d）刨沟槽 e）刨斜面 f）刨燕尾槽

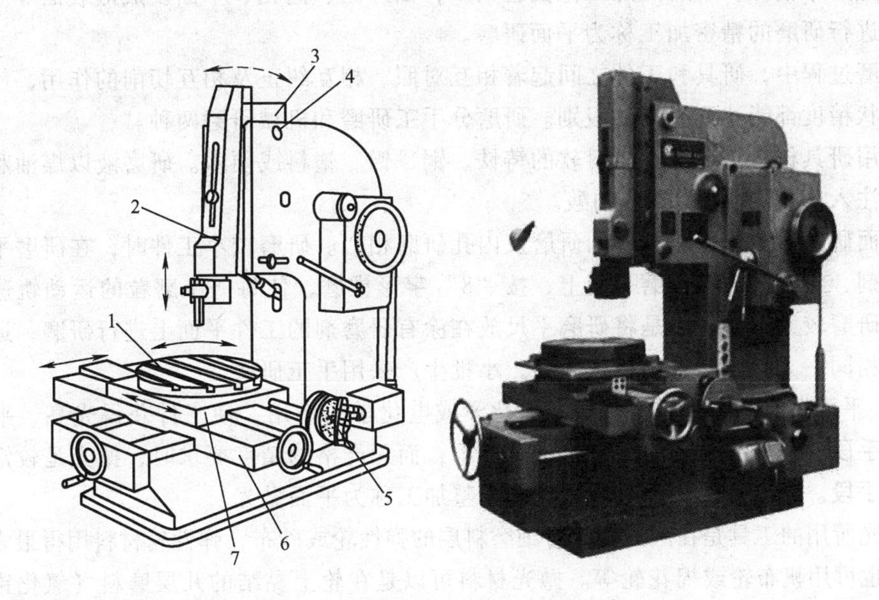

图 4-8 插床

1—圆工作台 2—滑枕 3—滑枕导轨座 4—销轴 5—分度装置 6—床鞍 7—溜板

刨削过程是一个断续的切削过程，刨刀的返回行程一般不进行切削；切削时有冲击现象，限制了切削用量的提高。

刨削属于粗加工和半精加工，公差等级可以达到 IT10 ~ IT7、表面粗糙度 *Ra* 为 12.5 ~ 0.4μm，刨削加工也易于保证一定的相互位置精度。

在无抬刀装置的刨床上进行切削，在返回行程时，刨刀后刀面与工件已加工表面会发生摩擦，影响工件的表面质量，也会使刀具磨损加剧，硬质合金刀具甚至会产生崩刃现象。

刨削加工切削速度低且有一次空行程，产生的切削热少，散热条件好，除特殊情况外，一般不使用切削液。

（3）平面的精密加工

1）平面刮研。刮研是靠手工操作，利用刮刀对已加工的未淬硬工件表面切除一层微量金属，达到所要求的精度和表面粗糙度的加工方法。其加工精度可达 IT7，表面粗糙度 Ra 达 1.25 ~ 0.02μm。

一般用单位面积上接触点数目来评定表面刮研的质量。经过刮研的表面能形成具有润滑膜的滑动面，可减少相对运动表面之间的磨损，并增强零件结合面间的接触强度。

刮研生产率低，逐渐被精刨、精铣和磨削代替。但是，特别精密的配合表面还是要用刮研来保证其技术要求。另外，在现阶段，对于一般的工厂，刮研仍然是不可缺少的加工方法。

2）平面研磨。研磨是用研磨工具和研磨剂从工件上研去一层极薄表面层的精加工方法。研磨可达到很高的尺寸精度和表面质量，而且几乎不产生残余应力和强化等缺陷，但研磨的生产率很低。研磨的加工范围也很广，如外圆、内孔、平面及成形表面等。对工件的平面进行研磨的精密加工称为平面研磨。

研磨过程中，研具和工件之间起着相互对照、相互纠正及相互切削的作用，使尺寸精度和形状精度都能达到很高的级别。研磨分手工研磨和机械研磨两种。

常用研具材料是比工件材料软的铸铁、铜、铝、塑料或硬木。研磨液以煤油和机油为主，并注入 2.5% 的硬脂酸或油酸。

平面研磨的工艺特点与外圆研磨及内孔研磨相似。研磨较小工件时，在研磨平板上涂以研磨剂，将工件放在研磨平板上，按“8”字形推磨，使每一个磨粒的运动轨迹都互不重复。研磨较大工件时，是将研磨平尺放在涂有研磨剂的工件平面上进行研磨，运动形式与上述相同。大批生产采用机械研磨，小批生产采用手工研磨。

3）平面抛光。抛光是利用机械、化学或电化学的作用，使工件获得光亮、平整表面的加工手段。当对零件表面只有粗糙度要求，而无严格的精度要求时，抛光是较常用的光整加工手段。对工件的平面进行抛光的光整加工称为平面抛光。

抛光所用的工具是在圆周上涂有细磨料层的弹性轮或砂布，弹性轮材料用得最多的是毛毡轮，也可用帆布轮或棉花轮等。抛光材料可以是在轮上黏结的几层磨料（氧化铬或氧化铁），黏结剂一般为动物皮胶、干酪素胶和水玻璃等，也可用按一定化学成分配制的抛光膏。

抛光一般可分为两个阶段进行。首先是“抛磨”，用黏有硬质磨料的弹性轮进行；然后是“光抛”，用含有软质磨料的弹性轮进行。

抛光剂中含有活性物质，故抛光不仅有机械作用，还有化学作用。在机械作用中除了用磨料切削外，还有使工件表面凸峰在力的作用下产生塑性流动而压光表面的作用。

弹性轮抛光不容易保证均匀地从工件上切下切屑，但切削效率并不低，每分钟可以切下十分之几毫米的金属层。

抛光经常用来去掉前工序留下的痕迹，或是打光已精加工的表面，或是作为装饰镀铬前的准备工序。

2. 箱体类零件的孔系加工

箱体上有相互位置精度要求的一系列孔称为“孔系”。保证孔系的位置精度是箱体加工的关键。

孔系可分为平行孔系、同轴孔系和交叉孔系。由于箱体的结构特点，孔系的加工方法大多采用镗孔。箱体上的孔不仅本身的精度要求高，而且孔距精度和相互位置精度要求也较高，保证孔系的位置精度是箱体加工的关键。根据生产规模和孔系的精度要求可采用不同的加工方法。

（1）平行孔系的加工　对于平行孔系，主要保证各孔轴线的平行度和孔距精度。根据箱体的生产批量和精度要求的不同，有以下 3 种加工方法。

1）找正法。包括划线找正法、用心轴和量块找正及用样本找正。

① 划线找正法。加工前，工人在通用机床（镗床、铣床）上，利用辅助工具按照图样要求在箱体毛坯上划出各孔的加工位置线，来找正要加工孔的正确位置，并按划好的线调整加工的方法。此法划线和找正时间较长，误差较大，所以加工精度低，生产率低，加工出来的孔距精度一般为 0.5 ~1mm。若结合试切法，即先镗出一个孔（达到图样要求），然后将机床主轴调整到第 2 个孔的中心，镗出一个比图样要求直径尺寸小的孔，测量两孔的实际中心距，根据实际中心距与图样中心距的差值调整主轴位置精度，再试切、调整。经过几次试切达到图样要求孔距后即可将第 2 个孔镗到规定尺寸。这种方法可使孔距尺寸精度达到 ±(0.08 ~0.25)mm。虽然比单纯按划线找正加工精确些，但孔距尺寸精度仍然很低，且操作费时。

② 用心轴和量块找正。如图 4-9 所示，将精密心轴插入镗床主轴孔内（或直接利用镗床主轴），然后根据孔和定位基面的距离用量块或塞尺校正主轴位置，镗第 1 排孔。镗第 2 排孔时，分别在第 1 排孔和主轴中插入心轴，然后采用同样的方法确定镗第 2 排孔时的主轴位置。采用这种方法，孔距精度可达到 ±(0.03 ~0.05)mm。

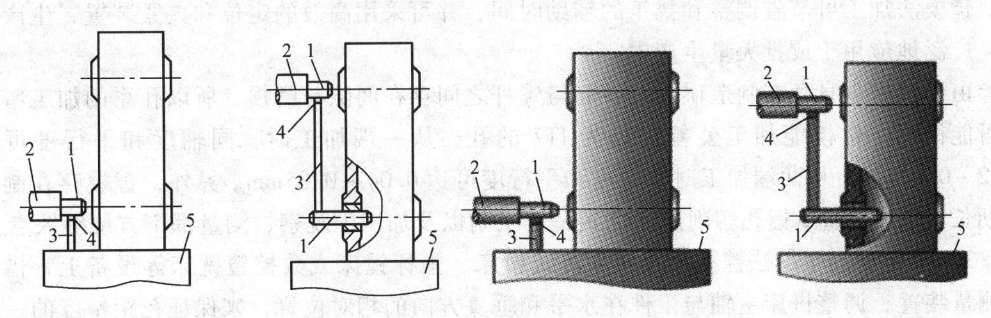

图 4-9　心轴和量块找正

1—心轴　2—镗床主轴　3—量块　4—塞尺　5—工作台

③ 用样本找正。如图 4-10 所示，在工件孔距尺寸的平均值为 10 ~20 mm 的钢板样板上加工出位置精度很高［±(0.01 ~0.03)mm］的孔系，其孔径比被加工孔径大，以便镗床通过。样板上的孔有较高的形状精度和表面质量。找正时将样板装在垂直于各孔的端面

上（或固定在机床工作台上），在机床主轴上装一个千分表，按样板找正主轴，找正后即可换上镗刀加工。此方法找正方便，工艺装备不太复杂。一般样板的成本仅为镗模成本的1/9～1/7，孔距精度可达±0.05mm。在单件小批生产中，加工较大箱体使用镗模不经济时常用此法。用样板或量块找正可获得较高的孔距精度，但对操作者的技术要求很高，所需的辅助时间也较多。找正法所需设备简单，适于单件、小批生产。

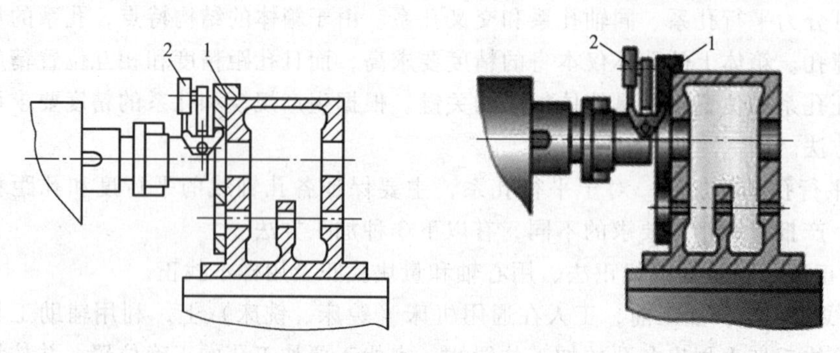

图 4-10　样板找正法

1—样板　2—千分表

2）镗模法。镗模法加工孔系是用镗模板上的孔系保证工件上孔系位置精度的一种方法，即用镗床夹具来加工孔的方法。工件装在带有镗模板的夹具内，并通过定位与夹紧装置使工件上待加工孔与镗模板上的孔同轴。镗杆支承在镗模板的支架导向套里，镗刀便通过模板上的孔将工件上相应的孔加工出来。当用2个或2个以上的支架来引导镗杆时，镗杆与机床主轴浮动连接，这时机床精度对加工精度影响很小，因而可以在精度较低的机床上加工出精度较高的孔系。孔的位置精度完全由镗模决定，一般可达±0.05mm，加工质量比较稳定。因为镗模成本高，故一般用于成批生产。

镗模可以联合使用普通机床、专业机床和组合机，采用镗模法加工孔系，这样可以大大提高工艺系统的刚性和抗振性，所以可用带有几把镗刀的长镗杆同时加工箱体上的几个孔。镗模法加工可节省调整和找正的辅助时间，并可采用高效的定位和夹紧装置，生产率高，广泛地应用于成批大量生产中。

由于镗模自身存在制造误差，导套与镗杆之间存在间隙与磨损，所以孔系的加工精度不可能很高。镗模能加工公差等级为IT7的孔，从一端加工时，同轴度和平行度可达0.02～0.03mm，从两端加工时同轴度和平行度可达0.04～0.05mm。另外，镗模存在制造周期长、成本较高，镗孔切削速度受到一定限制以及加工中观察、测量都不方便等缺点。

3）坐标法。坐标法镗孔是在普通卧式镗床、坐标镗床或数控镗铣床等设备上，借助于测量装置，调整机床主轴与工件在水平和垂直方向的相对位置，来保证孔距精度的一种镗孔方法。坐标法镗孔的孔距精度主要取决于坐标的移动精度。

在坐标镗床上加工孔系时，先将箱体加工孔的孔距尺寸换算成为两个互相垂直的坐标尺寸，然后按此坐标尺寸精确地调整机床主轴与工件的相对位置，加工出平行孔系。根据坐标镗床上坐标读数精度不同，坐标法能达到的孔距精度为0.005～0.05mm，精度较高，但生产率低，适用于单件、小批生产。

采用坐标法加工孔系的机床可分为两类：一类是具有较高坐标位移精度、定位精度及测量装置的坐标控制机床，如坐标镗床、数控镗铣床、加工中心等。这类机床可以很方便地采用坐标法加工精度较高的孔系。另一类是没有精密坐标位移装置及测量装置的普通机床，如普通镗床、落地镗床、铣床等。这类机床如采用坐标法加工孔系可选用下述方法来保证位置精度。

（2）同轴孔系的加工　在成批以上生产中，箱体同轴孔系的同轴度几乎都由镗模保证。在单件小批生产中，其同轴度用下面几种方法来保证。

1）利用已加工孔做支承导向。如图4-11所示，当箱体前壁上的孔径加工好后，在孔内装一导向套，通过导向套支承镗杆加工后壁的孔。该方法适用于加工箱壁距离较近的同轴孔，但需配制一些专用的导向套。

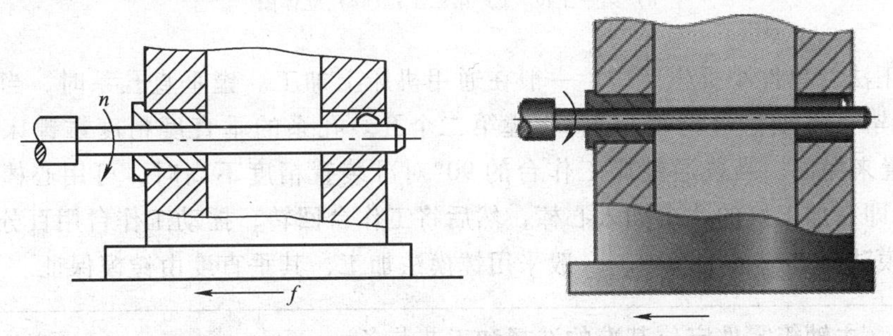

图4-11　利用已加工孔做支承导向

a）平面图　b）立体图

2）利用镗床后立柱上的导向支承镗孔。将镗杆插入镗轴锥孔中，另一端由尾立柱支承，装上镗刀，调好尺寸，镗轴旋转，工作台带动工件做纵向进给运动，即可镗出两同轴孔。若两孔径不等，可在镗杆不同位置上装两把镗刀将两孔先后或同时镗出。这种方法的镗杆系两端支承，刚性好。缺点是后立柱导套的位置调整麻烦费时，镗杆要长，很笨重，需用心轴、量块找正，一般适用于大型箱体的加工。

3）调头镗。当箱体箱壁相距较远时，可采用调头镗。工件在一次装夹下，镗好一端的孔后，将镗床工作台回转180°，调整工作台位置，使已加工孔与镗床主轴同轴然后再加工孔。由于普通镗床工作台回转精度较低，该方法加工精度不高。

当箱体上有一较长并与所镗孔轴线有平行度要求的平面时，镗孔前应先用装在镗杆上的百分表对此平面进行校正，如图4-12所示，使其和镗杆轴线平行，校正后加工孔。B孔加工后，再回转工作台，并用镗杆上装的百分表沿此平面重新校正，这样就可保证工作台准确地回转180°，然后再加工A孔，就可以保证A、B孔同轴。若箱体上无长的加工好的工艺基面，也可用平行长铁置于工作台上，使其表面与要加工的孔轴线平行后再固定。调整方法同上，也可达到两孔同轴的目的。

4）对于交叉孔系，主要保证各孔轴线的交叉角度（多为90°）。成批生产时，交叉角都是由镗模来保证，单件、小批生产时，用镗床回转工作台的转角来保证。

（3）垂直孔系的加工　垂直孔系的主要技术要求为各孔间的垂直度。箱体上垂直孔系的加工主要是控制有关孔的垂直误差。生产中常采用以下两种方法：

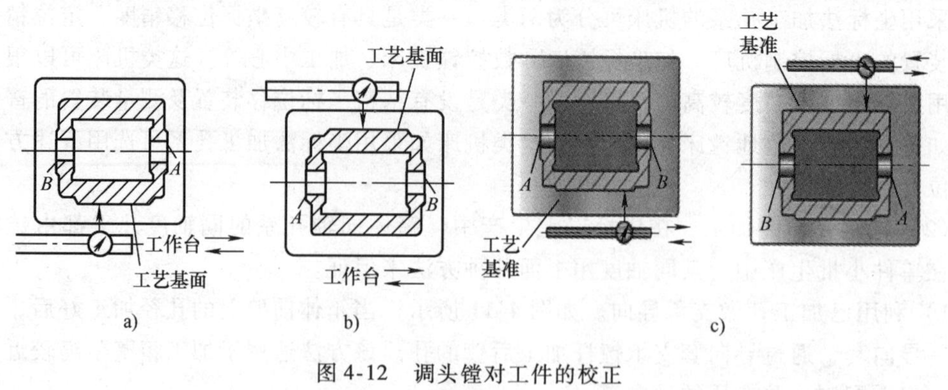

图 4-12 调头镗对工件的校正

a）第一工位 b）第二工位 c）立体图

1）找正法。单件小批生产中，一般在通用机床上加工。镗垂直孔系时，当一个方向的孔加工完毕可将工作台调转 90°，再镗第二个孔。孔系的垂直度精度靠镗床工作台的 90°对准装置来保证。当普通镗床工作台的 90°对准装置精度不高时，可用心棒与百分表进行找正，即在加工好的孔中插入心棒，然后将工作台回转，摇动工作台用百分表找正。

2）镗模法。在成批生产中，一般采用镗模法加工，其垂直度由镗模保证。

五	主轴箱零件定位基准的选择和工艺装备

1. 合理安排加工顺序

遵循先面后孔的原则：安排箱体零件的加工顺序时，要遵循“先面后孔”的原则，以较精确的平面定位来加工孔。其理由为：一是因为箱体孔的精度要求高，孔比平面难加工，先加工面就为加工孔提供了稳定可靠的基准，还能使孔的加工余量均匀；二是由于箱体上的孔分布在箱体各平面上，先加工好平面，同时也切除了孔端面上的不平和夹砂等缺陷，钻孔时，钻头不易引偏，扩孔或铰孔时，刀具也不易崩刃。

2. 合理划分加工阶段

加工阶段必须粗、精分开。箱体的结构复杂、壁厚不均、刚性不好，而加工精度要求又高，箱体的重要加工表面都要划分粗、精加工两个阶段。以避免粗加工造成的内应力、切削力、夹紧力和切削热对加工精度的影响，有利于保证箱体的加工精度。粗、精加工分开也可及时发现毛坯的缺陷，避免更大的浪费；同时还能根据粗、精加工的不同要求来合理选择设备，有利于提高生产率。

3. 合理安排工序间热处理

箱体零件的结构复杂，工序间要合理安排热处理。箱体零件由于壁厚不均，在铸造时会产生较大的残余应力。为了消除残余应力，减少加工后的变形和保证精度的稳定，在铸造之后必须安排人工时效处理。人工时效的工艺规范为：加热到 500 ~ 550℃，保温 4 ~ 6h，冷却速度小于或等于 300℃/h，出炉温度小于或等于 200℃。

普通精度的箱体零件，一般在铸造之后安排一次人工时效处理。对一些精度要求高或形状特别复杂的箱体零件，在粗加工之后还要安排一次人工时效处理，以消除粗加工所造成的残余应力。有些精度要求不高的箱体零件毛坯，也可不安排时效处理，而是利用粗、精加工工序间的停放和运输时间，使之得到自然时效。箱体零件人工时效的方法，除了加热保温法外，也可采用振动时效来达到消除残余应力的目的。

4. 合理选择粗基准

当批量较大时，箱体类零件的粗基准应先以箱体毛坯的主要支承孔作为粗基准，直接在夹具上定位，不仅可以较好地保证重要孔及其他各轴孔的加工余量均匀，还能较好地保证各轴孔中心线与箱体不加工表面的相互位置。

1）如果箱体零件是单件小批生产，由于毛坯的精度较低，不宜直接用夹具定位装夹，而常采用划线找正装夹。

首先将箱体用千斤顶安放在平台上（图 4-13a），调整千斤顶，使主轴孔Ⅰ和 *A* 面与台面基本平行，*D* 面与台面基本垂直，根据毛坯的主轴孔划出主轴孔的水平线Ⅰ—Ⅰ，在 4 个面上均要划出，作为第一校正线。划此线时，应根据图样要求，检查所有加工部位在水平方向是否留有加工余量，若有的加工部位无加工余量，则需要重新校正Ⅰ—Ⅰ线的位置，直到所有的加工部位均有加工余量，才将Ⅰ—Ⅰ线最终确定下来。Ⅰ—Ⅰ线确定之后，即画出 *A* 面和 *C* 面的加工线。然后将箱体翻转 90°，*D* 面一端置于 3 个千斤顶上，调整千斤顶，使Ⅰ—Ⅰ线与台面垂直（用大角尺在两个方向上校正），据毛坯的主轴孔考虑各加工部位在垂直方向的加工余量，按上述方法划出主轴孔的垂直轴线Ⅱ—Ⅱ作为第二校正线（图 4-13b），也在 4 个面上均画出。依据Ⅱ—Ⅱ线画出刀面加工线。再将箱体翻转 90°（图 4-13c），将 *E* 面一端置于 3 个千斤顶上，使Ⅰ—Ⅰ线和Ⅱ—Ⅱ线与台面平行。根据凸台高度尺寸，画出 *F* 面的加工线，再画 *E* 面加工线。加工箱体平面时，按划线找正装夹工件，体现以主轴孔为粗基准。

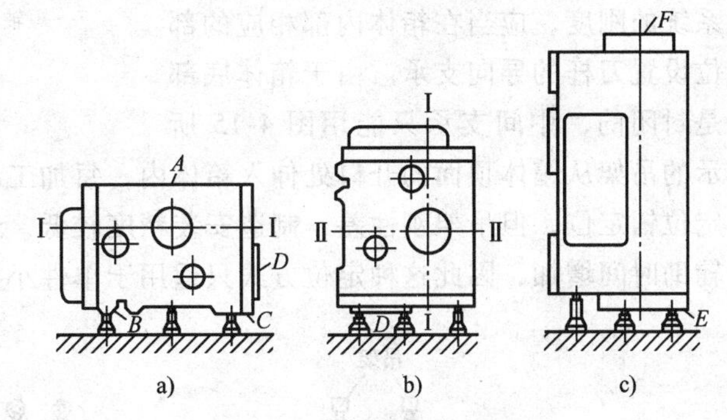

图 4-13　主轴箱的划线

a）水平　b）侧面　c）划高度

2）大批大量生产时，毛坯精度较高，可直接以主轴孔在夹具上定位。

如图 4-14 所示，先将工件放在 1、3、5 支承上，并使箱体侧面紧靠辅助支承 2，端面紧靠挡销 6，进行工件预定位。然后操纵手柄 9，将液压控制的两个短轴 7 伸入主轴孔中。每个短轴上有 3 个活动支柱 8，分别顶住主轴孔的毛面，将工件抬起，离开 1、3、5 各支承面。这时，主轴孔中心线与两短轴中心线重合，实现了以主轴孔为粗基准定位。为了限制工件绕两短轴的回转自由度，在工件抬起后，调节两个可调支承 12，辅以简单找正，使顶面基本成水平，再用螺杆 11 调整辅助支承 2，使其与箱体底面接触。最后利用操纵手柄 10，将液压控制的两个夹紧块 13 插入箱体两端相应的孔内夹紧，即可加工。

5. 精基准的选择

1）箱体加工时精基准的选择也与生产批量大小有关。图 4-3 所示车床主轴箱单件小批加工孔系时，选择箱体底面导轨 *B*、*C* 面作定位基准，*B*、*C* 面既是主轴箱的装配基准，又是主轴孔的设计基准，并与箱体的两端面、侧面及各主要纵向轴承孔在相互位置上有直接联系，故选择 B、C 面作定位基准，不仅消除了主轴孔加工时的基准不重合误差，而且用导轨面 B、C 定位稳定可靠，装夹误差较小。加工各孔时，由于箱体口朝上，所以更换导向套、安装调整刀具、测量孔径尺寸以及观察加工情况等都很方便。其缺点是加工箱体中间壁上的孔时，为了提高刀具系统的刚度，应当在箱体内部相应的部位设置刀杆的导向支承。由于箱体底部是封闭的，中间支承只能用图 4-15 所示的吊架从箱体顶面的开口处伸入箱体内，每加工一件需装卸一次，吊架与镗床之间虽有定位销定位，但吊架刚性差，制造安装精度较低，经常装卸也容易产生误差，且使加工的辅助时间增加，因此这种定位方式只适用于单件小批生产。

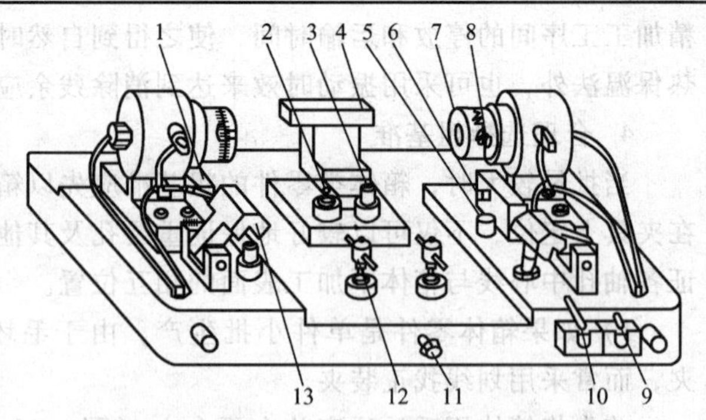

图 4-14 以主轴孔为粗基准铣顶面的夹具

1、3、5—支承 2—辅助支承 4—支架 6—挡销 7—短轴 8—活动支柱 9、10—操纵手柄 11—螺杆 12—可调支承 13—夹紧块

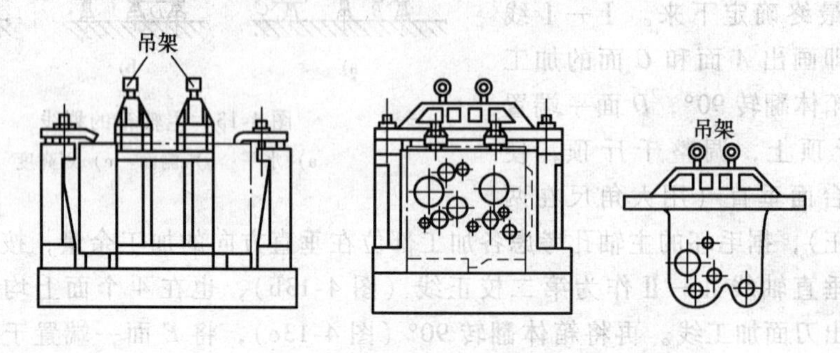

图 4-15 吊架式镗模夹具

2）大批大量生产时，采用一面两孔作定位基准，主轴箱常以顶面和两定位销孔为精基准，如图 4-16 所示，加工时箱体口朝下，中间导向支架可固定在夹具上。由于简化了夹具结构，提高了夹具的刚度，同时工件的装卸也比较方便，提高了孔系的加工质量和劳动生产率。缺点在于定位基准与设计基准不重合，产生了基准不重合误差。为了保证箱体的加工精度，必须提高作为定位基准的箱体顶面和两定位销孔的加工精度。另外，由于箱体口朝下，加工时不便于观察各表面的加工情况，因此，不能及时发现毛坯是否有砂眼、气孔等缺陷，而且加工中不便于测量和调刀。所以，用箱体顶面和两定位销孔作精基准加工时，必须采用定径刀具，如打孔钻和铰刀等。

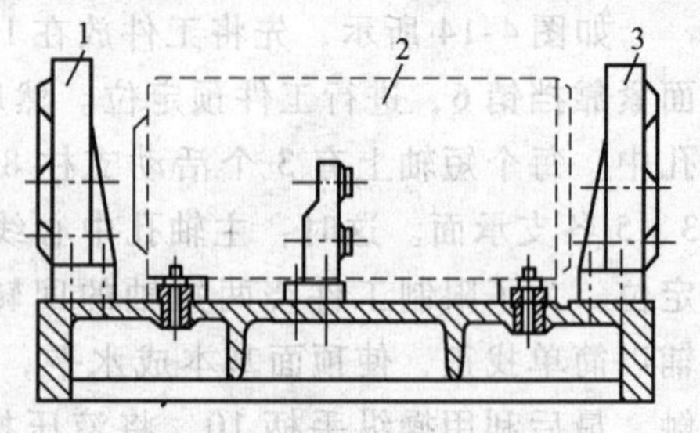

图 4-16 箱体以一面两孔定位

1、3—镗模 2—工件

4.1.3 计划

根据任务内容制订小组任务计划，简要说明任务实施过程的步骤及注意事项。将计划内容等填入表4-4中。主轴箱加工工艺编制计划单见表4-4。

表4-4 主轴箱加工工艺编制计划单

学习领域	机械加工工艺及夹具			
学习情境4	箱体类零件加工工艺编制		学时	16学时
任务4.1	主轴箱加工工艺的编制		学时	10学时
计划方式	由小组讨论制订完成本小组实施计划			
序号	实施步骤		使用资源	
制订计划说明				
计划评价	评语：			
班级		第　　组	组长签字	
教师签字			日期	

4.1.4 决策

小组互评选定合适的工作计划。小组负责人对任务进行分配，组员按负责人要求完成相关任务内容，并将自己所在小组及个人任务填入表4-5中。主轴箱加工工艺的编制决策单见表4-5。

表4-5 主轴箱加工工艺编制决策单

学习情境4	箱体类零件加工工艺编制		学时	16学时
任务4.1	主轴箱加工工艺编制		学时	10学时
分组	小组任务	小组成员		
1				
2				
3				
4				
任务决策				
设备、工具				

4.1.5 实施

1. 实施准备

任务实施准备主要有场地准备、教学仪器（工具）准备、资料准备，见表4-6。

表4-6 主轴箱加工工艺的编制实施准备

场地准备	教学仪器（工具）准备	资料准备
机械加工实训室（多媒体）	主轴箱	1. 于爱武. 机械加工工艺编制. 北京：北京大学出版社，2010. 2. 徐海枝. 机械加工工艺编制. 北京：北京理工大学出版社，2009. 3. 林承全. 机械制造. 北京：机械工业出版社，2010. 4. 华茂发. 机械制造技术. 北京：机械工业出版社，2004. 5. 武友德. 机械加工工艺. 北京：北京理工大学出版社，2011. 6. 孙希禄. 机械制造工艺. 北京：北京理工大学出版社，2012. 7. 王守志. 机械加工工艺编制. 北京：教育科学出版社，2012. 8. 卞洪元. 机械制造工艺与夹具. 北京：北京理工大学出版社，2010. 9. 孙英达. 机械制造工艺与装备. 北京：机械工业出版社，2012.

2. 实施任务

依据计划步骤实施任务，并完成作业单的填写。主轴箱加工工艺编制作业单见表4-7。

表4-7 主轴箱加工工艺编制作业单

学习领域	机械加工工艺及夹具		
学习情境4	箱体类零件加工工艺编制	学时	16学时
任务4.1	主轴箱加工工艺编制	学时	10学时
作业方式	小组分析，个人解答，现场批阅，集体评判		
1	根据主轴箱零件图，进行零件工艺分析，确定加工关键表面		
作业解答：			
2	选择主轴箱定位基准和工艺装备		
作业解答：			

3	拟订主轴箱的工艺路线，填写工艺文件

作业解答：

作业评价：

班级		组别		组长签字	
学号		姓名		教师签字	
教师评分		日期			

4.1.6 检查评估

学生完成本学习任务后，应展示的结果为：完成的计划单、决策单、作业单、检查单、评价单。

1. 主轴箱加工工艺编制检查单（见表4-8）

表 4-8 主轴箱加工工艺编制检查单

<table>
<tr><td colspan="2">学习领域</td><td colspan="4">机械加工工艺及夹具</td></tr>
<tr><td colspan="2">学习情境 4</td><td colspan="2">箱体类零件加工工艺编制</td><td>学时</td><td>16 学时</td></tr>
<tr><td colspan="2">任务 4.1</td><td colspan="2">主轴箱加工工艺编制</td><td>学时</td><td>10 学时</td></tr>
<tr><td>序号</td><td colspan="2">检查项目</td><td>检查标准</td><td>学生自查</td><td>教师检查</td></tr>
<tr><td>1</td><td colspan="2">任务书阅读与分析能力，正确理解及描述目标要求</td><td>准确理解任务要求</td><td></td><td></td></tr>
<tr><td>2</td><td colspan="2">与同组同学协商，确定人员分工</td><td>较强的团队协作能力</td><td></td><td></td></tr>
<tr><td>3</td><td colspan="2">查阅资料能力，市场调研能力</td><td>较强的资料检索能力和市场调研能力</td><td></td><td></td></tr>
<tr><td>4</td><td colspan="2">资料的阅读、分析和归纳能力</td><td>较强的资料检索能力和分析、归纳能力</td><td></td><td></td></tr>
<tr><td>5</td><td colspan="2">主轴箱定位基准的选择</td><td>基准的选择原则</td><td></td><td></td></tr>
<tr><td>6</td><td colspan="2">主轴箱工艺路线的拟订</td><td>主轴箱工艺过程卡</td><td></td><td></td></tr>
<tr><td>7</td><td colspan="2">安全生产与环保</td><td>符合“5S”要求</td><td></td><td></td></tr>
<tr><td>8</td><td colspan="2">缺陷的分析诊断能力</td><td>缺陷处理得当</td><td></td><td></td></tr>
<tr><td colspan="2">检查评价</td><td colspan="4">评语：</td></tr>
<tr><td>班级</td><td></td><td>组别</td><td></td><td>组长签字</td><td></td></tr>
<tr><td>教师签字</td><td colspan="2"></td><td>日期</td><td colspan="2"></td></tr>
</table>

2. 主轴箱加工工艺编制评价单（见表4-9）

表4-9　主轴箱加工工艺编制评价单

学习领域	机械加工工艺及夹具							
学习情境4	箱体类零件加工工艺编制			学时			16学时	
任务4.1	主轴箱加工工艺编制			学时			10学时	
评价类别	评价项目	子项目	个人评价	组内互评				教师评价
专业能力（60%）	资讯（8%）	搜集信息（4%）						
		引导问题回答（4%）						
	计划（5%）	计划可执行度（5%）						
	实施（12%）	工作步骤执行（3%）						
		功能实现（3%）						
		质量管理（2%）						
		安全保护（2%）						
		环境保护（2%）						
	检查（10%）	全面性、准确性（5%）						
		异常情况排除（5%）						
	过程（15%）	使用工具规范性（7%）						
		操作过程规范性（8%）						
	结果（5%）	结果质量（5%）						
	作业（5%）	作业质量（5%）						
社会能力（20%）	团结协作（10%）							
	敬业精神（10%）							
方法能力（20%）	计划能力（10%）							
	决策能力（10%）							
评价评语	评语：							
班级		组别		学号		总评		
教师签字			组长签字		日期			

4.1.7　实践中常见问题解析

1）箱体精基准的选择有两种方案：一种是以三平面为精基准（主要定位基面为装配基面），另一种是以一面两孔为精基准，这两种定位方式各有优缺点。实际生产中的选用与生产类型有很大的关系。中小批生产时，通常遵从“基准统一”的原则，尽可能使定位基准与设计基准重合，即一般选择设计基准作为统一的定位基准，大批大量生产时，优先考虑的是如何稳定加工质量和提高生产率，不过分地强调基准重合问题，一般多用典型的一面两孔作为统一的定位基准，由此而引起的基准不重合误差，可采用适当的工艺措施去解决。

2）实际生产中，一面两孔的定位方式在各种箱体加工中应用十分广泛。因为这种定位方式很简便地限制了工件6个自由度，定位稳定可靠。在一次安装下，可以加工除定位以外的所有5个面上的孔或平面，也可以作为从粗加工到精加工的大部分工序的定位基准，实现“基准统一”。这种定位方式夹紧方便，工件的夹紧变形小，易于实现自动定位和自动夹紧。因此，在组合机床与自动线上加工箱体时，多采用这种定位方式。

任务4.2　减速器箱体加工工艺编制

4.2.1　任务描述

减速器箱体加工工艺编制任务单见表4-10。

表4-10　减速器箱体加工工艺编制任务单

学习领域	机械加工工艺及夹具		
学习情境4	箱体类零件加工工艺编制	学时	16学时
任务4.2	减速器箱体加工工艺编制	学时	6学时
布置任务			
学习目标	1. 能够正确分析减速器箱体零件的结构特点及技术要求。 2. 能够合理选择减速器零件材料、毛坯及热处理方式。 3. 能够合理选择减速器箱体类零件加工方法及刀具。 4. 能够科学安排减速器的加工顺序。 5. 能够合理选用减速器箱体类零件装夹夹具。 6. 能够正确、清晰、规范地填写箱体加工工艺文件。		
任务描述	图4-17所示为某型号减速器，年产量为150台。备品率为4%，废品率约为1%，请根据零件图分析该箱体的结构和技术要求，确定生产类型，选择毛坯类型及合理的制造方法，选取定位基准和加工装备，拟订工艺路线，设计加工工序，并填写工艺文件。 图4-17　减速器箱体		

<table>
<tr><td>任务分析</td><td colspan="6">通过图1-9所示的装配图、零件图分析可知，减速器箱体的加工工作量较大，加工部位多，加工难度大，既有精度要求较高的孔系和平面，也有许多精度要求较低的紧固孔。箱壁上的支承孔、装配基准面及其他与基准面有位置要求的平面是箱体类零件的主要表面，它们的精度决定了整个机器或部件的精度，箱体零件图上对尺寸精度、表面粗糙度以及几何精度提出了较高的要求。通过计算、查表可知（减速器是轻型机械），生产类型属于小批量生产，其工艺特征是：①生产效率不高，但需要熟练的技术工人；②毛坯可用木模手工造型铸件；③加工设备采用通用机床；④工艺装备采用通用夹具、通用刀具、标准量具；⑤工艺文件需编制加工工艺过程卡片和关键工序卡片。
通过减速器的分析，完成以下任务：
1. 计算零件的生产纲领，确定生产类型。
2. 分析结构及技术要求。
3. 选择材料、毛坯及热处理方式。
4. 选择定位基准。
5. 确定减速器箱体的加工方法及加工方案。
6. 确定减速器箱体加工路线。
7. 选择加工设备及工艺装备。
8. 合理确定传动轴的加工余量和工序尺寸。
9. 填写工艺文件。</td></tr>
<tr><td>学时安排</td><td>资讯
2学时</td><td>计划
0.5学时</td><td>决策
0.5学时</td><td>实施
2.5学时</td><td>检查
0.2学时</td><td>评价
0.3学时</td></tr>
<tr><td>提供资料</td><td colspan="6">1. 于爱武. 机械加工工艺编制. 北京：北京大学出版社，2010.
2. 徐海枝. 机械加工工艺编制. 北京：北京理工大学出版社，2009.
3. 林承全. 机械制造. 北京：机械工业出版社，2010.
4. 华茂发. 机械制造技术. 北京：机械工业出版社，2004.
5. 武友德. 机械加工工艺. 北京：北京理工大学出版社，2011.
6. 孙希禄. 机械制造工艺. 北京：北京理工大学出版社，2012.
7. 王守志. 机械加工工艺编制. 北京：教育科学出版社，2012.
8. 卞洪元. 机械制造工艺与夹具. 北京：北京理工大学出版社，2010.
9. 蒋兆宏. 典型机械零件的加工工艺. 北京：机械工业出版社，2012.
10. 孙英达. 机械制造工艺与装备. 北京：机械工业出版社，2012.</td></tr>
<tr><td>对学生的要求</td><td colspan="6">1. 能对任务书进行分析，能正确理解和描述目标要求。
2. 具有独立思考、善于提问的学习习惯。
3. 具有查询资料和市场调研能力，具备严谨求实和开拓创新的学习态度。
4. 能执行企业“5S”质量管理体系要求，具有良好的职业意识和社会能力。
5. 具备一定的观察理解和判断分析能力。
6. 具有团队协作、爱岗敬业的精神。
7. 具有一定的创新思维和勇于创新的精神。
8. 按时、按要求上交作业，并列入考核成绩。</td></tr>
</table>

4.2.2 资讯

1. 减速器箱体加工工艺编制资讯单（见表4-11）。

表4-11 减速器箱体加工工艺编制资讯单

学习领域	机械加工工艺及夹具		
学习情境4	箱体类零件加工工艺编制	学时	20学时
任务4.2	减速器箱体加工工艺编制	学时	6学时
资讯方式	学生根据教师给出的资讯引导进行查询解答		
资讯问题	1. 减速器有何功用? 2. 减速器常选用何种材料的毛坯，采用什么制造方法? 3. 为什么铸造箱体时会有残余应力？如何消除? 4. 箱体零件如何选择粗基准，应满足什么要求？精基准如何选择? 5. 减速器箱体平面加工有哪些方法？孔加工方法有哪些？加工顺序如何? 6. 箱体检验项目有哪些?		
资讯引导	1. 问题1可参考信息单第一部分内容。 2. 问题2可参考信息单第二部分内容。 3. 问题3可参考信息单第三部分内容。 4. 问题4可参考信息单第四部分内容。 5. 问题5可参考信息单第五部分内容。 6. 问题6可参考信息单第六部分内容		

2. 减速器箱体加工工艺编制信息单（见表4-12）

表4-12 减速器箱体加工工艺编制信息单

学习领域	机械加工工艺及夹具		
学习情境4	箱体类零件加工工艺编制	学时	20学时
任务4.2	减速器箱体加工工艺编制	学时	6学时
序号	信息内容		
一	根据减速器的结构、生产纲领确定生产类型		
减速器是原动机与工作机之间独立的闭式传动装置，具有降低转速、增大转矩、减少负载惯量的作用，它是一种典型的机械基础部件，广泛用于各个行业，如冶金、运输、化工、建筑、食品，甚至是艺术舞台。在某些场合，也可用作增速的装置，此时称为增速器。 1. 减速器的结构与技术要求 减速器箱体是典型的箱体类零件，其结构属于分离式，形状复杂，壁薄且壁厚不均匀，内部呈腔形，外部为了增加其强度有很多加强肋；有精度较高的多个平面、轴承孔和精度适中的螺纹孔等需要加工。加工部位较多，加工难度大，还有许多精度要求较低的紧固孔，其加工工作量较大。减速器箱体零件图如图4-18所示。			

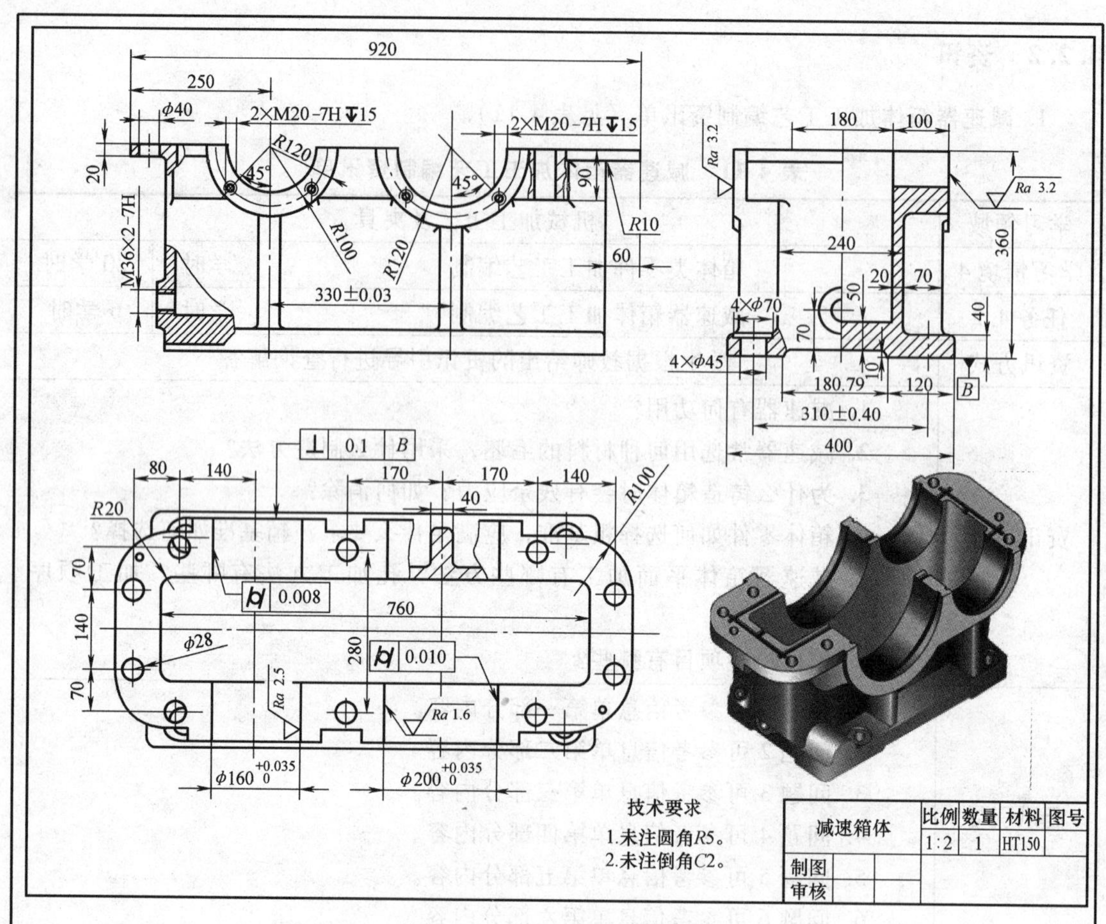

图 4-18 减速器箱体零件图

减速器的对台面有平面度要求，轴承孔表面粗糙度 *Ra* 为 1.6μm 和 2.5μm，轴承孔端面表面粗糙度 *Ra* 为 3.2μm；轴承孔直径、两轴承孔间距、底座安装孔间距有尺寸公差要求，轴承孔的圆柱度公差为 0.008mm，端面对轴承孔轴线的垂直度公差为 0.1mm，底座安装孔轴线对轴承孔轴线及底面的位置度公差为 1mm。

2. 技术要求

技术要求包括孔径精度、孔与孔的位置精度、孔与平面的位置精度、主要平面的精度和表面粗糙度等。

（1）主要支承孔的精度　主要支承孔的尺寸公差等级一般为 IT6 ~ IT8 级，表面粗糙度 *Ra* 为 1.6 ~ 0.4μm，圆度和圆柱度等形状公差不超过孔径公差的一半，或控制在 0.001 ~ 0.005mm 以内，目的是保证支承孔与轴承外圈的配合质量，使轴能正常地旋转；同轴孔均规定同轴度公差，一般不超过孔径公差的 1/3 ~ 1/2，以保证轴的装配和灵活旋转；有齿轮啮合关系的平行孔之间，既要规定孔距公差（0.025 ~ 0.06mm），又要规定孔轴线之间的平行度公差（0.012 ~ 0.05mm），以保证齿轮副的啮合质量；有锥齿轮啮合或蜗杆蜗轮啮合的垂直孔，还要规定孔轴线之间的垂直度公差，以保证运动副的啮合质量。

（2）主要平面的精度　箱体上的主要平面指装配基准面和加工中的定位基面。它们的精度将直接影响箱体的加工精度、装配后部件之间的位置精度及接触刚度。箱体上主要平面的平面度公差一般为0.03～0.1mm，表面粗糙度 Ra 为3.2～0.8μm，平面间或平面与基准孔中心线间的平行度或垂直度公差一般为0.06/300～0.15/300。

3. 生产类型的确定

经计算，查表可知减速器是轻型机械，生产类型属于小批量生产。

4. 减速器的类型

减速器的种类很多，型号各异，不同种类有不同的用途。按照传动类型可分为齿轮减速器、蜗杆减速器和行星齿轮减速器；按照传动级数可分为单级减速器和多级减速器；按照齿轮形状可分为圆柱齿轮减速器、锥齿轮减速器和圆柱-锥齿轮减速器；按照传动的分布形式又可分为展开式、分流式和同轴式减速器。常用的减速器有：圆柱齿轮减速器、ZL型轴装式减速器、起重机减速器、起重机底座式减速器、辊道电动机减速器、运输机用减速器、锥面包络圆柱蜗杆减速器、圆弧圆柱蜗杆减速器、直廓环面减速器及NGW型行星齿轮减速器。

二 箱体零件的结构工艺性

箱体零件的结构工艺性对保证加工质量，提高生产效率，降低生产成本有着重要意义。

1. 基本孔的结构工艺性

箱体上起主要作用的孔称为基本孔。按孔的形状，基本孔可分为通孔、阶梯孔、不通孔、交叉孔等几种类型。通孔工艺性最好，通孔中又以孔长 L 与孔径 D 比值为1～1.5的短圆柱孔工艺性最好；$L/D>5$ 的孔称为深孔，深孔的精度和表面质量要求较高、表面粗糙度较小时，其工艺性较差，加工困难。

阶梯孔的工艺性与孔径比有关。孔径相差越小，工艺性越好；孔径相差越大，且其中最小的孔径又很小，工艺性越差。相贯通的交叉孔的工艺性较差。精镗或精铰不通孔时，需要手动进给，或采用特殊工具进给，因此不通孔的工艺性最差。

2. 同轴孔的结构工艺性

同一轴线上孔径大小向一个方向递减，进行镗孔时，镗杆从一端伸入，逐个加工或同时加工同轴线的几个孔，以保证较高的同轴度和生产率。单件小批量生产时一般采用这种分布形式。

同一轴线上孔径大小从两边向中间递减，可使镗杆从两端伸入，不仅缩短了镗杆长度，提高了镗杆刚性，而且为两面同时加工创造了条件。大批大量生产的箱体常采用这种分布形式。

同轴线上的孔径分布应尽量避免中间隔壁上的孔径大于外壁的孔径。

3. 装配基准面

为便于加工、装配与检验，箱体的装配基面尺寸应尽量大，形状应尽量简单。

4. 凸台

箱体外壁上的凸台应尽可能在一个平面上，以便在一次进给中加工出来，无须调整刀具的位置，方便加工。

5. 紧固孔和螺纹孔

箱体上的紧固孔和螺纹孔尺寸规格应尽量一致，以减少刀具数量和换刀次数。

三	减速器箱体零件毛坯和材料的选择、砂型铸造及热处理

1. 减速器箱体零件毛坯和材料的选择

减速器箱体的毛坯材料选择 HT150。此材料价格便宜，且含有石墨成分，其耐磨性好、消振性能好；由于该种铸铁中硅含量高且成分接近共晶成分，其流动性、填充性能好，即铸造性能好；石墨的存在使切屑容易脆断，不粘刀，切削性能好。缺点是力学性能低，易导致应力集中，因而其强度、塑性及韧性低于碳钢。

2. 造型方法

该减速器为一般用途的小批量生产、箱体外表面的精度要求不高，砂型铸造能满足要求，且木模手工造型成本较低，所以采用手工木模造型，同时为降低硬度采用人工时效的热处理方式。

（1）优先采用砂型铸造　在铸件中，60%～70%的铸件是用砂型生产的，其中70%左右是用黏土砂型生产的。

对于中、大型铸件，铸铁件可以用树脂自硬砂型，铸钢件可以用水玻璃砂型来生产，以获得尺寸精确、表面光洁的铸件，但成本较高。

砂型铸造生产的铸件在精度、表面质量、材质的密度和金相组织、力学性能等方面较差，所以当铸件的这些性能要求更高时，应该采用其他铸造方法，例如熔模（失蜡）铸造、压铸和低压铸造等。

（2）铸造方法应和生产批量相适应　对于砂型铸造，大量生产的工厂应创造条件采用技术先进的造型、造芯方法。老式的震击式或震压式造型机生产线生产率不高，工人劳动强度大，噪声大，不适应大量生产的要求，应逐步加以改造。

对于小型铸件，可以采用水平分型或垂直分型的无箱高压造型机生产线、实型造型机生产线，生产效率又高，占地面积也少。

中型件可选用各种有箱高压造型机生产线、气冲造型线，以适应快速、高精度造型生产线的要求。造芯方法可选用冷芯盒、热芯盒、壳芯等高效的制芯方法。

中等批量的大型铸件可以考虑应用树脂自硬砂造型和造芯。

对于单件小批生产的重型铸件，手工造型仍是重要的方法，手工造型能适应各种复杂的要求，比较灵活，不要求很多工艺装备。可以应用水玻璃砂型、VRH 法水玻璃砂型、有机酯水玻璃自硬砂型、黏土干型、树脂自硬砂型及水泥砂型等；对于单件生产的重型铸件，采用地坑造型法成本低，投产快。批量生产或长期生产的定型产品采用多箱造型、劈箱造型法比较适宜，虽然模具、砂箱等开始投资高，但可从节约造型工时、提高产品质量方面得到补偿。

低压铸造、压铸、离心铸造等铸造方法，因设备和模具的价格昂贵，所以只适合批量生产。

3. 造型方法应适应工厂条件

同样是生产大型机床床身等铸件，一般采用组芯造型法，不制作模样和砂箱，在地坑中组芯；而另外的工厂则采用砂箱造型法，制作模样。不同的企业生产条件（包括设备、场地、员工素质等）、生产习惯、所积累的经验各不一样，应该根据这些条件考虑适合做什么产品和不适合（或不能）做什么产品。

4. 要兼顾铸件的精度要求和成本

各种铸造方法所获得的铸件精度不同，初投资和生产率也不一样，最终的经济效益也有差异。因此，要做到多、快、好、省，应当兼顾各个方面，对所选用的铸造方法进行初步的成本估算，以确定经济效益高又能保证铸件要求的铸造方法。

四	确定减速器箱体零件的定位基准

减速器属于分离式箱体，虽然遵循一般箱体的加工原则，但是由于结构上的可分离性，因而在工艺路线的拟订和定位基准的选择方面均有一些特点。

箱体整个加工过程分为两个大的阶段：第一阶段主要完成对合面及其他平面、紧固孔和定位孔的加工，为箱体与箱盖的合装做准备；第二阶段在合装好的整个箱体上加工孔及其端面。在两个阶段之间安排钳工工序，将箱盖和箱体合装成整体，并用两销定位，使其保持一定的位置关系，以保证轴承孔的加工精度和拆装后的重复精度。

（1）粗基准的选择　减速器箱体最先加工的是箱盖和箱体的对合面，所以箱体一般不能以轴承孔毛坯面作为粗基准，而是以凸缘不加工面作为粗基准，可以保证对合面凸缘厚薄均匀，减少箱体合装时对合面的变形。

（2）精基准的选择　加工箱体的对合面时，应以底面为精基准，使对合面加工时的定位基准与设计基准重合；箱体合装后加工轴承孔时，仍以底面为主要定位基准，并与底面上的两定位孔组成典型的“一面两孔”定位方式，使轴承孔加工的定位基准既符合基准统一原则，也符合基准重合原则，有利于保证轴承孔中心线与对合面的重合度、与装配基面的尺寸精度和平行度。

对于箱体类零件粗基准选择应满足以下要求：

1）在保证各加工面均有余量的前提下，应使重要孔的加工余量均匀，孔壁的厚薄尽量均匀，其余部位均有适当的壁厚。

2）装入箱体内的回转零件（如齿轮、轴套等）应与箱壁有足够的间隙。

3）注重保持箱体必要的外形尺寸。此外，还应保证定位稳定，夹紧可靠。

为了满足上述要求，通常选用箱体重要孔的毛坯孔作为粗基准。生产类型不同，以主轴孔为粗基准的工件安装方式不同。大批大量生产时，由于毛坯精度高，可以直接用箱体上的重要孔在专用夹具上定位，工件安装迅速，生产率高。

在单件、小批及中批生产时，一般毛坯精度较低，按上述办法选择粗基准，往往会造成箱体外形偏斜，甚至局部加工余量不够，因此通常采用划线找正法进行第一道工序的加工，即以主轴孔及其中心线为粗基准对毛坯进行划线和检查，必要时予以纠正，纠正后孔的余量应足够，但不一定均匀。

对于精基准的选择应注意：为了保证箱体零件孔与孔、孔与平面、平面与平面之间的相互位置和距离尺寸精度，箱体类零件精基准常采用基准统一原则和基准重合原则。

一面两孔（基准统一原则）：在多数工序中，箱体利用底面（或顶面）及其上的两孔作为定位基准，加工其他的平面和孔系，以避免由于基准转换而带来的累积误差。

三面定位（基准重合原则）：箱体上的装配基准一般为平面，而它们又往往是箱体上其他要素的设计基准，因此以这些装配基准平面作为定位基准，避免了基准不重合误差，有利于提高箱体各主要表面的相互位置精度。

由分析可知，这两种定位方式各有优缺点，应根据实际生产条件合理确定。在中、小批量生产时，尽可能使定位基准与设计基准重合，以设计基准作为统一的定位基准。大批大量生产时，优先考虑的是如何稳定加工质量和提高生产率，由此而产生的基准不重合误差通过工艺措施解决，如提高工件定位面精度和夹具精度等。

另外，箱体中间孔壁上有精度要求较高的孔需要加工时，需要在箱体内部相应的地方设置镗杆导向支承架，以提高镗杆的刚度。因此可根据工艺上的需要，在箱体底面开一个矩形窗口，让中间导向支承架伸入箱体。产品装配时窗口上加密封垫片和盖板用螺钉紧固。这种结构形式已被广泛认可和采纳。

五	确定减速器加工方法与加工方案，合理选择加工设备及工艺装备

箱体零件平面的加工方法有刨、铣、拉、磨等。采用何种加工方法，要根据零件的结构形状、尺寸大小、材料、技术要求、零件刚性、生产类型及企业现有设备等条件决定。

1. 平面常用的加工方案

常见的平面加工方案见表4-12-1。

表4-12-1 常见的平面加工方案

序号	加工方案	公差等级	表面粗糙度 $Ra/\mu m$	适用范围
1	粗车	IT13～IT11	50～12.5	端面
2	粗车—半精车	IT10～IT8	6.3～3.2	
3	粗车—半精车—精车	IT8～IT7	1.6～0.8	
4	粗车—半精车—磨削	IT8～IT6	0.8～0.2	
5	粗刨(粗铣)	IT13～IT11	25～6.3	一般不淬硬平面(端铣表面粗糙度 Ra 值较小)
6	粗刨(粗铣)—精刨(精铣)	IT10～IT8	6.3～1.6	
7	粗刨(粗铣)—精刨(精铣)—刮研	IT7～IT6	0.8～0.1	精度要求较高的不淬硬平面，批量较大时宜采用宽刃精刨方案
8	粗刨(粗铣)—精刨(精铣)—宽刃精刨	IT7	0.2～0.8	
9	粗刨(粗铣)—精刨(精铣)—磨削	IT7	0.2～0.8	精度要求高的淬硬平面或不淬硬平面
10	粗刨(粗铣)—精刨(精铣)—粗磨—精磨	IT7～IT6	0.025～0.4	
11	粗铣—拉	IT9～IT7	0.2～0.8	大量生产，较小的平面(精度视拉刀精度而定)
12	粗铣—精铣—磨削—研磨	IT5以上	0.006～0.1 (或 Rz 0.005μm)	高精度平面

2. 孔常用的加工方法

一般需根据被加工工件的外形、孔的直径、公差等级、孔深（通孔或圆孔）等情况，综合选择合适的加工方法。内圆表面（孔）常见的加工方法有钻削、镗削、拉削、磨削等。

孔加工常用方案见表4-12-2。

表4-12-2 孔加工常用方案

序号	加工方案	公差等级	表面粗糙度 $Ra/\mu m$	适用范围
1	钻	IT12～IT11	12.5	加工未淬火钢及铸铁实心毛坯，也可加工有色金属(但表面稍粗糙，孔径小于 ϕ15～ϕ20mm)
2	钻—铰	IT9	3.2～1.6	
3	钻—铰—精铰	IT8～IT7	1.6～0.8	
4	钻—扩	IT11～IT10	12.5～6.3	同上，但孔径大于 ϕ15～20mm
5	钻—扩—铰	IT9～IT8	3.2～1.6	
6	钻—扩—粗铰—精铰	IT7	1.6～0.8	
7	钻—扩—机铰—手铰	IT7～IT6	0.4～0.1	

（续）

序号	加工方案	公差等级	表面粗糙度 $Ra/\mu m$	适用范围
8	钻—扩—拉	IT9～IT7	1.6～0.1	大批大量生产（精度由拉刀精度决定）
9	粗镗（或扩孔）	IT12～IT11	12.5～6.3	除淬火钢外各种材料，毛坯有铸出孔或锻出孔
10	粗镗（粗扩）—半精镗（精扩）	IT9～IT8	3.2～1.6	
11	粗镗（扩）—半精镗（精扩）—精镗（铰）	IT8～IT7	1.6～0.8	
12	粗镗（扩）—半精镗（精扩）—精镗—浮动镗刀精镗	IT7～IT6	0.8～0.4	
13	粗镗（扩）—半精镗—磨孔	IT8～IT7	0.8～0.2	主要用于淬火钢，也可用于未淬火钢，但不宜用于有色金属
14	粗镗（扩）—半精镗—粗磨—精磨	IT7～IT6	0.2～0.1	
15	粗镗—半精镗—精镗—金刚镗	IT7～IT6	0.4～0.05	主要用于精度要求高的有色金属加工
16	钻—（扩）—粗铰—精铰—珩磨 钻—（扩）—拉—珩磨 粗镗—半精镗—精镗—珩磨	IT7～IT6	0.2～0.025	精度要求很高的孔
17	以研磨代替上述方案中珩磨	IT6级以上		

3. 加工顺序的安排与刀具的选择

箱体机械加工顺序的安排一般遵循以下原则：

1）先面后孔的原则。箱体加工顺序的一般规律是先加工平面，后加工孔。先加工平面可以为孔加工提供可靠的定位基准，再以平面为精基准定位加工孔。平面的面积大，以平面定位加工孔的夹具结构简单、可靠，反之则夹具结构复杂、定位也不可靠。由于箱体上的孔分布在平面上，先加工平面可以去除铸件毛坯表面的凹凸不平、夹砂等缺陷，同时对孔加工有利，譬如可减小钻头的歪斜、防止刀具崩刃，也方便对刀。

2）先主后次的原则。箱体上用于紧固的螺孔、小孔等可视为次要孔，这些次要孔往往需要依据主要表面（轴孔）定位，所以它们的加工应在轴孔加工后进行。对于次要孔与主要孔相交的孔系，必须先完成主要孔的精加工，再加工次要孔，否则会使主要孔的精加工产生断续切削、振动，影响主要孔的加工质量。

4. 加工余量和工序尺寸的确定

箱体毛坯的加工余量与生产批量、毛坯尺寸、结构、精度和铸造方法等因素有关。单件小批量时，一般采用木模手工造型，其毛坯精度低，加工余量大，平面加工余量一般取7～12mm，孔在半径上的余量取8～14mm。批量生产时，箱体毛坯一般采用金属模机器造型，毛坯精度较高，加工余量小，其平面余量取5～10mm，孔在半径上的余量取7～12mm。

平面的加工余量见表4-12-3。基孔制的部分孔加工余量见表4-12-4。

表 4-12-3 平面加工余量 (单位：mm)

加工性质	加工面长度	加工面宽度					
		≤100		>100～300		>300～1000	
		余量 a	公差	余量 a	公差	余量 a	公差
粗加工后精刨或精铣	≤300	1	0.3	1.5	0.5	2	0.7
	>300～1000	1.5	0.5	2	0.7	2.5	1.0
	>1000～2000	2	0.7	2.5	1.2	3	1.2
精加工后磨削，零件在装置时未经校准	≤300	0.3	0.1	0.4	0.12	—	—
	>300～1000	0.4	0.12	0.5	0.15	0.6	0.15
	>1000～2000	0.5	0.15	0.6	0.15	0.7	0.15
精加工后磨削，零件装置在夹具中，或用百分表校准	≤300	0.2	0.1	0.25	0.12	—	—
	>300～1000	0.25	0.12	0.3	0.15	0.4	0.15
	>1000～2000	0.3	0.15	0.4	0.15	0.4	0.15
刮削	≤300	0.15	0.06	0.15	0.06	0.2	0.1
	>300～1000	0.2	0.1	0.2	0.1	0.25	0.12
	>1000～2000	0.25	0.12	0.25	0.12	0.3	0.15

表 4-12-4 基孔制 IT7～IT9 级孔的加工余量 (单位：mm)

加工孔直径	直径						加工孔直径	直径					
	钻		用车刀镗后	扩孔钻	粗铰	精铰		钻		用车刀镗后	扩孔钻	粗铰	精铰
	第一次	第二次						第一次	第二次				
3	2.9	—	—	—	—	3	30	15.0	28.0	29.8	29.8	29.93	30
4	3.9	—	—	—	—	4	32	15.0	30.0	31.7	31.75	31.93	32
5	4.8	—	—	—	—	5	35	20.0	33.0	34.7	34.75	34.93	35
6	5.8	—	—	—	—	6	38	20.0	36.0	37.7	37.75	37.93	38
8	7.8	—	—	—	7.96	8	40	25.0	38.0	39.7	39.75	39.93	40
10	9.8	—	—	—	9.96	10	42	25.0	40.0	41.7	41.75	41.93	42
12	11.0	—	—	11.85	11.95	12	45	25.0	43.0	44.7	44.75	44.93	45
13	12.0	—	—	12.85	12.95	13	48	25.0	46.0	47.7	47.75	47.93	48
14	13.0	—	—	13.85	13.95	14	50	25.0	48.0	49.7	49.75	49.93	50
15	14.0	—	—	14.85	14.95	15	60	30.0	55.0	59.5	—	59.9	60
16	15.0	—	—	15.85	15.95	16	70	30.0	65.0	69.5	—	69.9	70
18	17.0	—	—	17.85	17.94	18	80	30.0	75.0	79.5	—	79.9	80
20	18.0	—	19.8	19.8	19.94	20	90	30.0	80.0	89.3	—	89.8	90
22	20.0	—	21.8	21.8	21.94	22	100	30.0	80.0	99.3	—	99.8	100
24	22.0	—	23.8	23.8	23.94	24	120	30.0	80.0	119.3	—	119.8	120
25	23.0	—	24.8	24.8	24.94	25	140	30.0	80.0	139.3	—	139.8	140
26	24.0	—	25.8	25.8	25.94	26	160	30.0	80.0	159.3	—	159.3	160
28	26.4	—	27.8	27.8	27.94	28	180	30.0	80.0	179.3	—	179.8	180

综合考虑箱体加工质量要求和现有生产条件，制订减速器的加工方案如下：

1）箱体底面可以采用粗刨—半精刨的加工方案。

2）箱体对合面形状精度、尺寸精度及表面粗糙度要求较高，可以采用粗刨—磨削的加工方案。

3）轴承支承孔精度要求较高，可采用粗镗—精镗的加工方案。

4）轴承支承孔端面采用铣削加工。

5）底面连接孔、侧面测油孔、放油孔和螺纹底孔可采用钻—锪的加工方案，螺纹底孔后攻螺纹。

根据加工阶段划分及加工顺序的安排原则，对箱体加工进行如下安排：

1）箱体对合面为加工底面及底面各孔的定位基准，应先进行粗加工。

2）以加工好的底面作为精基准，对箱体对合面进行精加工。

3）为保证轴承孔的精度要求，需将完成对合面精加工的箱体与箱盖进行组合，然后铣削轴承孔端面，粗精镗轴承孔。箱体加工路线如图 4-19 所示。

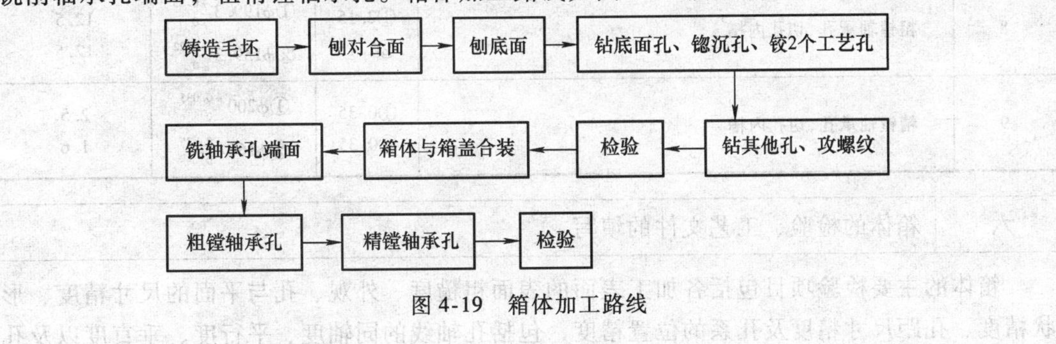

图 4-19　箱体加工路线

根据箱体的材料及生产类型，选择刀具如下：

1）粗刨时，选择硬质合金材料的弯杆刨刀，其前角选 10°，后角选 7°，主偏角选 45°，刃倾角选 -10°。

2）铣轴承孔端面时，选择硬质合金材料的面铣刀。

3）攻螺纹时，选用 ϕ17.5mm 钻刀和 M20 丝锥。

4）磨削对合面时，选用黑色碳化硅砂轮，粒度为 60，中硬度，350mm × 40mm × 127mm 平形砂轮。

5）粗精镗轴承孔时，选用单刃镗刀。

加工装备的选择及工件的装夹：

根据企业现有设备及箱体技术要求、生产类型等情况，选择 B6050 牛头刨床对箱体对合面和底面进行粗加工，采用 MW1320 磨床对对合面进行精加工，选用 XA6132 铣床铣轴承孔端面，选择 TPX6113 卧式镗床对轴承孔进行粗精加工，钻孔、攻螺纹时选用钻床 Z4012。

加工时，选用机床通用夹具卧式平口钳、挡块等，属于不完全定位方式。

加工余量和工序尺寸的确定：

根据已有原始资料及加工工艺要求，查阅《机械设计手册》，确定各加工表面的加工余量、工序尺寸及公差，具体见表 4-12-5。

表 4-12-5　箱体加工余量及工序尺寸

序号	工序内容	工序间余量	工序尺寸/mm	表面粗糙度 $Ra/\mu m$
1	粗刨对合面	3.5	363.1_{-1}^{0}	12.5
2	刨底面	2.5	$360.6_{-0.15}^{0}$	6.3
3	钻底面连接孔、锪沉孔	25 43 45	$\phi25$ $\phi43$ $\phi45$	12.5
4	钻侧面油标孔、油塞孔、螺纹底孔、锪沉孔、攻螺纹			12.5
5	磨对合面	0.6	$360_{-0.025}^{0}$	1.6
6	箱盖、箱体合装夹紧，配钻、铰定位孔，打入定位销，钻底面对合面连接孔、锪沉孔			12.5
7	铣轴承孔两端面	2.5		3.2
8	粗镗轴承孔，切孔内槽	①2.15 ②2.15	①$\phi199.3_{0}^{+0.25}$ ②$\phi159.3_{0}^{+0.22}$	12.5 12.5
9	精镗轴承孔，切孔内槽	①0.35 ②0.35	①$\phi200_{0}^{+0.035}$ ②$\phi160_{0}^{+0.035}$	2.5 1.6

六　箱体的检验、工艺文件的填写

箱体的主要检验项目包括各加工表面的表面粗糙度、外观、孔与平面的尺寸精度、形状精度、孔距尺寸精度及孔系的位置精度，包括孔轴线的同轴度、平行度、垂直度以及孔轴线与平面的平行度、垂直度等。

1. 表面粗糙度检验

表面粗糙度值要求较小时，可用专用测量仪检测；较大时一般采用与标准样块比较或目测评定。外观检查只需根据工艺规程检查完成情况及加工表面是否有缺陷即可。

2. 孔与平面的尺寸精度及形状精度检验

孔的尺寸精度一般采用塞规检验。当需要确定误差的数值或单件小批量生产时，用内径千分尺或内径千分表等进行检验；若精度要求很高，也可以用气动量仪检查。平面的直线度可以采用平尺和塞尺进行检验，也可以用水平仪与板桥检验；平面的平面度可用水平仪与板桥检验，也可以采用标准平板涂色检验。

3. 孔距精度及相互位置精度检验

（1）孔距测量　孔距精度要求不高时，可以直接用卡尺测量；孔距精度要求较高时，可用检验心轴与千分尺或检验心轴与量块测量，如图 4-20 所示。

（2）孔与孔轴线平行度检验　将被测箱体放在平台上，用三个千斤顶支起。将测箱体的基准轴线与被测轴线均用心轴模拟，用百分表（或千分表）在垂直于心轴的轴线方向上进行测量。首先调整基准轴线与平台平行，然后测量心轴两端的高度，则所测得的差值即为测量长度内孔轴线之间的平行度误差，如图 4-21 所示。

平行面内的轴心线平行度的测量方法与垂直面内一样，将箱体转 90°即可。

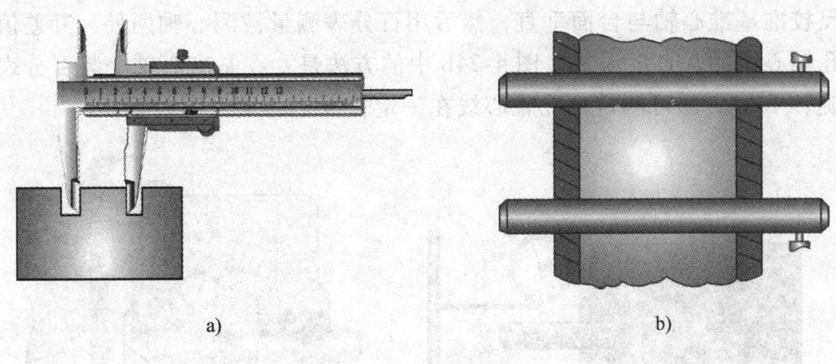

图 4-20　孔距测量

a）卡尺直接测量　b）千分尺与心轴配合测量

（3）孔轴线与基面平行度的测量　将被测零件直接放在平台上，被测轴线由心轴模拟，用百分表（或千分表）测量心轴两端，其差值即为测量长度内轴线对基面的平行度误差，如图 4-22 所示。

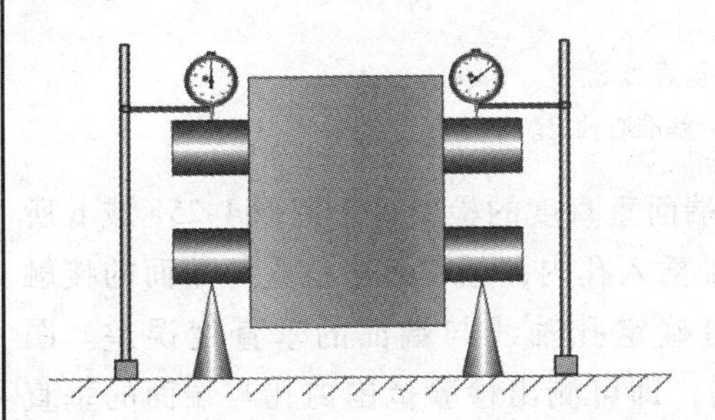

图 4-21　孔与孔轴心线平行度检验

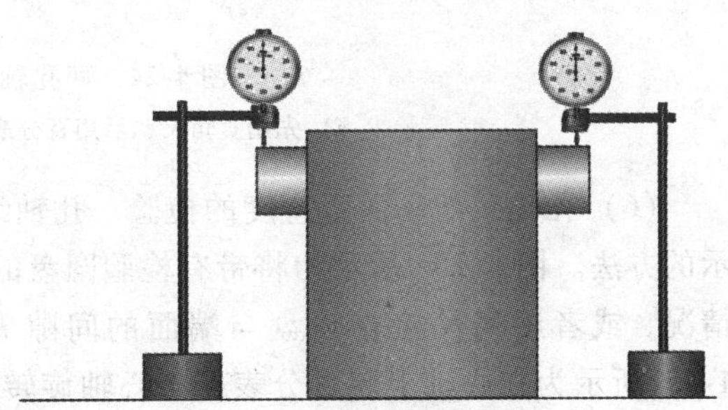

图 4-22　孔轴心线与基面平行度的测量

（4）孔系同轴度的检验　用检验棒检验同轴度是一般工厂最常用的方法。当孔系同轴度精度要求不高时，可用通用的检验棒进行检验。如果检验棒能自由地推入同轴线上的孔内，即表明孔的同轴度符合要求；当孔系同轴度精度要求较高时，可采用专用检验棒。若要确定孔之间同轴度的偏差数值，可利用检验棒和百分表检验，如图 4-23 所示。

（5）两孔轴线垂直度检验　基准轴线和被测轴线均由心轴模拟，图 4-24a 中的方法是：

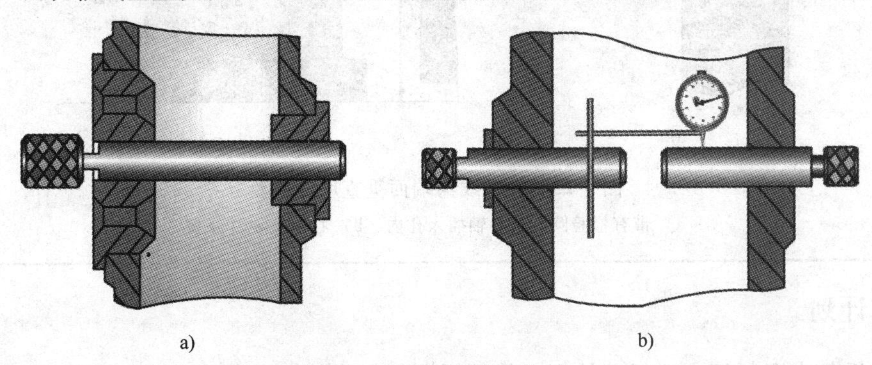

图 4-23　孔系同轴度检测

a）检验棒检验　b）检验棒和百分表配合检验

先用直角尺校准基准心轴与台面垂直，然后用百分表测量被测心轴两处，其差值即为测量长度内两孔轴心线的垂直度误差；图 4-24b 中的方法是：在基准心轴上装百分表，然后将基准心轴旋转 180°，即可测定两孔轴心线在一定长度上的垂直度误差。

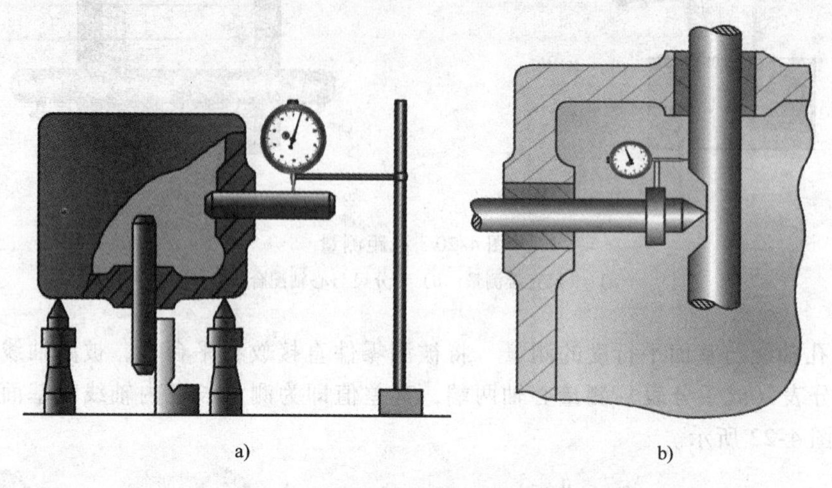

图 4-24　两孔轴心线垂直度检验

a）先用直角尺，后用百分表　b）基准心轴上装百分表

（6）孔轴线与端面垂直度的检验　孔轴线与端面垂直度的检验可采用图 4-25a 或 b 所示的方法。图 4-25a 所示为将带有检验圆盘的心轴插入孔内，用着色法检验与端面的接触情况，或者用塞尺检查圆盘与端面的间隙 h，可确定孔轴线与端面的垂直度误差。图 4-25b所示为在心轴上装百分表，将心轴旋转一周，即可测出检验范围内孔与端面的垂直度误差。

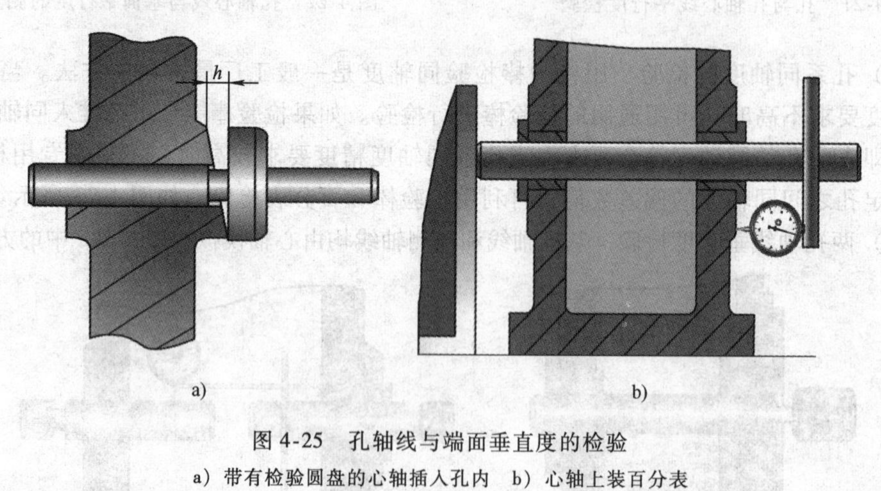

图 4-25　孔轴线与端面垂直度的检验

a）带有检验圆盘的心轴插入孔内　b）心轴上装百分表

4.2.3　计划

根据任务内容制订小组任务计划，简要说明任务实施过程的步骤及注意事项。将计划内容等填入表 4-13 中。减速器箱体加工工艺编制计划单见表 4-13。

表 4-13　减速器箱体加工工艺编制计划单

学习领域	机械加工工艺及夹具		
学习情境 4	箱体类零件加工工艺编制	学时	20 学时
任务 4.2	减速器箱体加工工艺编制	学时	6 学时
计划方式	小组讨论		
序号	实施步骤	使用资源	
制订计划说明			
计划评价	评语：		
班级	第　　组	组长签字	
教师签字		日期	

4.2.4 决策

小组互评选定合适的工作计划。小组负责人对任务进行分配，组员按负责人要求完成相关任务内容，并将自己所在小组及个人任务填入表 4-14 中。减速器箱体加工工艺编制决策单见表 4-14。

表 4-14　减速器箱体加工工艺编制决策单

学习领域	机械加工工艺及夹具				
学习情境 4	箱体类零件加工工艺编制		学时	20 学时	
任务 4.2	减速器箱体加工工艺编制		学时	6 学时	
分组	小组任务		小组成员		
1					
2					
3					
4					
任务决策					
设备、工具					

4.2.5　实施

1. 实施准备

任务实施准备主要有场地准备、教学仪器（工具）准备、资料准备，见表 4-15。

表 4-15　减速器箱体加工工艺编制实施准备

场地准备	教学仪器（工具）准备	资料准备
机械加工实训室（多媒体）	减速器箱体	1. 于爱武．机械加工工艺编制．北京：北京大学出版社，2010. 2. 徐海枝．机械加工工艺编制．北京：北京理工大学出版社，2009. 3. 林承全．机械制造．北京：机械工业出版社，2010. 4. 华茂发．机械制造技术．北京：机械工业出版社，2004. 5. 武友德．机械加工工艺．北京：北京理工大学出版社，2011. 6. 孙希禄．机械制造工艺．北京：北京理工大学出版社，2012. 7. 王守志．机械加工工艺编制．北京：教育科学出版社，2012.

2. 实施任务

依据计划步骤实施任务，并完成作业单的填写。减速器箱体加工工艺编制作业单见表4-16。

表4-16　减速器箱体加工工艺编制作业单

<table>
<tr><td>学习领域</td><td colspan="3">机械加工工艺及夹具</td></tr>
<tr><td>学习情境4</td><td>箱体类零件加工工艺编制</td><td>学时</td><td>20学时</td></tr>
<tr><td>任务4.2</td><td>减速器箱体加工工艺编制</td><td>学时</td><td>6学时</td></tr>
<tr><td>作业方式</td><td colspan="3">小组分析，个人解答，现场批阅，集体评判</td></tr>
<tr><td>1</td><td colspan="3">生产纲领计算与生产类型的确定</td></tr>
<tr><td colspan="4">作业解答：</td></tr>
<tr><td>2</td><td colspan="3">结构及技术要求分析、材料和毛坯的选取</td></tr>
<tr><td colspan="4">作业解答：</td></tr>
<tr><td>3</td><td colspan="3">定位基准、加工方法和方案的选择</td></tr>
<tr><td colspan="4">作业解答：</td></tr>
<tr><td>4</td><td colspan="3">加工设备的选择及工件的装夹</td></tr>
<tr><td colspan="4">作业解答：</td></tr>
</table>

5	加工余量和工序尺寸的确定

作业解答：

6	工艺文件的填写

作业解答：

作业评价：

班级		组别		组长签字	
学号		姓名		教师签字	
教师评分		日期			

4.2.6 检查评估

学生完成本学习任务后，应展示的结果为：完成的计划单、决策单、作业单、检查单、评价单。

1. 减速器箱体加工工艺编制检查单（见表4-17）

表4-17 减速器箱体加工工艺编制检查单

学习领域	机械加工工艺及夹具			
学习情境4	箱体类零件加工工艺编制		学时	20学时
任务4.2	减速器箱体加工工艺编制		学时	6学时
序号	检查项目	检查标准	学生自查	教师检查
1	任务书阅读与分析能力，正确理解及描述目标要求	准确理解任务要求		
2	与同组同学协商，确定人员分工	较强的团队协作能力		
3	资料的分析、归纳能力	较强的资料检索能力和分析、归纳能力		
4	减速器箱体加工顺序的安排拟订	箱体加工顺序应遵循的原则		
5	机械加工工艺过程卡	减速器工艺路线拟订的正确性		
6	测量工具应用能力	工具使用规范，测量方法正确		
7	安全生产与环保	符合“5S”要求		
检查评价	评语：			
班级		组别		组长签字
教师签字			日期	

2. 减速器箱体加工工艺编制评价单（见表4-18）

表4-18　减速器箱体加工工艺编制评价单

学习领域	机械加工工艺及夹具								
学习情境4	箱体类零件加工工艺编制			学时					20学时
任务4.2	减速器箱体加工工艺编制			学时					6学时
评价类别	评价项目	子项目	个人评价	组内互评					教师评价
专业能力（60%）	资讯（8%）	搜集信息（4%）							
		引导问题回答（4%）							
	计划（5%）	计划可执行度（5%）							
	实施（12%）	工作步骤执行（3%）							
		功能实现（3%）							
		质量管理（2%）							
		安全保护（2%）							
		环境保护（2%）							
	检查（10%）	全面性、准确性（5%）							
		异常情况排除（5%）							
	过程（15%）	使用工具规范性（7%）							
		操作过程规范性（8%）							
	结果（5%）	结果质量（5%）							
	作业（5%）	作业质量（5%）							
社会能力（20%）	团结协作（10%）								
	敬业精神（10%）								
方法能力（20%）	计划能力（10%）								
	决策能力（10%）								
评价评语	评语：								
班级		组别		学号			总评		
教师签字		组长签字		日期					

4.2.7 拓展训练

训练项目：金属切削机床与刀具。

训练目的：了解金属切削机床的种类、加工范围和刀具的种类。

箱体类零件平面的加工方法有刨、铣、拉、磨等。采用何种加工方法，要根据零件的结构形状、尺寸大小、材料、技术要求、零件刚性、生产类型及企业现有设备等条件决定。

1. 刨削加工

在刨床上使用刨刀对工件进行切削加工，称为刨削加工，常用作平面的粗加工和半精加工。刨削加工生产率较低，一般用于单件或小批量生产中。

刨削加工常见的机床有牛头刨床和龙门刨床。牛头刨床主要用于单件小批生产中刨削中小型工件上的平面、成形面和沟槽。龙门刨床主要用于刨削大型工件，也可在工作台上装夹多个零件同时加工。

刨削加工主要用于加工水平面、垂直面、斜面等各种平面以及 T 形槽、燕尾槽、V 形槽等沟槽，如图 4-26 所示。

刨刀刀杆有直杆和弯杆之分，直杆刨刀刨削时，如遇到加工余量不均或工件上的硬点时，切削力的突然增大将增加刨刀的弯曲变形，造成切削刃扎入已加工表面，降低了已加工表面的精度和表面质量，也容易损坏切削刃。若采用弯杆刨刀，当切削力突然增大时，刀杆产生的弯曲变形会使刀尖离开工件，避免扎入工件。

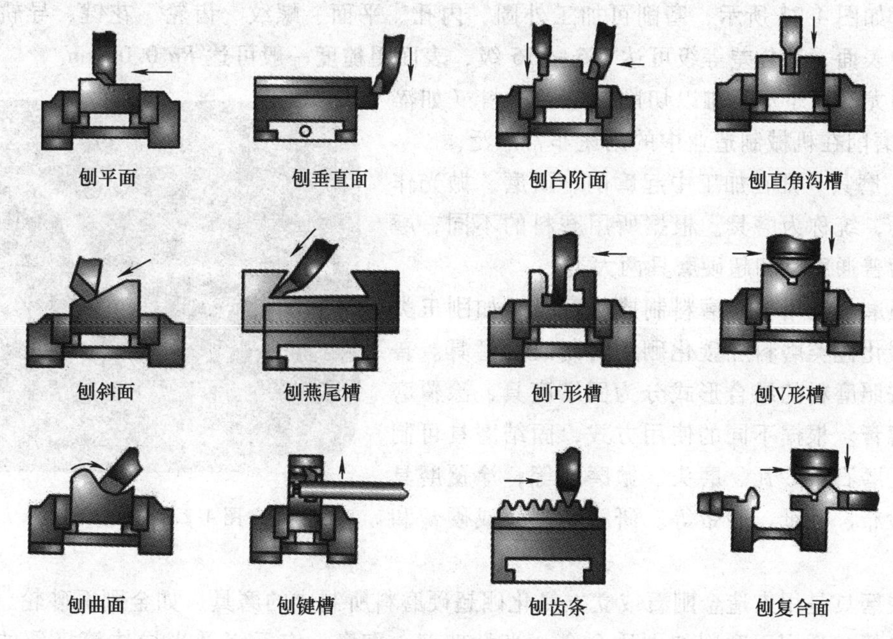

图 4-26　刨削加工的范围

刨削的工艺特点如下：

1）通用性好。机床和刀具结构简单，可以加工多种零件上的平面和各种截形的直线槽，如 T 形槽、燕尾槽等。

2）生产率低。由于刨削的主运动为往复直线运动，冲击现象严重，有空行程损失，造成刨削生产率难以提高。但刨削狭长平面时，或在龙门刨床上进行刨削、多刀刨削时生产率较高。

3）刨削精度一般不高。多用于粗加工和半精加工。刨削平面公差等级一般为 IT9 ~ IT8，表面粗糙度 Ra 可达 6.3 ~ 1.6μm。

2. 铣削加工

铣削生产率高于刨削，在中批以上生产中多用铣削加工平面，常用作平面的粗加工和半精加工。铣床可用于铣平面、铣键槽、铣 T 形槽、铣燕尾槽、铣内腔、铣螺旋槽、铣曲面及切断等。

铣削与刨削工艺特点的比较见表 14-19。

表 4-19 铣削与刨削工艺特点的比较

铣削	刨削
生产率一般较高	生产率较低,但加工狭长平面时,生产率比铣削高
切削方式很多,刀具形式多种多样,加工范围较大	加工范围较小,适于加工平面和各种沟槽
机床结构复杂,刀具的制造和刃磨复杂,费用较高	机床与刀具结构简单,制造成本较低
适用于一定批量生产	适用于单件小批量生产

3. 磨削加工

磨削加工是用磨料磨具（砂轮、砂带、磨石和研磨料）作为刀具对工件进行切削加工的方法。如图 4-27 所示，磨削可加工外圆、内孔、平面、螺纹、齿轮、花键、导轨和成形面等各种表面，其公差等级可达 IT6 ~ IT5 级，表面粗糙度一般可达 Ra 0.08μm。

磨削尤其适于加工难以切削的超硬材料（如淬火钢）。磨削在机械制造业中的用途非常广泛。

图 4-27 磨削加工

（1）磨具 凡在加工中起磨削、研磨、抛光作用的工具，统称为磨具。根据所用磨料的不同，磨具可分为普通磨具和超硬磨具两大类。

普通磨具是用普通磨料制成的磨具，如刚玉类磨料、碳化硅类磨料和碳化硼磨料制成的磨具。普通磨具按照磨料的结合形式分为固结磨具、涂覆磨具和研磨膏。根据不同的使用方式，固结磨具可制成砂轮、磨石、砂瓦、磨头、抛磨块等；涂覆磨具可制成纱布、砂纸、砂带等。研磨膏可分成硬膏和软膏。

超硬磨具是用人造金刚石或立方氮化硼超硬磨料所制成的磨具，如金刚石砂轮、立方氮化硼砂轮等，适用于磨削如硬质合金、光学玻璃、陶瓷、宝石以及半导体等极硬的非金属材料。

（2）砂轮 砂轮是由结合剂将磨料颗粒黏结而成的多孔体，是磨削加工中最常用的工具，如图 4-28 所示。掌握砂轮的特性，合理选择砂轮，是提高磨削质量、磨削效率和控制磨削加工成本的重要措施。

砂轮的磨料、粒度、结合剂、硬度和组织等决定了砂轮的特性。

图 4-28　砂轮

（3）磨料　磨料是砂轮中的硬质颗粒。常用的磨料主要是人造磨料，其性能及适用范围见表 4-20。

表 4-20　磨料性能及适用范围

磨料名称		原代号	新代号	成分	颜色	力学性能	反应性	热稳定性	适用范围
刚玉类	棕刚玉	GZ	A	$w_{Al_2O_3}$ 95% TiO_2 2%～3%	棕褐色	硬度高 强度高	稳定	2100℃ 熔融	碳钢、合金钢、铸铁
	白刚玉	GB	WA	$w_{Al_2O_3}$ >99%	白色				淬火钢、高速钢
碳化硅类	黑碳化硅	TH	C	w_{SiC} >95%	黑色		与铁有反应	>1500℃ 汽化	铸铁、黄铜、非金属材料
	绿碳化硅	TL	GC	w_{SiC} >99%	绿色				硬质合金等
高硬度磨料类	立方碳化硼	JLD	CBN	w_{BN}	黑色	高硬度	高温时，与水、碱有反应	<1300℃ 稳定	高强度钢、耐热合金等
	人造金刚石	JR	D	碳结晶体	乳白色			>700℃ 石墨化	硬质合金、光学玻璃等

粒度表示磨料颗粒的尺寸大小。磨料的粒度可分为两大类，基本颗粒尺寸大于 40μm 的磨料，用机械筛选法来决定粒度号，其粒度号数就是该种颗粒正好能通过筛子的网号。网号就是每英寸（25.4mm）长度上筛孔的数目。因此粒度号数越大，颗粒尺寸越小；反之，颗粒尺寸越大。颗粒尺寸小于 40μm 的磨料用显微镜分析法来测量，其粒度号数是基本颗粒最大尺寸的微米数，以其最大尺寸前加 W 来表示。

（4）结合剂　结合剂的作用是将磨粒黏合在一起，使砂轮具有必要的形状和强度。结合剂的性能对砂轮的强度、耐冲击性、耐蚀性及耐热性有突出的影响，并对磨削表面质量有一定影响。

1）陶瓷结合剂（V），化学稳定性好、耐热、耐腐蚀、价廉，占 90%，但性脆，不宜制成薄片，不宜高速，线速度一般为 35m/s。

2）树脂结合剂（B），强度高、弹性好、耐冲击，适于高速磨或切槽、切断等工作，但耐蚀性、耐热性差（300℃），自锐性好。

3）橡胶结合剂（R），强度高、弹性好、耐冲击，适于抛光轮、导轮及薄片砂轮，但耐蚀性、耐热性差（200℃），自锐性好。

4）金属结合剂（M），包括青铜、镍等，强度韧性高，成形性好，但自锐性差，适于金刚石、立方氮化硼砂轮。

（5）硬度　砂轮的硬度是指磨粒在磨削力的作用下，从砂轮表面脱落的难易程度。砂轮硬，表示磨粒难以脱落；砂轮软，表示磨粒容易脱落。所以，砂轮的硬度主要由结合剂的黏结强度决定，而与磨粒本身的硬度无关。

黏结强度指砂轮工作时在磨削力作用下磨粒脱落的难易程度，取决于结合剂的结合能力及所占比例，与磨料硬度无关。硬度高，磨料不易脱落；硬度低，自锐性好。新的硬度代号有A、B、C、D、E、F、G、H、J、K、L、M、N、P、Q、R、S、T、Y。

选用砂轮时，应注意硬度选得适当。若砂轮选得太硬，会使磨钝的磨粒不能及时脱落，因而产生大量磨削热，造成工件烧伤；若选得太软，会使磨料脱落得太快而不能充分发挥其切削作用。

砂轮硬度的选择原则如下：

1）磨削硬材，选软砂轮；磨削软材，选硬砂轮。

2）磨导热性差的材料，不易散热，选软砂轮以免工件烧伤。

3）砂轮与工件接触面积大时，选较软的砂轮。

4）成形磨精磨时，选硬砂轮；粗磨时选较软的砂轮。

（6）组织　砂轮的组织是指磨粒在砂轮中占有体积的百分数（即磨粒率）。它反映了磨粒、结合剂、气孔三者之间的比例关系。磨粒在砂轮总体积中所占的比例大，气孔小，即组织号小，则砂轮的组织紧密；反之，磨粒的比例小，气孔大，即组织号大，则组织疏松。

砂轮组织分紧密、中等和疏松三类，有0～14共15个级别。紧密组织成形性好，加工质量高，适于成形磨、精密磨和强力磨削；中等组织适于一般磨削工作，如淬火钢、刀具刃磨等；疏松组织不易堵塞砂轮，适于粗磨、磨软材、磨平面、磨内圆等接触面积较大时，以及磨热敏性强的材料或薄件。砂轮上未标出组织号时，即为中等组织。

4. 拉削加工

拉削加工是利用多齿的拉刀，逐齿依次从工件上切下很薄的金属层，获得较高的精度和表面质量，可在一次行程完成粗加工、精加工，生产率高。加工时，若刀具所受的力不是拉力而是推力，则称为推削，所用刀具称为推刀。拉削所用的机床称为拉床，推削一般在压力机上进行。平面拉刀如图4-29所示，拉削原理如图4-30所示。

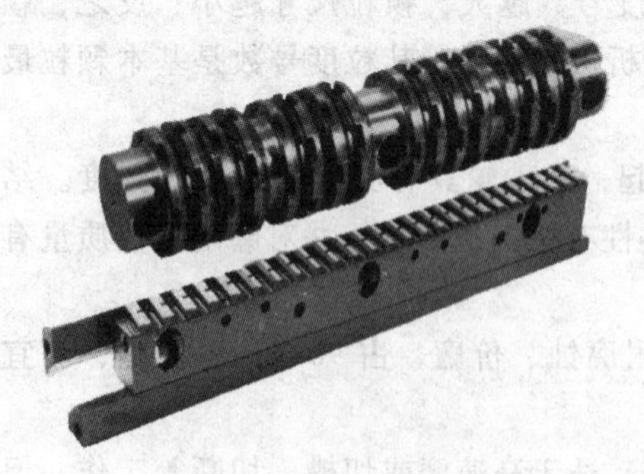

图4-29　平面拉刀

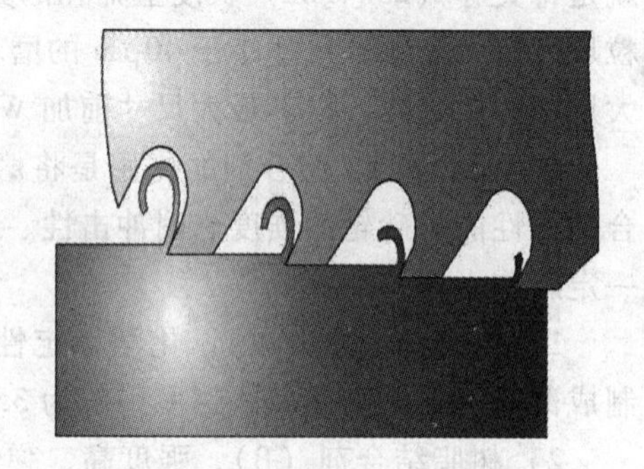

图4-30　拉削原理示意图

5. 钻削加工

钻孔和扩孔统称为钻削加工，如图4-31所示。钻孔是用钻头在实体材料上加工孔的方法，扩孔是用扩孔钻对已有孔进行扩大再加工方法。钻削加工一般在钻床上进行，钻床如图4-32所示。

图4-31 钻削加工

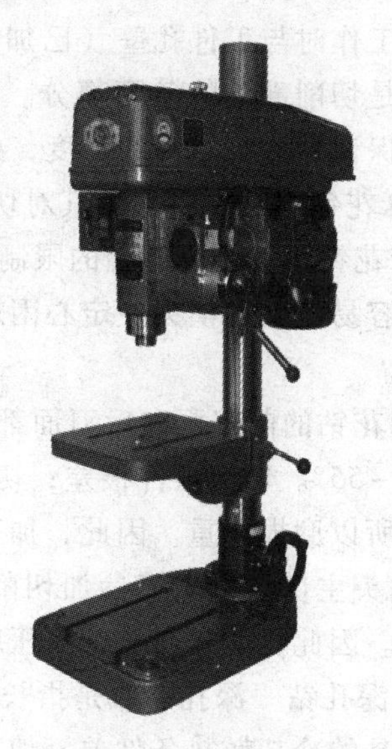
图4-32 钻床

单件小批生产的中小型工件上的小孔，常用台式钻床加工；中小型工件上直径较大的孔，常用立式钻床加工；大中型工件上的孔则采用摇臂钻床加工；回转体工件上的孔多在车床上加工。

在成批大量生产中，为保证加工精度，提高生产率，降低成本，广泛使用钻模在组合机床上进行孔的加工。在钻床上加工时，工件固定不动，刀具做旋转运动（主运动）的同时沿轴向移动（进给运动）。

（1）钻孔与扩孔的工艺范围　钻孔属于粗加工，可作为攻螺纹、扩孔、铰孔和锪孔的预备加工；扩孔属于半精加工，也可作为孔的终加工，或作为铰孔、磨孔前的预加工。两者均适合加工小直径孔。钻孔的公差等级可达到IT12～IT11，表面粗糙度 Ra 可达12.5～6.3μm；扩孔的公差等级可达到IT11～IT9，表面粗糙度 Ra 可达到6.3～3.2μm。

（2）钻头　钻头按其结构特点和用途可分为扁钻、麻花钻、深孔钻和中心钻等。生产中使用最多的是麻花钻。对于直径为 $\phi 0.1 \sim \phi 80$mm 的孔，都可使用麻花钻加工。

1）麻花钻。标准麻花钻，由柄部、颈部和工作部分组成，如图4-33所示。

① 柄部是钻头的夹持部分，钻孔时用于传递转矩。麻花钻的柄部有锥柄和直柄两种。直柄主要用于直径小于 $\phi 12$mm 的小麻花钻。锥柄用于直径较大的麻花钻，能插入主轴锥孔或通过锥套插入主轴锥孔中。锥柄钻头的扁尾用于传递转矩，并通过它方便地拆卸钻头。

② 颈部。麻花钻的颈部是为磨削钻头柄部退砂轮之用，槽底通常刻有钻头的规格及厂标。

图4-33 麻花钻

③ 工作部分。麻花钻的工作部分是钻头的主要部分，由切削

部分和导向部分组成。切削部分担负着切削工作，由两个前刀面、后刀面、副后刀面、主切削刃、副切削刃及一个横刃组成。横刃为两个后刀面相交形成的刃口，副后刀面是钻头的两条韧带，工作时与工件孔壁（已加工表面）相对。导向部分在切削部分切入工件后起导向作用，也是切削部分的备磨部分。为了减少导向部分与孔壁的摩擦，其外径磨有倒锥。同时，为了保证钻头有足够的强度，必须有一个钻芯，钻芯向钻柄方向做成正锥体。

2）麻花钻的结构特点及其对切削加工的影响

① 麻花钻的直径受孔径的限制，螺旋槽使钻芯更细，钻头刚度低；仅有两条棱带导向，孔的轴线容易偏斜；横刃使定心困难，轴向抗力增大，钻头容易摆动。因此，钻出孔的几何误差较大。

② 麻花钻的前刀面和后刀面都是曲面，沿主切削刃各点的前角、后角各不相同，横刃的前角达 -55°。切削条件很差；切削速度沿切削刃的分配不合理，强度最低的刀尖切削速度最大，所以磨损严重。因此，加工的孔精度低。

③ 钻头主切削刃全刃参加切削，刃上各点的切削速度不相等，容易形成螺旋形切屑，排屑困难。因此，切屑与孔壁挤压摩擦，常常划伤孔壁，加工后的表面质量很低。

（3）深孔钻　深孔一般是指长径比大于 5 的孔。钻深孔时，由于切削液不易到达切削区域，刀具的冷却散热条件差，切削温度升高，刀具的寿命降低；因刀具细长，刚度较差，钻孔时容易发生引偏和振动。因此为了保证深孔加工质量和深孔钻的寿命，深孔钻的结构必须解决断屑排屑、冷却润滑和导向三个问题。

常用的深孔钻有：接长的麻花钻、扁钻、枪钻（外排屑）、内排屑深孔钻及喷吸钻等。

单件小批生产中的深孔钻削常采用接长的麻花钻在卧式车床上进行。在加工中，钻头需频繁进退，既影响钻孔效率，又增加工人的劳动强度。扁钻加工效率低，质量差，不常用。

扩孔刀具主要是指扩孔钻，扩孔钻通常有 3 ~ 4 个刀齿，没有横刃，前角和后角沿切削刃的变化小。因此，扩孔加工时导向好，轴向抗力小，切削条件优于钻孔。另外，扩孔钻钻芯粗壮，刚度高，切削过程平稳，加之扩孔余量小，因此，扩孔时可采用较大的切削用量。扩孔的加工质量和生产率均比钻孔高。

6. 镗削加工

镗削加工是用镗刀在已加工孔的工件上使孔径扩大并达到精度和表面质量要求的加工方法，其加工范围广泛，实践中较为常用。根据工件的尺寸形状、技术要求及生产批量的不同，镗孔可以在镗床、车床、铣床、数控机床和组合机床上进行。一般回旋体零件上的孔多用车床加工，而箱体类零件上的孔或孔系（即要求相互平行或垂直的若干孔）则可以在镗床上加工。

一般镗孔的精度可达 IT8 ~ IT7，表面粗糙度 Ra 可达 1.6 ~ 0.8μm；精细镗时，精度可达 IT7 ~ IT6，表面粗糙度 Ra 为 0.8 ~ 0.1μm。

（1）镗刀　镗刀有多种类型，按其切削刃数量可分为单刃镗刀、双刃镗刀和多刃镗刀；按其加工表面可分为通孔镗刀、不通孔镗刀、阶梯孔镗刀和端面镗刀；按其结构可分为整体式、装配式和可调式。图 4-34 所示为单刃镗刀和多刃镗刀。

（2）镗床　镗床主要用于加工尺寸较大且精度要求较高的孔，特别是分布在不同表面上、孔距和位置精度要求很严格的孔系。镗床工作时，由刀具做旋转主运动，进给运动则根据机床类型和加工条件的不同或者由刀具完成或者由工件完成。

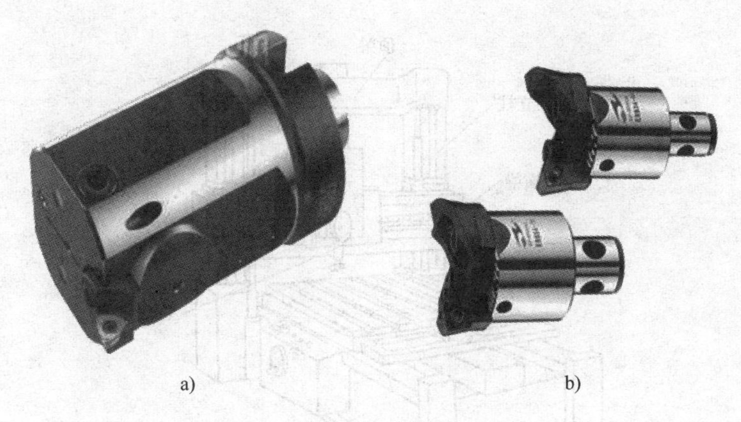

图 4-34　镗刀
a）单刃镗刀　b）多刃镗刀

镗床主要类型有卧式镗床、坐标镗床以及金刚镗床等。图 4-35 所示为卧式镗床和立式镗床。

卧式镗床的工艺范围非常广泛，除镗孔外，还可车端面、铣平面、钻孔、扩孔、铰孔及车螺纹等。因此，卧式镗床能在工件一次装夹中完成大部分或全部加工工序。

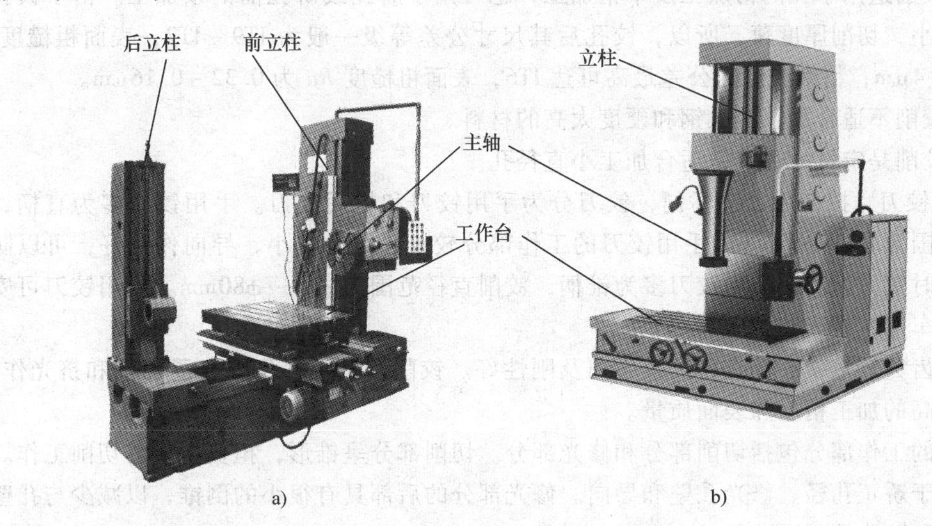

图 4-35　镗床
a）卧式镗床　b）立式镗床

坐标镗床是一种高精度机床。主要用于单件小批生产的工具车间对夹具的精密孔、孔系和模具零件的加工，也可用于生产车间成批地对各类箱体、缸体和机体的精密孔系加工。这类机床的零部件制造和装配精度很高，并有良好的刚性和抗振性，还具有工作台、主轴箱等运动部件的精密坐标测量装置，能实现工件和刀具的精密定位。所以，坐标镗床加工的尺寸、形状精度及孔距精度都很高。坐标镗床按其布局形式分为单柱、双柱和卧式坐标镗床三种形式，双柱坐标镗床如图 4-36 所示。

7. 铰削加工

铰削加工是使用铰刀从工件孔壁切除微量金属层，以提高其尺寸精度和降低表面粗糙度

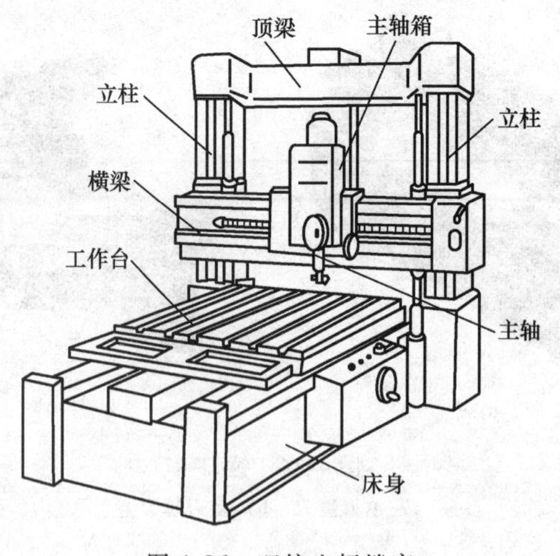

图 4-36 双柱坐标镗床

的方法。

(1) 铰孔的工艺范围

1) 铰削适用于孔的精加工及半精加工，也可用于磨孔或研孔前的预加工。由于铰孔时切削余量小，切削厚度薄，所以，铰孔后其尺寸公差等级一般为 IT9 ~ IT7，表面粗糙度 Ra 为1.6 ~ 0.4μm；精细铰尺寸公差最高可达 IT6，表面粗糙度 Ra 为 0.32 ~ 0.16μm。

2) 铰削不适合加工淬火钢和硬度太高的材料。

3) 铰削是定尺寸刀具，适合加工小直径孔。

(2) 铰刀　按使用方法不同，铰刀分为手用铰刀和机用铰刀。手用铰刀多为直柄，铰削直径范围为 $\phi1$ ~ $\phi50$mm。手用铰刀的工作部分较长，锥角较小，导向作用好，可以防止手工铰孔时铰刀歪斜。机用铰刀多为锥柄，铰削直径范围为 $\phi10$ ~ $\phi80$mm。机用铰刀可安装在钻床、车床、铣床和镗床上。

铰刀齿数较多，心部直径大，导向及刚性好。铰削余量小，且综合了切削和挤光作用，能获得较高的加工精度和表面质量。

铰刀的工作部分包括切削部分和修光部分。切削部分呈锥形，担负主要的切削工作。修光部分用于矫正孔径、修光孔壁和导向。修光部分的后部具有很小的倒锥，以减少与孔壁之间的摩擦和防止铰削后孔径扩大。

(3) 铰孔时应注意的问题

1) 铰削余量要适中。余量过大，会因切削热多而导致铰刀直径增大，孔径扩大；余量过小，会留下底孔的刀痕，使表面粗糙度达不到要求。粗铰余量一般为 0.15 ~ 0.35mm，精铰余量一般为 0.05 ~ 0.15mm。

2) 铰削时采用较低的切削速度，并且要使用切削液，以免积屑瘤对加工质量产生不良影响。粗铰时取 0.07 ~ 0.17m/s，精铰时取 0.025 ~ 0.08m/s。

3) 铰刀适应性很差。一把铰刀只能加工一种尺寸、一种精度要求的孔，直径大于 $\phi80$mm 的孔不适宜铰削。

4) 为防止铰刀轴线与主轴轴线相互偏斜而引起的孔轴线歪斜、孔径扩大等现象，铰刀与主轴之间应采用浮动连接。当采用浮动连接时，铰削不能校正底孔轴线的偏斜，孔的位置精度应由前道工序来保证。

5）机用铰刀不可倒转，以免崩刃。

训练内容：

1）利用所学知识，根据图4-37所示的小型蜗轮减速箱体零件图，完成小型蜗轮减速箱体零件的工艺编制，并填写“小型蜗轮减速箱体零件的工艺编制作业单”及“机械加工工艺过程卡”。

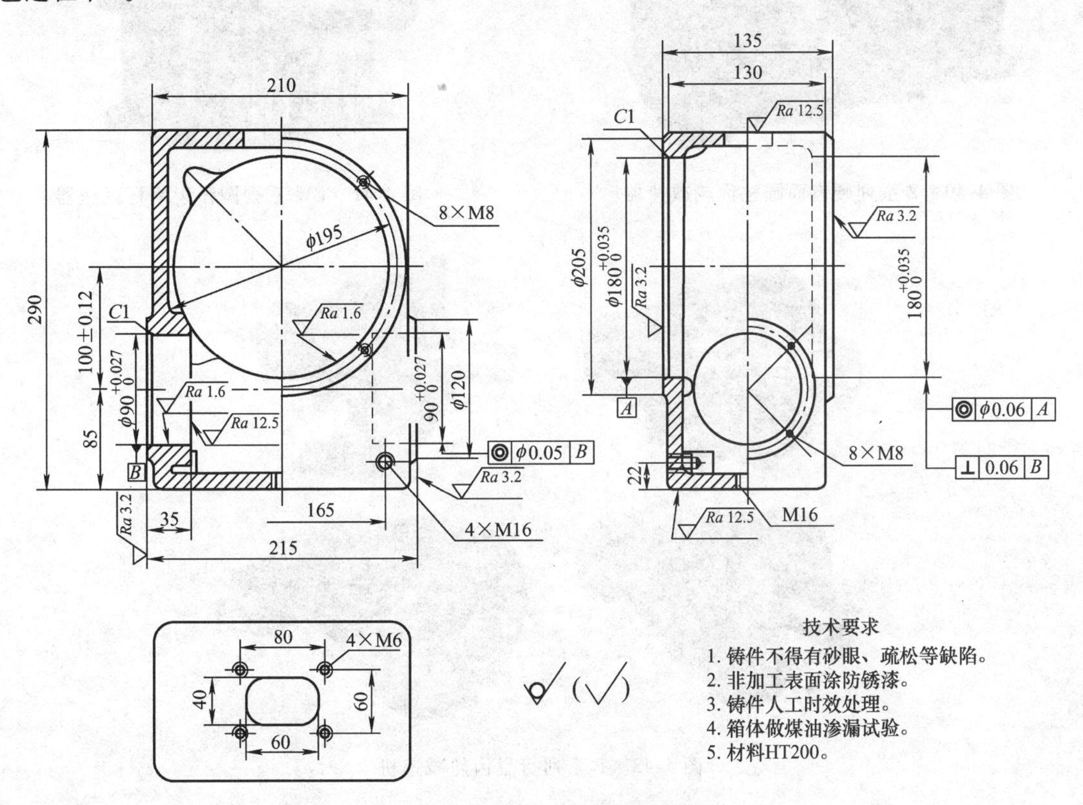

图4-37　小型蜗轮减速箱体零件图

2）了解常见的减速器类型，如图4-38～图4-44所示。

图4-38　WH系列圆弧齿圆柱蜗杆减速器

图4-39　DBY/DCY/DFY齿轮减速器

图 4-40　Z 系列硬齿面圆柱齿轮减速器

图 4-41　CW 系列圆弧齿蜗杆减速器

图 4-42　P 系列行星齿轮减速机

图 4-43　H/B 系列大功率减速机

图 4-44　T 系列螺旋锥齿轮转向器

学习情境5

夹具的选用

【学习目标】

本学习情境主要以车床、铣床夹具典型零件为载体，通过学习，学生应能够正确分析车床、铣床夹具的结构；熟悉车床、铣床夹具的基本组成、原理及应用；能够合理选用相应机床所使用的各类常用夹具，同时会选用其他机床的各类夹具；能正确选择定位方式、合理选用定位元件。

【学习任务】

1. 车床夹具的选用。
2. 铣床夹具的选用。

【情境描述】

夹具是一种装夹工件的工艺装备，是按照机械加工工艺规程的要求，用来迅速装夹工件，使工件对机床、刀具保持正确的相对位置的装置，称为“机床夹具”，简称“夹具”。其主要功用是实现工件的定位和夹紧，使工件加工时相对于机床、刀具有正确的位置，以保证加工精度。

虽然各类机床夹具结构不同，但按其功能加以分析，夹具一般由定位元件、夹紧装置、夹具体、其他装置或元件组成。

尽管机床夹具的种类繁多，也可以从不同的角度对机床夹具进行分类。

按夹具的通用特性分类，常用的夹具有通用夹具、专用夹具、可调夹具、组合夹具和自动线夹具五大类。它反映夹具在不同生产类型中的通用特性，因此是选择夹具的主要依据。

按夹具使用的机床分类，可把夹具分为车床夹具、铣床夹具、钻床夹具、镗床夹具、磨床夹具、齿轮机床夹具和数控机床夹具等。

按夹具动力源来分类，可将夹具分为手动夹具和机动夹具两大类。为减轻劳动强度和确保安全生产，手动夹具应有扩力机构与自锁性能。常用的机动夹具有气动夹具、液压夹具、气液夹具、电动夹具、电磁夹具、真空夹具和离心力夹具等。

在机械加工中，夹具质量的高低应以能否稳定地保证工件的加工质量、生产效率高、成本低、排屑方便、操作安全、省力和制造、维护容易等为衡量指标。

完成该学习情境的各项任务，要借助《机械加工工艺人员手册》和《切削用量手册》等相关资料，编制机械加工工艺过程。

图5-1所示为轴套外圆加工示意图，工件内外圆有较高的同轴度要求，以内孔和端面定位，用心轴装夹。因加工后外圆与内孔同轴度达不到要求，试分析原因，并提出改进措施。

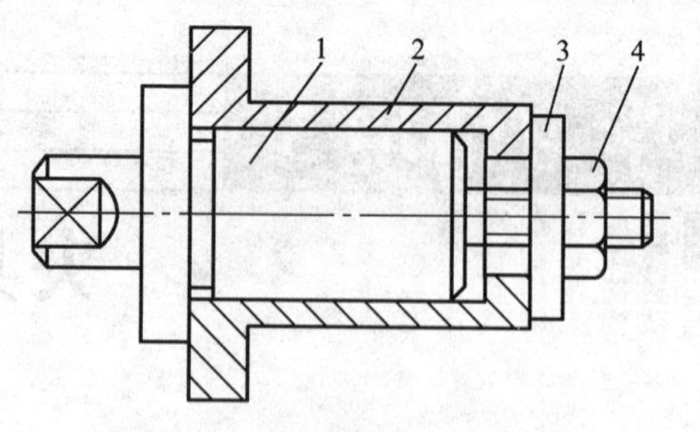

图5-1　轴套加工外圆示意图

1—心轴　2—工件　3—开口垫圈　4—螺母

任务5.1　车床夹具的选用

5.1.1　任务描述

车床夹具的选用任务单见表5-1。

表5-1　车床夹具的选用任务单

学习领域	机械加工工艺及夹具		
学习情境5	夹具的选用	学时	8学时
任务5.1	车床夹具的选用	学时	4学时
布置任务			
学习目标	1. 能够正确分析车床夹具的结构。 2. 能够学会车床夹具的基本组成、原理及应用。 3. 能够合理选用相应车床所使用的各类常用夹具。 4. 能够正确选择定位方式，合理选用定位元件。		
任务描述	分小组完成车床常用夹具的结构分析。车床主要用于加工零件的内、外圆柱面、圆锥面、回转成形面、螺纹以及端平面等。根据这一特点和夹具在机床上安装的位置，将车床夹具分为两种基本类型。安装在车床主轴上的夹具中，除了各种卡盘、顶尖等通用夹具或其他机床附件外，往往根据加工的需要设计各种心轴或其他专用夹具，加工时夹具随机床主轴一起旋转，切削刀具做进给运动。对于某些形状不规则和尺寸较大的工件，常常把夹具安装在车床滑板上，刀具则安装在车床主轴上做旋转运动，夹具做进给运动。加工回转成形面的靠模属于此类夹具。 车床夹具按使用范围，可分为通用车夹具、专用车夹具和组合夹具三类。		

<table>
<tr><td>任务描述</td><td colspan="6">生产中需要设计且用得较多的是安装在车床主轴上的各种夹具，下面介绍该类夹具的结构特点。
图5-2所示为车床自定心卡盘，它是利用均匀分布在卡盘体上的三个活动卡爪的径向移动，把工件夹紧和定位的附件。
图5-2　自定心卡盘</td></tr>
<tr><td>任务分析</td><td colspan="6">通过对自定心卡盘的结构分析可知，该卡盘是由卡盘体、活动卡爪和卡爪驱动机构组成的。自定心卡盘的三个卡爪是同步运动的，能自动定心，工件装夹后一般不需要找正，装夹工件方便、省时，但夹紧力不大，所以仅适用于装夹外形规则的中、小型工件。完成以下具体任务：为了扩大自定心卡盘的使用范围，可将卡盘上的三个卡爪换下来，装上专用卡爪，变为专用的自定心卡盘。</td></tr>
<tr><td>学时安排</td><td>资讯
1学时</td><td>计划
0.5学时</td><td>决策
0.5学时</td><td>实施
1学时</td><td>检查
0.5学时</td><td>评价
0.5学时</td></tr>
<tr><td>提供资料</td><td colspan="6">1. 于爱武．机械加工工艺编制．北京：北京大学出版社，2010.
2. 徐海枝．机械加工工艺编制．北京：北京理工大学出版社，2009.
3. 林承全．机械制造．北京：机械工业出版社，2010.
4. 华茂发．机械制造技术．北京：机械工业出版社，2004.
5. 武友德．机械加工工艺．北京：北京理工大学出版社，2011.
6. 孙希禄．机械制造工艺．北京：北京理工大学出版社，2012.
7. 王守志．机械加工工艺编制．北京：教育科学出版社，2012.
8. 卞洪元．机械制造工艺与夹具．北京：北京理工大学出版社，2010.
9. 孙英达．机械制造工艺与装备．北京：机械工业出版社，2012.</td></tr>
<tr><td>对学生的要求</td><td colspan="6">1. 能对任务书进行分析，能正确理解和描述目标要求。
2. 具有独立思考、善于提问的学习习惯。
3. 具有查询资料和市场调研能力，具备严谨求实和开拓创新的学习态度。
4. 能执行企业“5S”质量管理体系要求，具有良好的职业意识和社会能力。
5. 具备一定的观察理解和判断分析能力。
6. 具有团队协作、爱岗敬业的精神。
7. 具有一定的创新思维和勇于创新的精神。
8. 按时、按要求上交作业，并列入考核成绩。</td></tr>
</table>

5.1.2 资讯

1. 车床夹具的选用资讯单（见表5-2）

表5-2 车床夹具的选用资讯单

学习领域	机械加工工艺及夹具		
学习情境5	夹具的选用	学时	8学时
任务5.1	车床夹具的选用	学时	4学时
资讯方式	学生根据教师给出的资讯引导进行查询解答		
资讯问题	1. 车床夹具的类型有哪些？ 2. 车床夹具的特点有哪些？ 3. 车床夹具的结构是什么？ 4. 车床夹具常用的定位元件有哪些？ 5. 车床夹具的定位方式有哪些？		
资讯引导	1. 问题1可参考信息单第一部分内容。 2. 问题2可参考信息单第二部分内容。 3. 问题3可参考信息单第三部分内容。 4. 问题4可参考信息单第三部分内容。 5. 问题5可参考信息单第四部分内容。		

2. 车床夹具的选用信息单（见表5-3）

表5-3 车床夹具的选用信息单

学习领域	机械加工工艺及夹具		
学习情境5	夹具的选用	学时	8学时
任务5.1	车床夹具的选用	学时	4学时
序号	信息内容		
一	车床常用通用夹具		

车床夹具的种类很多，有顶尖类、心轴类、拨盘类、中心架与跟刀架类、自动定心卡盘类、非自动定心卡盘类和角铁类等。这些车床夹具大部分属于通用夹具，并成为机床的附件，随车床一起供给。为了扩大车床的工艺范围、提高机床的生产率，需要设计和制造专用车床夹具。

1. 自定心卡盘

自定心卡盘由卡盘体、活动卡爪和卡爪驱动机构组成。自定心卡盘上三个卡爪导向部分的下面，有螺纹与碟形锥齿轮背面的平面螺纹相啮合，当用扳手通过四方孔转动小锥齿轮时，碟形齿轮转动，背面的平面螺纹同时带动三个卡爪向中心靠近或退出，用以夹紧不同直径的工件。在自定心卡盘上换上三个反爪，可用来安装直径较大的工件。自定心卡盘的自行对中精确度为0.05～0.15mm。用自定心卡盘加工工件的精度受到卡盘制造精度和使用后磨损情况的影响。自定心卡盘结构如图5-3所示。

自定心卡盘使用久了，随着卡盘的磨损，三爪会出现喇叭口状，三爪也会慢慢偏离车床主轴中心，使所加工零件的几何公差增大。要修复三爪必须先解决卡盘的磨损问题。自定心卡盘内的拨盘内圆与中心轴的间隙是造成三爪定心误差大的主要原因之一，最有效的修复方法是将卡盘拨盘转动配合的外圆加工一下，再镶上套，使卡盘拨盘与卡盘有良好的间隙配合。在加工卡盘时注意用表找正，修复三爪，以正爪为例。

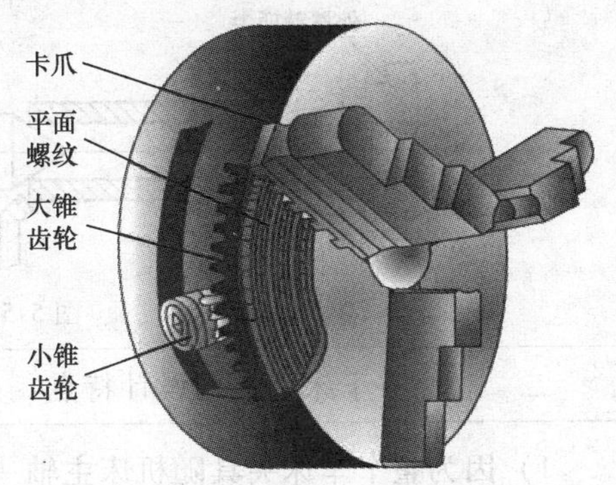

图5-3 自定心卡盘结构

修复三爪内圆必须以在内圆加衬托物，这需要分段加工。首先在三爪的最外端夹紧一事先备好的圆环，镗孔刀或装一磨头，先通过圆环加工三爪里面，最顶端加衬托圆环的一小节留下，再向里挪动轴环，加工剩余部分。这样能很好地保证三爪的同轴度，也不会形成喇叭口。

2. 单动卡盘

由于单动卡盘的四个卡爪各自独立运动，因此工件装夹时必须找正加工部分的旋转中心，与车床主轴旋转中心重合后才可车削。单动卡盘找正比较费时，但夹紧力较大，所以适用于装夹大型或形状不规则的工件。单动卡盘可装成正爪或反爪两种形式，反爪用来装夹直径较大的工件。单动卡盘和顶尖如图5-4所示。

图5-4 单动卡盘和顶尖

3. 拨动顶尖

为了缩短装夹时间，可采用内、外拨动顶尖，如图5-5所示。这种顶尖锥面上的齿能嵌入工件，拨动工件旋转。圆锥角一般采用60°，硬度为58～60HRC。图5-5a所示为外拨动顶尖，用于装夹套类工件，它能在一次装夹中加工外圆。图5-5b所示为内拨动顶尖，用于装夹轴类工件。

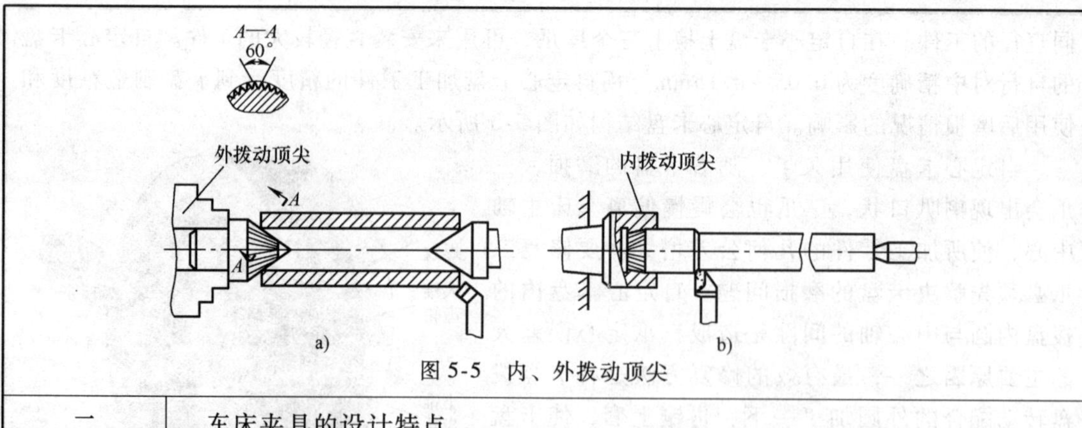

图 5-5　内、外拨动顶尖

二	车床夹具的设计特点

1）因为整个车床夹具随机床主轴一起回转，所以要求它结构紧凑，轮廓尺寸尽可能小，重量要尽量轻，重心尽可能靠近回转轴线，以减小惯性力和回转力矩。

2）应有消除回转中不平衡现象的平衡措施，以减小振动等不利影响。一般设置配置块或减重孔消除不平衡。

3）与主轴连接部分是夹具的定位基准，应有较准确的圆柱孔（或圆锥孔），其结构形式和尺寸依具体使用的机床而定。

4）为使夹具使用安全，应尽可能避免有尖角或凸起部分，必要时回转部分外面可加防护罩。夹紧力要足够大，自锁可靠。

三	车床夹具的类型及结构

1. 车床夹具的类型

（1）卡盘式车床夹具　这类车床夹具大部分用于加工对称形或回转体工件，因此夹具的结构往往也是对称的。常用的有斜楔式气动自定心卡盘和电动卡盘等。斜楔式气动自定心卡盘如图 5-6 所示。

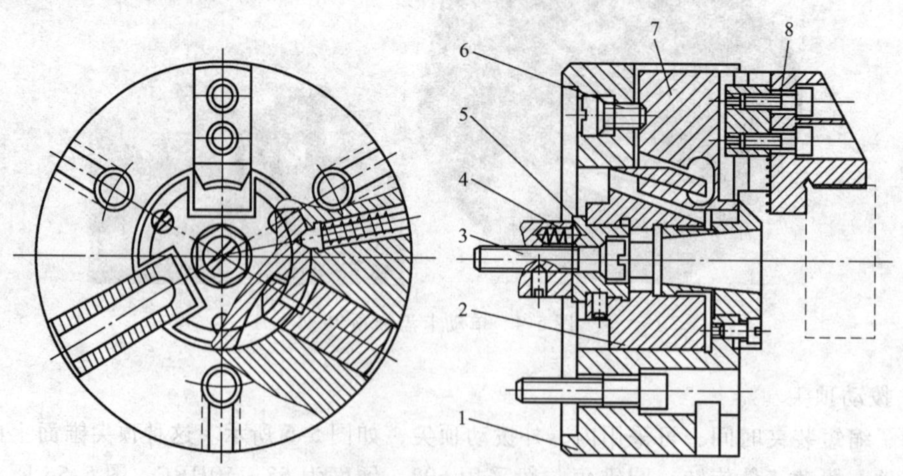

图 5-6　斜楔式气动自定心卡盘

1—夹具体　2—斜楔　3、6—螺钉　4—拉杆　5—套筒　7—滑块　8—卡爪

（2）角铁式车床夹具　在车床上加工壳体、支座、接头及杠杆等零件的圆柱面和端面时，因外形复杂而难以用通用夹具装夹，需用这种类似角铁的专用夹具。

（3）心轴式及夹头式车床夹具　心轴式车床夹具的主要限位元件为轴，常用于以孔作主要定位基准的回转体零件的加工，如套类、盘类零件。常用的有圆柱心轴和弹性心轴。

夹头式车床夹具的主要限位元件为孔，常用于以外圆作主要定位基准的小型回转体零件的加工，如小轴零件。常用的有弹性夹头等。

由于车床夹具是在旋转情况下，甚至是高速旋转情况下工作，因此夹具要求体积小、重量轻，旋转既能平衡又能保证安全。

2. 车床夹具的基本结构

1）夹具体。连接各元件的基体与机床，一般称这类元件为圆盘或花盘。

2）定位件。确定零件在夹具中的位置的元件，如定位销、定位圈和 V 形块等。

3）夹紧件。固定零件用的元件，如压板、螺栓和螺母等。

4）连接件。连接各元件用的螺钉、销子、垫圈和键等。

5）其他元件。如对刀块、测量块、配重、分度装置、锁紧装置以及传动装置等。

四	定位方式分类

1. 限制工件自由度与加工要求的关系

在生产中，并不是任何工序都需要限制六个自由度。究竟应该限制几个自由度和限制哪几个自由度，主要是由工件的加工要求决定的。在考虑工件定位时，首先必须根据工件的加工要求确定必须限制的自由度，例如在工件上铣槽，如图 5-7 所示。

对于空间直角坐标系来说，工件在某个方面有加工要求，则在那个方面的自由度就应该加以限制。

2. 正确处理欠定位和过定位

（1）完全定位　工件的六个自由度完全被限制的定位称为完全定位。

（2）不完全定位　按加工要求，允许有一个或几个自由度不被限制的定位称为不完全定位。

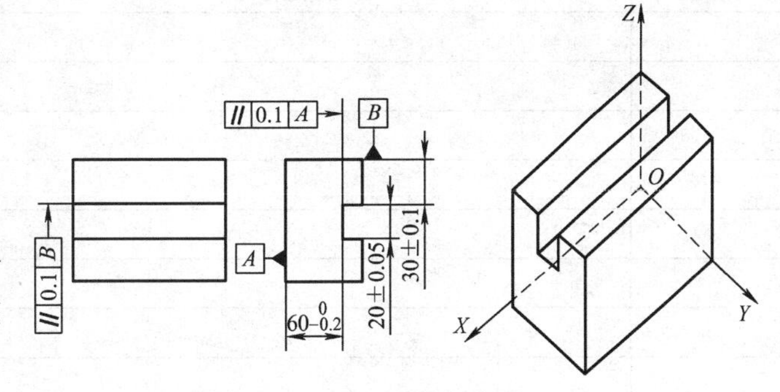

图 5-7　在工件上铣槽

（3）欠定位　按工序的加工要求，工件应该限制的自由度而未限制的定位，称为欠定位。欠定位不能保证工件在夹具中占据正确位置，无法保证工件所规定的加工要求，因此，在确定工件定位方案时，欠定位是绝对不允许的。

（4）过定位　工件的同一自由度被两个或两个以上的支承点重复限制的定位，称为过定位（或称重复定位）。过定位如图 5-8 所示。

在通常情况下，应尽量避免出现过定位。过定位将会造成工件位置的不确定、工件安装干涉。如果工件定位时出现过定位，且对加工产生有害影响，这时过定位是不允许的。但如果过定位对工件加工的影响不大，反而可以增加加工时的刚性，这时过定位是允许的。图5-8a所示为孔与端面组合定位的情况。

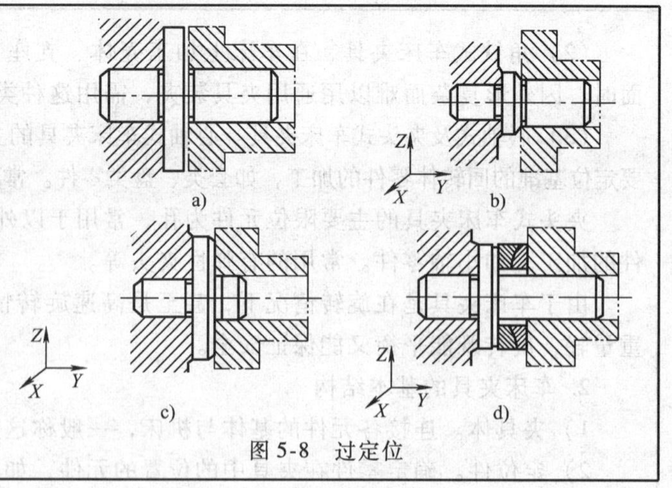

图 5-8　过定位

5.1.3　计划

根据任务内容制订小组任务计划，简要说明任务实施过程的步骤及注意事项。将计划内容等填入表5-4中。车床夹具的选用计划单见表5-4。

表5-4　车床夹具的选用计划单

学习领域	机械加工工艺及夹具		
学习情境5	夹具的选用	学时	8学时
任务5.1	车床夹具的选用	学时	4学时
计划方式	由小组讨论制订完成本小组实施计划		
序号	实施步骤		使用资源
制订计划说明			
计划评价	评语：		
班级	第　　组	组长签字	
教师签字		日期	

5.1.4 决策

小组互评选定合适的工作计划。小组负责人对任务进行分配，组员按负责人要求完成相关任务内容，并将自己所在小组及个人任务填入表5-5中。车床夹具的选用决策单见表5-5。

表5-5 车床夹具的选用决策单

<table>
<tr><td>学习领域</td><td colspan="4">机械加工工艺夹具</td></tr>
<tr><td>学习情境5</td><td colspan="2">夹具的选用</td><td>学时</td><td>8学时</td></tr>
<tr><td>任务5.1</td><td colspan="2">车床夹具的选用</td><td>学时</td><td>4学时</td></tr>
<tr><td>分组</td><td>小组任务</td><td colspan="3">小组成员</td></tr>
<tr><td>1</td><td></td><td colspan="3"></td></tr>
<tr><td>2</td><td></td><td colspan="3"></td></tr>
<tr><td>3</td><td></td><td colspan="3"></td></tr>
<tr><td>4</td><td></td><td colspan="3"></td></tr>
<tr><td>任务决策</td><td></td><td colspan="3"></td></tr>
<tr><td>设备、工具</td><td></td><td colspan="3"></td></tr>
</table>

5.1.5 实施

1. 实施准备

任务实施准备主要有场地准备、教学仪器（工具）准备、资料准备，见表5-6。

表5-6 车床夹具的选用实施准备

场地准备	教学仪器（工具）准备	资料准备
机械加工实训室（多媒体）	车床夹具	1. 于爱武．机械加工工艺编制．北京：北京大学出版社，2010. 2. 徐海枝．机械加工工艺编制．北京：北京理工大学出版社，2009. 3. 林承全．机械制造．北京：机械工业出版社，2010. 4. 华茂发．机械制造技术．北京：机械工业出版社，2004. 5. 武友德．机械加工工艺．北京：北京理工大学出版社，2011. 6. 孙希禄．机械制造工艺．北京：北京理工大学出版社，2012. 7. 王守志．机械加工工艺编制．北京：教育科学出版社，2012. 8. 卞洪元．机械制造工艺与夹具．北京：北京理工大学出版社，2010. 9. 孙英达．机械制造工艺与装备．北京：机械工业出版社，2012.

2. 实施任务

依据计划步骤实施任务，并完成作业单的填写。车床夹具的选用作业单见表5-7。

表5-7 车床夹具的选用作业单

学习领域	机械加工工艺及夹具				
学习情境5	夹具的选用			学时	8学时
任务5.1	车床夹具的选用			学时	4学时
作业方式	小组分析，个人解答，现场批阅，集体评判				
1	根据自定心卡盘结构图，说明其组成及原理				
作业解答：					
2	车床夹具与车床主轴的连接方式有哪几种				
作业解答：					
3	顶尖有何作用				
作业解答：					
作业评价：					
班级		组别		组长签字	
学号		姓名		教师签字	
教师评分		日期			

5.1.6 检查评估

学生完成本学习任务后，应展示的结果为：完成的计划单、决策单、作业单、检查单、评价单。

1. 车床夹具的选用检查单（见表5-8）

表5-8 车床夹具选用检查单

<table>
<tr><td colspan="2">学习领域</td><td colspan="6">机械加工工艺及夹具</td></tr>
<tr><td colspan="2">学习情境5</td><td colspan="4">夹具的选用</td><td>学时</td><td>8学时</td></tr>
<tr><td colspan="2">任务5.1</td><td colspan="4">车床夹具的选用</td><td>学时</td><td>4学时</td></tr>
<tr><td>序号</td><td colspan="2">检查项目</td><td colspan="3">检查标准</td><td>学生自查</td><td>教师检查</td></tr>
<tr><td>1</td><td colspan="2">任务书阅读与分析能力，正确理解及描述目标要求</td><td colspan="3">准确理解任务要求</td><td></td><td></td></tr>
<tr><td>2</td><td colspan="2">与同组同学协商，确定人员分工</td><td colspan="3">较强的团队协作能力</td><td></td><td></td></tr>
<tr><td>3</td><td colspan="2">查阅资料能力，市场调研能力</td><td colspan="3">较强的资料检索能力和市场调研能力</td><td></td><td></td></tr>
<tr><td>4</td><td colspan="2">资料的阅读、分析和归纳能力</td><td colspan="3">较强的资料检索能力和分析、归纳能力</td><td></td><td></td></tr>
<tr><td>5</td><td colspan="2">自定心卡盘的组成</td><td colspan="3">加工件为回转表面</td><td></td><td></td></tr>
<tr><td>6</td><td colspan="2">何时选用单动卡盘</td><td colspan="3">加工件表面不规则时</td><td></td><td></td></tr>
<tr><td>7</td><td colspan="2">安全生产与环保</td><td colspan="3">符合“5S”要求</td><td></td><td></td></tr>
<tr><td>8</td><td colspan="2">缺陷的分析诊断能力</td><td colspan="3">缺陷处理得当</td><td></td><td></td></tr>
<tr><td colspan="2">检查评价</td><td colspan="6">评语：</td></tr>
<tr><td colspan="2">班级</td><td></td><td>组别</td><td></td><td>组长签字</td><td colspan="2"></td></tr>
<tr><td colspan="2">教师签字</td><td colspan="3"></td><td>日期</td><td colspan="2"></td></tr>
</table>

2. 车床夹具的选用评价单（见表 5-9）

表 5-9 车床夹具的选用评价单

学习领域	机械加工工艺及夹具							
学习情境 5	夹具的选用					学时	8 学时	
任务 5.1	车床夹具的选用					学时	4 学时	
评价类别	评价项目	子项目	个人评价	组内互评				教师评价
专业能力（60%）	资讯（8%）	搜集信息（4%）						
		引导问题回答（4%）						
	计划（5%）	计划可执行度（5%）						
	实施（12%）	工作步骤执行（3%）						
		功能实现（3%）						
		质量管理（2%）						
		安全保护（2%）						
		环境保护（2%）						
	检查（10%）	全面性、准确性（5%）						
		异常情况排除（5%）						
	过程（15%）	使用工具规范性（7%）						
		操作过程规范性（8%）						
	结果（5%）	结果质量（5%）						
	作业（5%）	作业质量（5%）						
社会能力（20%）	团结协作（10%）							
	敬业精神（10%）							
方法能力（20%）	计划能力（10%）							
	决策能力（10%）							
评价评语	评语：							
班级		组别		学号		总评		
教师签字		组长签字		日期				

5.1.7 实践中常见问题解析

1. 工件定位的基准

在设计零件的机械加工工艺规程时，工艺人员会根据加工要求选择各工序的定位基准，确定各定位基准应当限制的自由度。夹具设计的任务首先是选择和设计相应的定位元件。为了便于分析问题，引入如下几个基本概念：

（1）定位基面和定位基准

1）工件以回转表面（如孔、外圆等）定位时，与定位元件相接触的表面是回转表面，称为定位基面，而实际的定位基准是回转表面的轴线。如图 5-9a 所示，工件以圆孔在心轴上定位，工件的内孔表面称为定位基面，它的轴线是定位基准。

2）工件以平面与定位元件接触时，如图 5-9b 所示，工件上实际存在的面是定位基面，它的理想状态（平面度误差为零）是定位基准 。

（2）限位基面和限位基准　定位元件上与定位基面相配合的表面，称为限位基面，而限位基面的轴线称为限位基准，如图 5-9a 所示。如果定位元件以平面限位，可认为限位基面就是限位基准。

（3）定位符号和夹紧符号的标注　在选定定位基准及确定了夹紧力的方向和作用点后，应在工序图上标注定位符号和夹紧符号。定位、夹紧符号参见 JB/T 5061—2006。

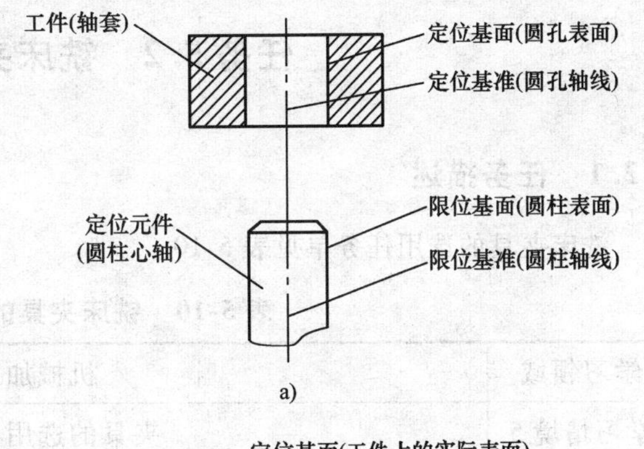

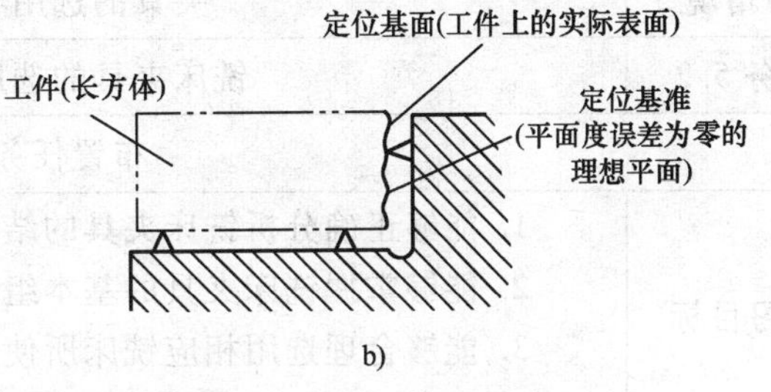

图 5-9　定位基准与限位基准

2. 机床夹具的基本要求

1）保证工件加工工序的技术要求。

2）提高生产率，降低成本，提高经济性。

3）操作方便、省力和安全。

4）便于排屑。

5）结构工艺性好。

3. 机床夹具的组成

机床夹具的种类繁多、结构各异，但其工作原理基本相同。按夹具上各部分元件和装置的功用划分，夹具一般由以下几个部分组成：

（1）定位元件　定位元件用于确定工件在夹具中的正确位置，它是夹具的主要功能元件之一。

（2）夹紧装置　夹紧装置用于保证工件在加工过程中受到外力（如切削力、重力、惯性力等）作用时，已经占据的正确位置不被破坏。

（3）对刀—导向元件　对刀—导向元件用于确定刀具相对于夹具的正确位置和引导刀

具进行加工。

（4）夹具体　夹具体是机床夹具的基础件，它用于连接夹具上各个元件或装置，使之成为一个整体，并与机床有关部件相连接。

（5）连接元件　连接元件是确定夹具在机床上正确位置的元件，如定位键、定位销及紧固螺栓等。

（6）其他元件和装置

1）分度装置：用于加工按一定规律分布的多个表面。

2）上下料装置：为方便输送工件，如输送垫铁等。

3）吊装元件。对于大型夹具，应设置吊装元件，如吊环螺钉等。

4）工件的顶出装置（或让刀装置）：用于加工箱体类零件多层壁上的孔。

任务 5.2　铣床夹具的选用

5.2.1　任务描述

铣床夹具的选用任务单见表 5-10。

表 5-10　铣床夹具的选用任务单

学习领域	机械加工工艺及夹具		
学习情境 5	夹具的选用	学时	8 学时
任务 5.2	铣床夹具的选用	学时	4 学时
布置任务			
学习目标	1. 能够正确分析铣床夹具的结构。 2. 能够掌握铣床夹具的基本组成、原理及应用。 3. 能够合理选用相应铣床所使用的各类常用夹具。 4. 能够正确选择定位方式，合理选用定位元件。		
任务描述	图 5-10 示为铣床夹具平口台虎钳。由于铣削加工一般切削力较大，并且是多刀齿断续切削，切削力是变化的，容易产生振动。因此，要求工件定位可靠，夹紧力要足够大，夹具要有较好的刚度与强度等。铣床夹具在结构上的重要特征是采用了定位键与对刀块，用以确定夹具与机床、刀具之间的位置关系。 图 5-10　铣床夹具平口台虎钳 铣床夹具主要用于加工零件上的平面、凹槽、花键及各种成形面，是最常用的夹具之一，主要由定位装置、夹紧装置、夹具体、连接元件和对刀元件组成。		

<table>
<tr><td>任务分析</td><td colspan="6">在铣削加工过程中，夹具与机床工作台往往一起作进给运动。铣床夹具的结构在很大程度上取决于铣削的进给方式。按进给方式分类，铣床夹具有直线进给式、圆周进给式和靠模曲线进给式等。通过对铣床夹具的学习，完成以下任务：
1. 了解铣床夹具的结构。
2. 了解铣床夹具的种类。
3. 能够进行铣床夹具的选择。
4. 了解铣床夹具定位元件的选用方法。
5. 掌握铣床夹具的用途。</td></tr>
<tr><td>学时安排</td><td>资讯
1 学时</td><td>计划
0.5 学时</td><td>决策
0.5 学时</td><td>实施
1.5 学时</td><td>检查
0.2 学时</td><td>评价
0.3 学时</td></tr>
<tr><td>提供资料</td><td colspan="6">1. 于爱武．机械加工工艺编制．北京：北京大学出版社，2010.
2. 徐海枝．机械加工工艺编制．北京：北京理工大学出版社，2009.
3. 林承全．机械制造．北京：机械工业出版社，2010.
4. 华茂发．机械制造技术．北京：机械工业出版社，2004.
5. 武友德．机械加工工艺．北京：北京理工大学出版社，2011.
6. 孙希禄．机械制造工艺．北京：北京理工大学出版社，2012.
7. 王守志．机械加工工艺编制．北京：教育科学出版社，2012.
8. 卞洪元．机械制造工艺与夹具．北京：北京理工大学出版社，2010.
9. 蒋兆宏．典型机械零件的加工工艺．北京：机械工业出版社，2012.
10. 孙英达．机械制造工艺与装备．北京：机械工业出版社，2012.</td></tr>
<tr><td>对学生的要求</td><td colspan="6">1. 能对任务书进行分析，能正确理解和描述目标要求。
2. 具有独立思考、善于提问的学习习惯。
3. 具有查询资料和市场调研能力，具备严谨求实和开拓创新的学习态度。
4. 能执行企业“5S”质量管理体系要求，具有良好的职业意识和社会能力。
5. 具备一定的观察理解和判断分析能力。
6. 具有团队协作、爱岗敬业的精神。
7. 具有一定的创新思维和勇于创新的精神。
8. 按时、按要求上交作业，并列入考核成绩。</td></tr>
</table>

5.2.2 资讯

1. 铣床夹具的选用资讯单（见表 5-11）

表 5-11 铣床夹具的选用资讯单

学习领域	机械加工工艺及夹具		
学习情境 5	夹具的选用	学时	8 学时
任务 5.2	铣床夹具的选用	学时	4 学时
资讯方式	学生根据教师给出的资讯引导进行查询解答		
资讯问题	1. 铣床夹具的类型有哪些？ 2. 铣床常用夹具平口台虎钳的组成有哪几部分？ 3. 铣床夹具中有哪几种专用夹具？ 4. 铣床夹具的夹紧机构有哪几种？ 5. 铣床夹紧机构由什么组成？有何要求？ 6. 如何确定夹紧力？		
资讯引导	1. 问题 1 可参考信息单第一部分内容。 2. 问题 2 可参考信息单第二部分内容。 3. 问题 3 可参考信息单第三部分内容。 4. 问题 4 可参考信息单第四分内容。 5. 问题 5 可参考信息单第五部分内容。 6. 问题 6 可参考信息单第六部分内容。		

2. 铣床夹具的选用信息单（见表 5-12）

表 5-12 铣床夹具的选用信息单

学习领域	机械加工工艺及夹具		
学习情境 5	夹具的选用	学时	8 学时
任务 5.2	铣床夹具的选用	学时	4 学时
序号	信息内容		
一	铣床夹具的分类		
在专用夹具中，铣床夹具占有很大的比例。铣床夹具按使用范围，可分为通用铣夹具、专用铣夹具和组合夹具三类。按工件在铣床上加工运动的特点，可分为直线进给夹具、圆周进给夹具和沿曲线进给夹具（如仿形装置）三类。除此以外，还可按自动化程度、夹紧力来源不同（如气动、电动、液动）以及装夹工件数量的多少（如单件、双件、多件）等进行分类。 1. 直线进给式铣床夹具 这类夹具安装在铣床工作台上，在加工中随工作台按直线进给方式运动。按照在夹具中同时安装工件的数目和工位多少分为单件加工、多件加工和多工位加工夹具。图 5-11 所示为多件加工的直线进给式铣床夹具，该夹具用于在小轴端面上铣一通槽。			

2. 圆周进给式铣床夹具

圆周进给式铣床夹具多用在回转工作台或回转鼓轮铣床上，依靠回转台或鼓轮的旋转将工件顺序送入铣床的加工区域，实现连续切削。在切削的同时，可在装卸区域装卸工件，使辅助时间与机动时间重合。因此，它是一种高效率的铣床夹具。

3. 靠模进给式铣床夹具

它是一种带有靠模的铣床夹具，适用于专用或通用铣床上加工各种非圆曲面。按照进给运动方式可分为直线进给式和圆周进给式两种。图 5-12 所示为圆周进给式造模铣床夹具。

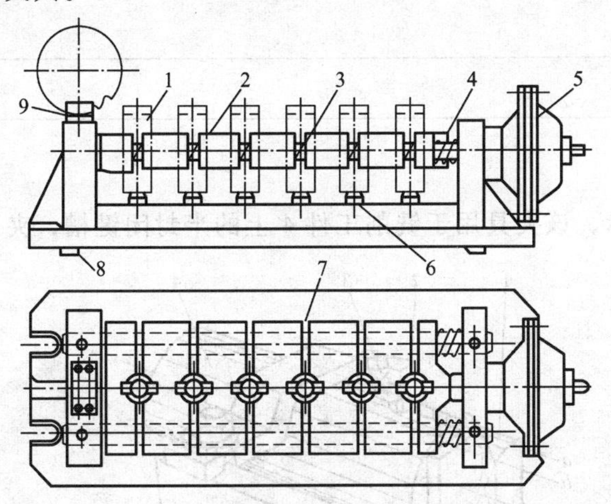

图 5-11　多件加工的直线进给式铣床夹具

1—小轴　2—活动 V 形块　3—弹簧　4—夹紧元件　5—薄膜式气缸　6—支承钉　7—导向柱　8—定位键　9—对刀块

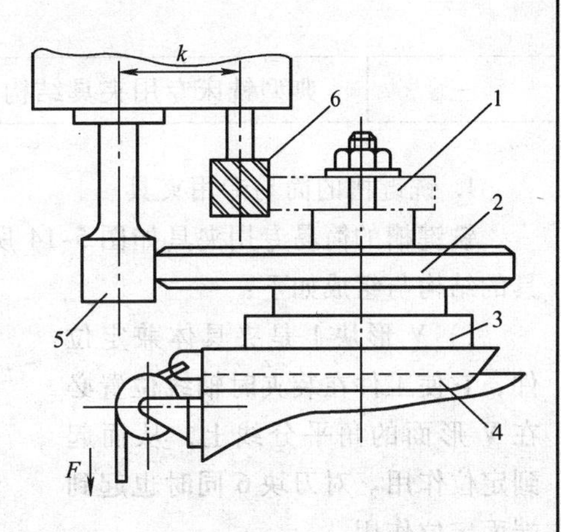

图 5-12　圆周进给式靠模铣床夹具

1—工件　2—靠模　3—回转工作台　4—滑座　5—滚子　6—铣刀

二　铣床常用通用夹具的结构与分析

铣床常用通用夹具主要有机用虎钳，它主要用于装夹长方形工件，也可用于装夹圆柱形工件。

1）机用虎钳的结构如图 5-13 所示。

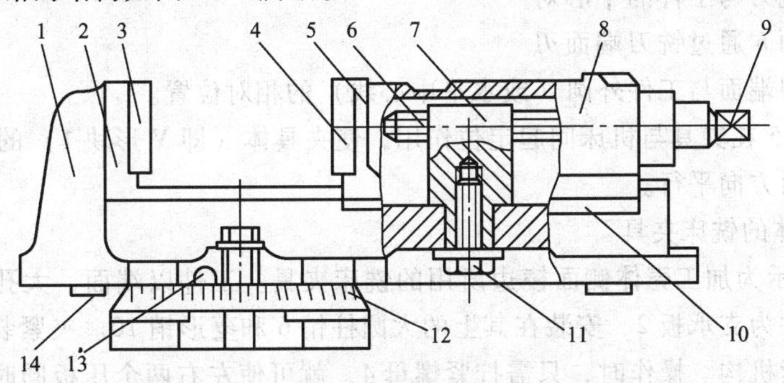

图 5-13　机用虎钳的结构

1—钳体　2—固定钳口　3、4—钳口铁　5—活动钳口　6—螺杆　7—螺母　8—活动座　9—方头　10—压板　11—紧固螺钉　12—回转底座　13—钳座零线　14—定位键

2）机用虎钳的组成分析

① 钳体 1 是夹具体，机用虎钳是通过虎钳体固定在机床上的。

② 固定钳口 2 和钳口铁 3 起垂直定位作用，钳体 1 上的导轨平面起水平定位作用。

③ 活动座 8、螺母 7、螺杆 6、方头 9 和紧固螺钉 11 可作为夹紧元件。

④ 回转底座 12 和定位键 14 属于其他元件，分别起角度分度和夹具定位作用。

⑤ 固定钳口 2 上的钳口铁 3 上平面和侧平面也可作为对刀部位，但需用对刀规和塞尺配合使用。

三	典型铣床专用夹具结构

1. 铣键槽的简易专用夹具

铣键槽的简易专用夹具如图 5-14 所示，该夹具用于铣削工件 4 上的半封闭键槽，夹具的结构与组成如下：

1）V 形块 1 是夹具体兼定位件，它使工件在装夹时轴线位置必在 V 形面的角平分线上，从而起到定位作用。对刀块 6 同时也起到端面定位作用。

2）压板 2、螺栓 3 及螺母是夹紧元件，它们用于阻止工件在加工过程中因受切削力而产生移动和振动。

3）对刀块 6 除对工件起轴向定位外，主要用以调整铣刀和工件的相对位置。对刀面 a 通过铣刀周刃对刀，调整铣刀与工件的中心对称位置；对刀面 b 通过铣刀端面刃对刀，调整铣刀端面与工件外圆（或水平中心线）的相对位置。

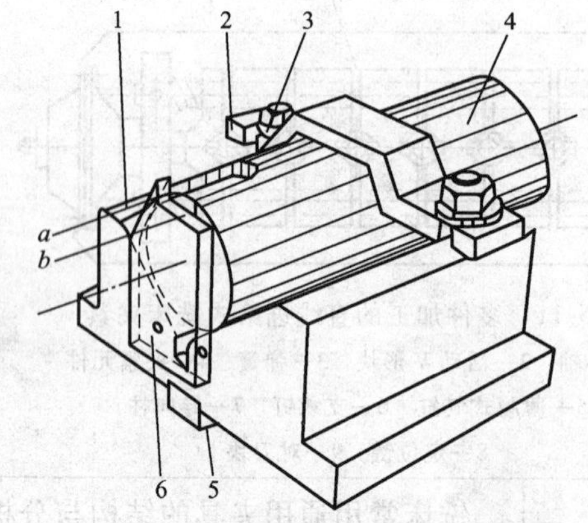

图 5-14　铣键槽的简易专用夹具

1—V 形块　2—压板　3—螺栓　4—工件

5—定位键　6—对刀块　a、b—对刀面

4）定位键 5 在夹具与机床间起定位作用，使夹具体（即 V 形块 1）的 V 形槽槽向与工作台纵向进给方向平行。

2. 加工壳体的铣床夹具

图 5-15 所示为加工壳体侧面棱边所用的铣床夹具。工件以端面、大孔和小孔作定位基准，定位元件为支承板 2、安装在其上的大圆柱销 6 和菱形销 10。夹紧装置是采用螺旋压板的联动夹紧机构。操作时，只需拧紧螺母 4，就可使左右两个压板同时夹紧工件。夹具上还有对刀块 5，用来确定铣刀的位置。两个定向键 11 用来确定夹具在机床工作台上的位置。

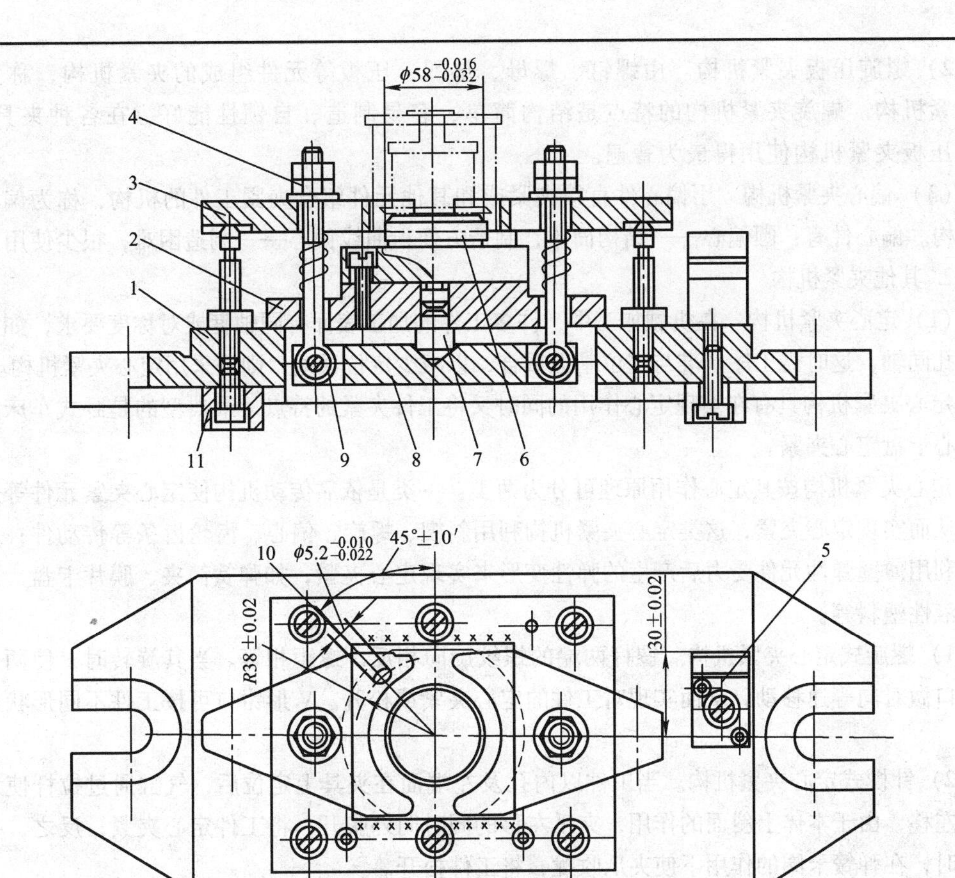

图 5-15　加工壳体的铣床夹具

1—夹具体　2—支承板　3—压板　4—螺母　5—对刀块　6—大圆柱销　7—球头钉　8—铰接板　9—螺杆　10—菱形销　11—定向键

四　夹紧机构

1. 基本夹紧机构

夹具的夹紧机构种类很多，但其结构大都以斜楔夹紧机构、螺旋夹紧机构和偏心夹紧机构为基础，应用最为普遍，这三种夹紧机构合称为基本夹紧机构。

（1）斜楔夹紧机构　采用斜楔作为传力元件或夹紧元件的夹紧机构称为斜楔夹紧机构。

（2）螺旋夹紧机构　采用螺旋直接夹紧或与其他元件组合实现工件夹紧的机构，统称螺旋夹紧机构。由于这种夹紧机构的结构简单、夹紧可靠，且由于螺纹升角小，自锁性能好，在机床夹具上应用最为泛。

1）单个螺旋夹紧机构。直接用螺钉和螺母夹紧工件的机构称为单个螺旋夹紧机构。

简单螺旋夹紧机械的主要缺点是夹紧动作慢、工件装卸费时。为了克服这一缺点，可以使用各种快速接近或快速撤离工件的螺旋夹紧机构。例如，使用开口垫圈、快卸螺母和快速移动螺杆机构。

2）螺旋压板夹紧机构。由螺钉、螺母、垫圈、压板等元件组成的夹紧机构，称为螺旋夹紧机构。螺旋夹紧机构的特点是结构简单、容易制造、自锁性能好，在各种夹具中，螺旋压板夹紧机构使用得最为普遍。

（3）偏心夹紧机构　用偏心件直接夹紧或和其他元件组合夹紧工件的机构，称为偏心夹紧机构。偏心件有：圆偏心——结构简单，制造方便；曲线偏心——制造困难，很少使用。

2. 其他夹紧机构

（1）定心夹紧机构　在机械加工中，许多工件的加工表面有同轴度或对称度要求，如外圆与内孔同轴，这时需工序基准与定位基准重合，以减少定位误差，则需采用定心夹紧机构。

定心夹紧机构具有在实现定心作用的同时又将工件夹紧的特点。最典型的是卧式车床上的自定心卡盘定心夹紧。

定心夹紧机构按其定心作用原理可分为两类：一类是依靠传动机构使定心夹紧元件等速移动，从而实现定心夹紧，这类定心夹紧机构利用斜楔、螺旋、偏心、齿轮齿条等传动件；另一类是利用薄壁弹性元件受力后产生的弹性变形来实现定心夹紧，如弹簧筒夹、膜片卡盘、波纹套及液性塑料等。

1）螺旋式定心夹紧机构。螺杆两端的螺纹旋向相反，螺距相等。当其旋转时，使两个V形钳口做对向等速移动，从而实现对工件的定心夹紧或松开。V形钳口可按工件不同形状进行更换。

2）针楔式定心夹紧机构。当工件以内孔及左端面在夹具上定位后，气缸通过拉杆使六个夹爪左移，由于本体上斜面的作用，夹爪左移的同时向外胀开，将工件定心夹紧；反之，夹爪右移时，在弹簧卡圈的作用下使夹爪收拢，将工件松开。

3）弹性变形定心夹紧机构。这种机构的特点是：利用弹性元件受力后的弹性变形来实现定心夹紧作用。这种定心夹紧机构常用于安装轴套类零件。主要有弹簧夹头、弹簧心轴。

（2）联动夹紧机构　联动夹紧机构是指利用单一力源实现单件或多件的多点、多向同时夹紧的一种夹紧机构。联动夹紧机构便于实现多件加工和集中操作，所以能减少机动时间，简化操作程序，减少动力装置的数量、辅助时间和工人的劳动强度，因而能有效地提高生产率。联动夹紧机构可分为单件联动夹紧机构和多件联动夹紧机构。

单件联动夹紧机构能对一个零件实现多点夹紧，其夹紧力的作用点有两点、三点或多至四点，夹紧力的方向可以相同、相反、相互垂直或交叉，并且只需操作一个手柄，就能从各个方向均匀地夹紧一个零件，故多用于大型零件或具有特殊结构的零件。

五	夹紧装置的组成和要求

1. 夹紧装置的组成

图5-16所示为液压夹紧铣床夹具。夹紧装置一般由以下几个部分组成：

（1）力源装置　力源装置是指提供原始夹紧力的装置。常用的力源装置有液压装置、气动装置、电磁装置、电动装置、气-液联动装置和真空装置等。当采用手动夹紧机构时，不需要力源装置。

（2）中间传力机构　中间传力机构是把力源装置产生的力传给夹紧元件的机构，如常用的

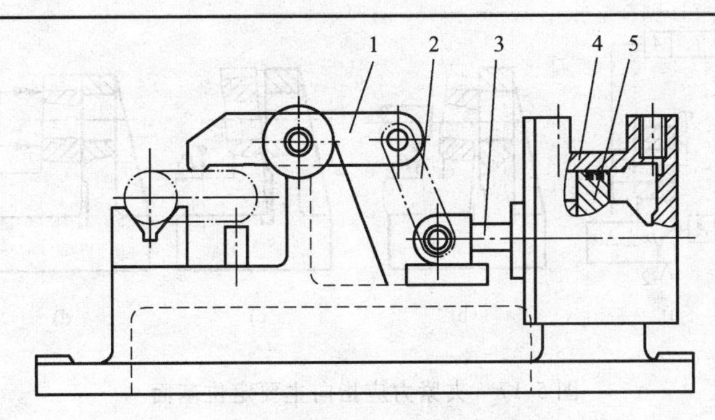

图 5-16　液压夹紧铣床夹具

1—压板　2—铰链臂　3—活塞杆　4—液压缸　5—活塞

杠杆、拉杆、斜楔等机构。它在传递力的过程中起着改变力的大小、方向和自锁的作用。由力源装置直接控制夹紧元件时无中间传力机构。

(3) 夹紧元件　夹紧元件是夹紧装置的最终执行元件，一般与零件的夹压表面直接接触。

在夹紧装置的设计中，要求其结构简单、合理，操作方便，使用安全，夹紧可靠。要达到这些要求，必须正确解决夹紧力的大小、方向、作用点问题。

2. 夹紧装置的基本要求

1) 夹紧和加工过程中，保证零件定位后所获得的正确位置不变。

2) 夹紧力的大小适当，既要保证零件在加工过程中其位置稳定不变，且不振动，又要防止零件产生不允许的夹紧变形和表面损伤。

3) 使用性好，夹紧装置的操作应方便，夹紧迅速且安全省力，尽量降低劳动强度，缩短辅助生产时间，提高生产率。

4) 工艺性好，夹紧装置的复杂程度应与生产纲领相适应，力求简单，便于制造、调整和维修，尽量标准化、系列化和通用化。

六　夹紧力的确定

确定夹紧力就是确定夹紧力的方向、大小和作用点三个要素。应根据工件的结构特点、加工要求、切削力的方向以及工件定位方式、布置方式等来确定夹紧力的三个要素。

1. 夹紧力的方向

夹紧力的方向主要和工件的定位及工件所受外力的作用方向等有关。确定原则如下：

(1) 夹紧力应指向主要定位基面　如图 5-17a 所示，在角形支座上锁孔，要求保证孔的中心与 A 面垂直。

(2) 夹紧力应尽可能和切削力、工件重力同向　当夹紧力和切削力、工件重力的方向相同时，加工过程中所需的夹紧力可较小，从而能简化夹紧装置的结构和便于操作。夹紧力与切削力、工件重力的关系如图 5-18 所示。

(3) 夹紧力的方向应有助于定位稳定　如图 5-19a 所示，夹紧力 F_J 的垂直分力背向限位基面，而可能会使工件翻转。图 5-19b 中夹紧力的两个分力分别指向两限位基面，将有助于定位稳定。

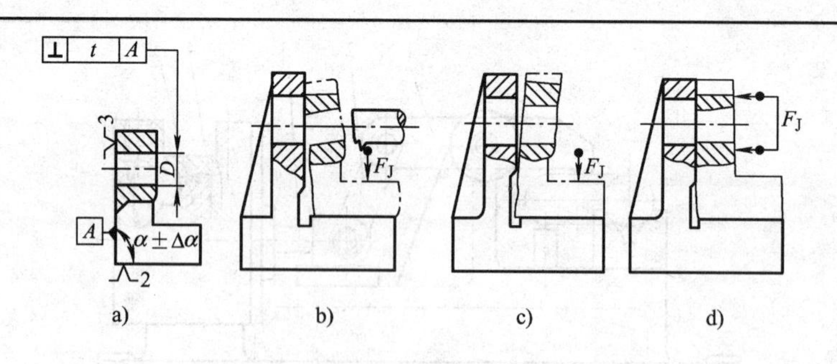

图 5-17　夹紧力应指向主要定位基面

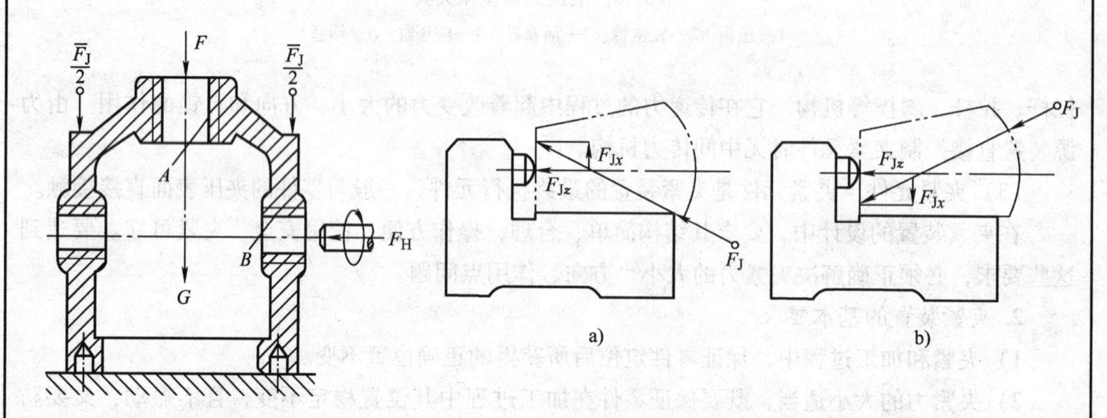

图 5-18　夹紧力与切削力、工件重力的关系　　　　图 5-19　夹紧力的方向应有助于定位稳定

2. 夹紧力的作用点

当夹紧力的方向确定后，要选择夹紧力作用点的位置。主要考虑的问题是如何保证夹紧时不会破坏工件的定位和引起工件变形最小。

（1）夹紧力的作用点应落在定位元件的支承范围内　图 5-20b、d 表示夹紧力的作用点均落在支承范围之外，夹紧时将破坏工件的定位，而图 5-20a、c 所示为正确的。

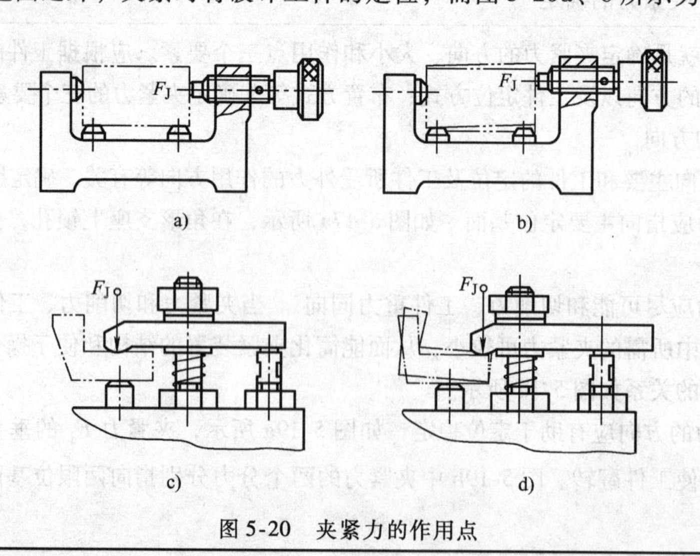

图 5-20　夹紧力的作用点

（2）夹紧力应落在工件刚性较好的部位　工件在不同方向或不同部位，其刚性是不同的。图 5-21a 所示为薄壁套筒零件，其轴向刚性比径向好，用卡爪在径向夹紧，易使工件变形，若改从轴向施加夹紧力，则变形会小得多。图 5-21b 所示为薄壁箱体，夹紧力作用在刚性较好的凸台上。当箱体无凸台时，可将单点夹紧改为三点夹紧，使得着力点在刚性好的箱体壁上，改变着力点的位置，最大限度减小工件的夹紧变形，如图 5-21c 所示。

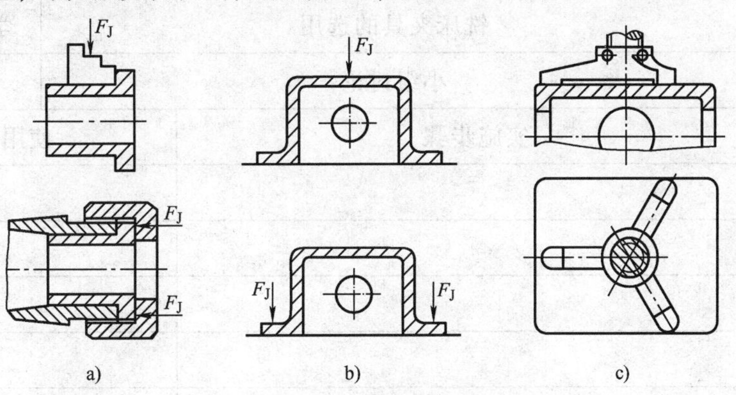

图 5-21　夹紧力与工件的刚性关系

（3）夹紧力的作用点应靠近加工表面　夹紧力靠近加工表面可提高加工部位的夹紧刚性，能有效防止或减少工件振动。如图 5-22 所示，工件的被加工面为 A、B 面，若只采用夹紧力 F_{J1} 进行夹紧，因加工部位距离夹紧作用点较远，加工时会产生较大振动，影响加工质量。如果在靠近加工表面的地方增设一个辅助支承，并增加夹紧力 F_{J2}，可提高工件的安装刚性，减少加工时工件的振动。

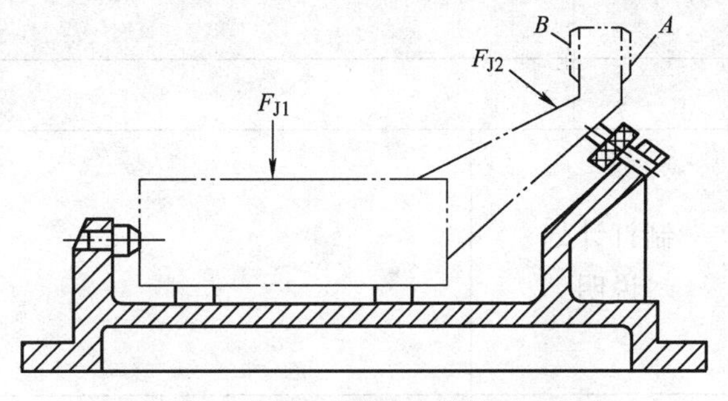

图 5-22　夹紧力作用点应靠近加工表面

3. 夹紧力大小的确定

夹紧力的大小对工件安装的可靠性、工件和夹具的变形、夹紧机构的复杂程度等都有很大关系。如果夹紧力太小，则工件夹不牢；而夹紧力过大，会引起工件与夹具变形，甚至破坏定位。

在加工过程中，零件受到切削力、离心力、惯性力及重力的作用。从理论上讲，要使零件保持正确的定位，并使其位置不变，夹紧力的大小应与上述各力（矩）的大小相平衡。实际上，夹紧力的大小还与工艺系统的刚性、夹紧机构的传递效率等有关。而且，切削力的大小在加工过程中也是不断变化的。因此，夹紧力的计算是一个很复杂的问题，通常只能在静态下利用力学原理和考虑各种因素，对夹紧力的大小进行粗略估算。夹紧力计算实例可参考有关夹具设计手册。

5.2.3　计划

根据任务内容制订小组任务计划，简要说明任务实施过程的步骤及注意事项。将计划内容等填入表5-13中。铣床夹具的选用计划单见表5-13。

表5-13　铣床夹具的选用计划单

学习领域	机械加工工艺及夹具		
学习情境5	夹具的选用	学时	8学时
任务5.2	铣床夹具的选用	学时	4学时
计划方式	小组讨论		
序号	实施步骤	使用资源	
制订计划说明			
计划评价	评语：		
班级		第　组	组长签字
教师签字		日期	

5.2.4　决策

小组互评选定合适的工作计划。小组负责人对任务进行分配，组员按负责人要求完成相关任务内容，并将自己所在小组及个人任务填入表5-14中。铣床夹具的选用决策单见表5-14。

表 5-14　铣床夹具的选用决策单

<table>
<tr><td>学习领域</td><td colspan="4">机械加工工艺及夹具</td></tr>
<tr><td>学习情境 5</td><td colspan="2">夹具的选用</td><td>学时</td><td>8 学时</td></tr>
<tr><td>任务 5.2</td><td colspan="2">铣床夹具的选用</td><td>学时</td><td>4 学时</td></tr>
<tr><td>分组</td><td>小组任务</td><td colspan="3">小组成员</td></tr>
<tr><td>1</td><td></td><td colspan="3"></td></tr>
<tr><td>2</td><td></td><td colspan="3"></td></tr>
<tr><td>3</td><td></td><td colspan="3"></td></tr>
<tr><td>4</td><td></td><td colspan="3"></td></tr>
<tr><td>任务决策</td><td colspan="4"></td></tr>
<tr><td>设备、工具</td><td colspan="4"></td></tr>
</table>

5.2.5　实施

1. 实施准备

任务实施准备主要有场地准备、教学仪器（工具）准备、资料准备，见表 5-15。

表 5-15　传动轴加工工艺编制实施准备

场地准备	教学仪器（工具）准备	资料准备
机械加工实训室（多媒体）	铣床夹具	1. 于爱武．机械加工工艺编制．北京：北京大学出版社，2010. 2. 徐海枝．机械加工工艺编制．北京：北京理工大学出版社，2009. 3. 林承全．机械制造．北京：机械工业出版社，2010. 4. 华茂发．机械制造技术．北京：机械工业出版社，2004. 5. 武友德．机械加工工艺．北京：北京理工大学出版社，2011. 6. 孙希禄．机械制造工艺．北京：北京理工大学出版社，2012. 7. 王守志．机械加工工艺编制．北京：教育科学出版社，2012.

2. 实施任务

依据计划步骤实施任务，并完成作业单的填写。铣床夹具的选用作业单见表5-16。

表5-16　铣床夹具的选用作业单

学习领域	机械加工工艺及夹具		
学习情境5	夹具选用	学时	8学时
任务5.2	铣床夹具选用	学时	4学时
作业方式	小组分析，个人解答，现场批阅，集体评判		
1	铣削加工常用装夹方式有几种		
作业解答：			

2	铣床夹具的类型及结构

作业解答：

3	铣床夹具的设计要点

作业解答：

作业评价：

班级		组别		组长签字
学号		姓名		教师签字
教师评分		日期		

5.2.6 检查评估

学生完成本学习任务后，应展示的结果为：完成的计划单、决策单、作业单、检查单、评价单。

1. 铣床夹具的选用检查单（见表 5-17）

表 5-17 铣床夹具的选用检查单

学习领域	机械加工工艺及夹具			
学习情境 5	夹具的选用		学时	8 学时
任务 5.2	铣床夹具的选用		学时	4 学时
序号	检查项目	检查标准	学生自查	教师检查
1	任务书阅读与分析能力，正确理解及描述目标要求	准确理解任务要求		
2	与同组同学协商，确定人员分工	较强的团队协作能力		
3	资料的分析、归纳能力	较强的资料检索能力和分析、归纳能力		
4	铣床夹具的定位元件	定位销、定位套、定位板		
5	铣床常用夹具	机用虎钳、V 形块、压板		
6	测量工具应用能力	工具使用规范，测量方法正确		
7	安全生产与环保	符合“5S”要求		
检查评价	评语：			
班级		组别		组长签字
教师签字			日期	

2. 铣床夹具的选用评价单（见表 5-18）

表 5-18　铣床夹具的选用评价单

学习领域	机械加工工艺及夹具							
学习情境 5	夹具的选用						学时	8 学时
任务 5.2	铣床夹具的选用						学时	4 学时
评价类别	评价项目	子项目	个人评价	组内互评				教师评价
专业能力（60%）	资讯（8%）	搜集信息（4%）						
		引导问题回答（4%）						
	计划（5%）	计划可执行度（5%）						
	实施（12%）	工作步骤执行（3%）						
		功能实现（3%）						
		质量管理（2%）						
		安全保护（2%）						
		环境保护（2%）						
	检查（10%）	全面性、准确性（5%）						
		异常情况排除（5%）						
	过程（15%）	使用工具规范性（7%）						
		操作过程规范性（8%）						
	结果（5%）	结果质量（5%）						
	作业（5%）	作业质量（5%）						
社会能力（20%）	团结协作（10%）							
	敬业精神（10%）							
方法能力（20%）	计划能力（10%）							
	决策能力（10%）							
评价评语	评语：							
班级		组别		学号		总评		
教师签字		组长签字		日期				

5.2.7　拓展训练

训练项目：常见定位方式及定位元件。

在机械加工过程中，支架、机座、箱体等工件都是以平面为主要定位基准面。平面是最简单的几何表面，因此，工件上常用平面作为定位基准。加工时常采用的定位方式有单一平面、两个平面组合定位和三个平面组合定位；常用的定位元件有固定支承、可调支承和自位支撑。固定支承如图 5-23 所示。为提高工件大平面的支承刚度及定位稳定性，有时还要应用辅助支承。现将平面定位常用的各种定位元件分述如下。

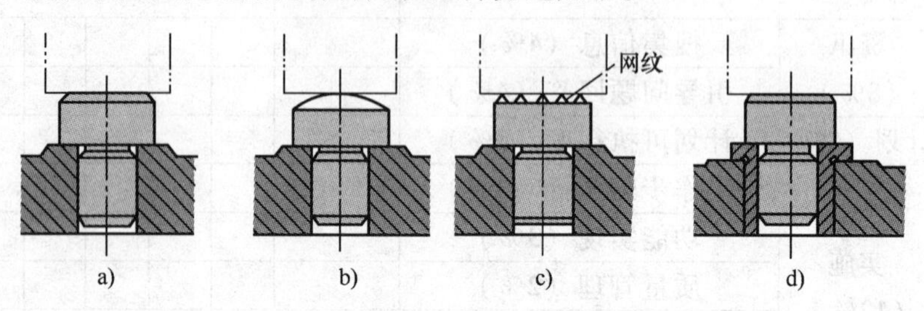

图 5-23　固定支承

a）平头　b）球头　c）齿纹　d）套筒

工件以平面定位时，所用的定位元件一般称为支承元件，支承元件可分为主要支承和辅助支承两类。主要支承用来限制工件的自由度，起定位作用。

1. 主要支承

（1）固定支承　固定支承在使用过程中，其定位面是固定不动的，分支承钉和支承板两种基本形式，一般在夹具上使用时不拆卸或调整。

1）支撑钉。当定位基准是毛坯面时，若采用平面支承，则只可能是三点接触，而又常因这三点过于接近或偏向一边而使定位不稳定。因此，应采用支承钉定位，且已加工平面也可采用支承钉定位，其好处在于：可人为地将支承钉的位置布置合理，使工件定位稳定。

固定支承钉已标准化（图 5-24），分为 A 型（平头）、B 型（球头）和 C 型（齿纹）三种，一般一个支承钉限制工件一个自由度。A 型平头支承钉常多件联用于已加工平面的定位；B 型球

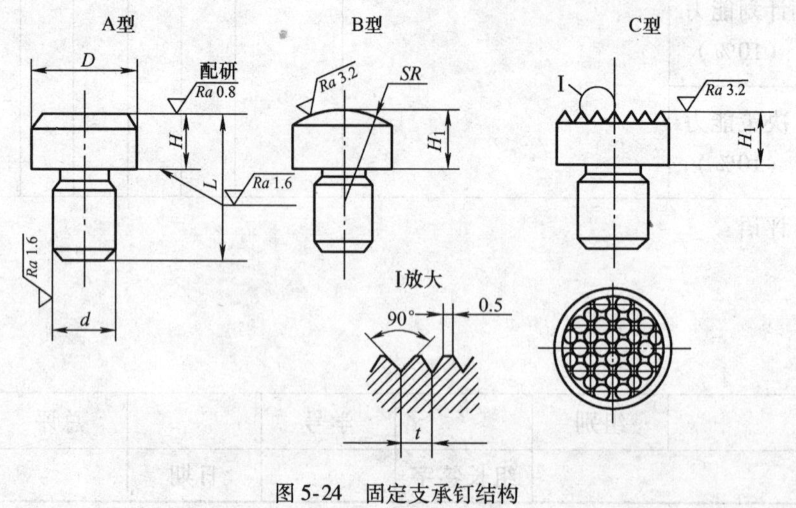

图 5-24　固定支承钉结构

头支承钉能与定位基准面保持良好的接触，常用于铸件、锻件毛坯面定位；C 型支承钉的齿纹增大了摩擦因数，可防止工件在加工时滑动，常用于工件侧面或较大型工件的定位。

2）支承板。固定支承板也已标准化，适用于工件已加工面或较大的定位基准面的定位。如图 5-25 所示，有 A 型和 B 型两种。A 型（连续平面）结构简单，制造方便，但螺钉沉孔中不好排屑，故多用于已加工侧面和顶面的定位；B 型（间断平面）工作面上有 45°容屑斜槽，排屑便利，其斜槽可消除切屑对定位的影响，适用于工件以底面定位。支承板对工件定位基面要求比支承钉高，多用于接触面大的易装工件。

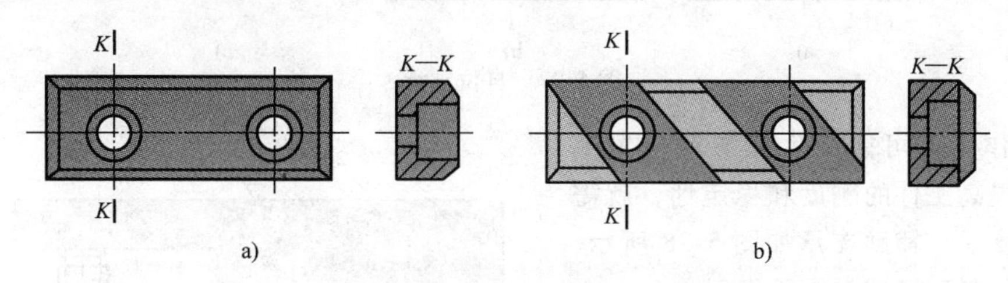

图 5-25　固定支承板

a）A 型　b）B 型

支承钉、支承板均已标准化，其公差配合、材料、热处理等可查阅机床夹具手册。

（2）可调支承　支承钉的高度可以调整的支承，称为可调支承。可调支承已标准化。可调支承钉的高度可以根据需要在一定范围内调节，其螺钉高度调整后用螺母锁紧，主要用于毛坯质量不高的粗基准定位、形状尺寸变化较大或加工不同尺寸的相似零件。特别是用于不同批次毛坯差别较大，在加工每批毛坯的最初几件时，需要按划线来找正工件的位置。一般工件一批一调，大件可能一件就要一调。可调支承如图 5-26 所示。

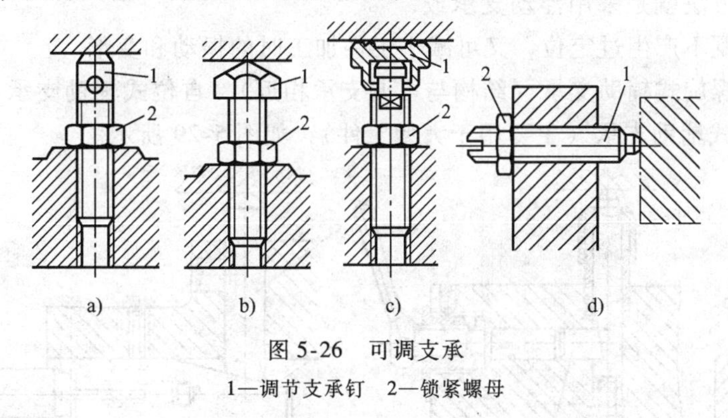

图 5-26　可调支承

1—调节支承钉　2—锁紧螺母

（3）自位支承。自位支承又称浮动支承。在工件定位过程中，能自动调整位置的支承称为自动支承。

图 5-27a、b 所示为两点式自位支承，图 5-27c 所示为三点式自位支承。自位支承主要用于工件以毛面定位或刚性不足的定位。支承点可随着工件定位基面的变化而自行调节。当定位基面压下其中一点时，其余点便上升，直到各点都与工件接触。自位支承相当于一个固定支承，只限制一个自由度，由于增加了接触点数，提高了工件的安装刚度和稳定性。

2. 辅助支承

实际生产中，由于工件形状复杂、不对称，或工件在夹具中有时因夹紧力、切削力、工

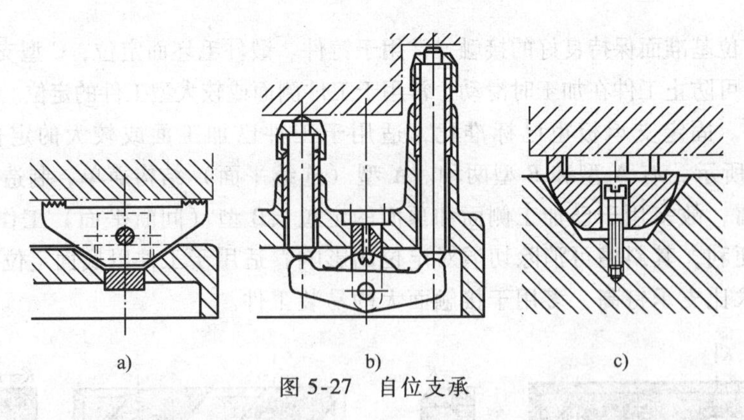

图 5-27　自位支承

件自重等作用而可能产生变形或位置不稳，为了提高工件的刚度和稳定性，就需增加辅助支承。辅助支承如图 5-28 所示，支承钉 3 便起到了辅助支承作用。

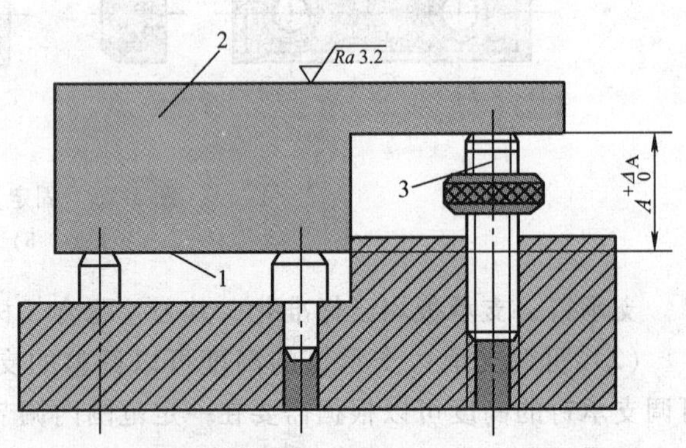

图 5-28　辅助支承

1—定位基准面　2—加工面　3—支承钉

辅助支承在定位后夹紧前增设，不起定位作用，故不限制自由度。每次装卸工件都须重新调节辅助支承，因此凡可调节的支承都可用作辅助支承。

在大型箱体、薄板状零件加工中，为了避免因支承面的刚度不足引起工件的振动和变形，通常需要考虑提高平面的支承刚度问题。常用方法就是采用浮动支承或辅助支承，这样既不产生过定位，又可减小工件加工时的振动和变形。

辅助支承有螺旋式辅助支承（结构与可调支承相近）、自位式辅助支承（用于生产批量较大时）和推引式辅助支承（主要用于大型工件），如图 5-29 所示。

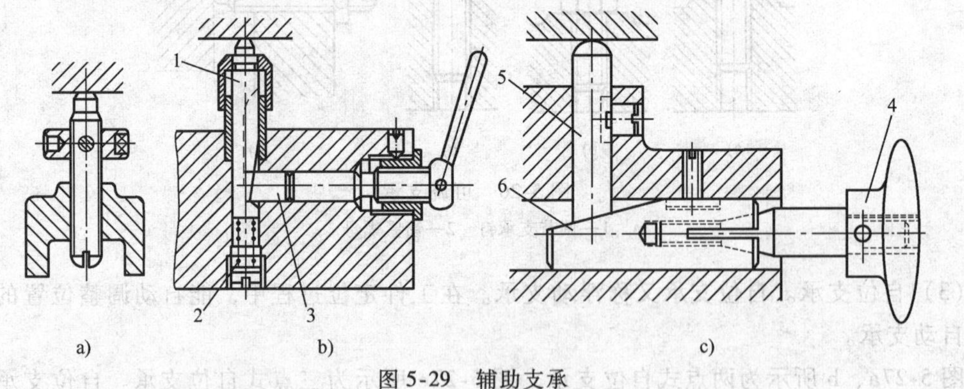

图 5-29　辅助支承

a）螺旋式辅助支承　b）自位式辅助支承　c）推引式辅助支承

1—支承销　2—弹簧　3—斜面顶销　4—手轮　5—滑销　6—斜楔

5.2.8　实践中常见问题解析

1. 工件以圆柱孔定位

实际生产中，加工盘类、套类及齿轮零件时，常以单一孔、一面一孔或一面两孔形式定位，用定位销、心轴类定位元件实现定位，以保证加工面如外圆面、锥面或齿轮分度圆对内孔的同轴度。工件以圆柱孔定位的方法在加工中应用很广，夹具上相应的定位元件用定位销和定位心轴来定位。

（1）定位销 圆柱定位销分为固定定位销和可换定位销，图 5-30 所示为国家标准规定的常用圆柱定位销的结构。当定位销直径为 $\phi3\sim\phi10$mm 时，为增加刚性，避免在使用中折断或热处理淬裂，通常把根部倒成圆角 R，且夹具体上设有沉孔，使定位销的圆角部分沉入孔内而不影响定位。大批生产时，为了便于定位销的更换，可采用图 5-30d 所示的带衬套的结构形式。为了便于工件装入，定位销的头部有 15°倒角。长销限制 4 个自由度，短销限制 2 个自由度，定位销的具体结构参数可查有关国家标准。

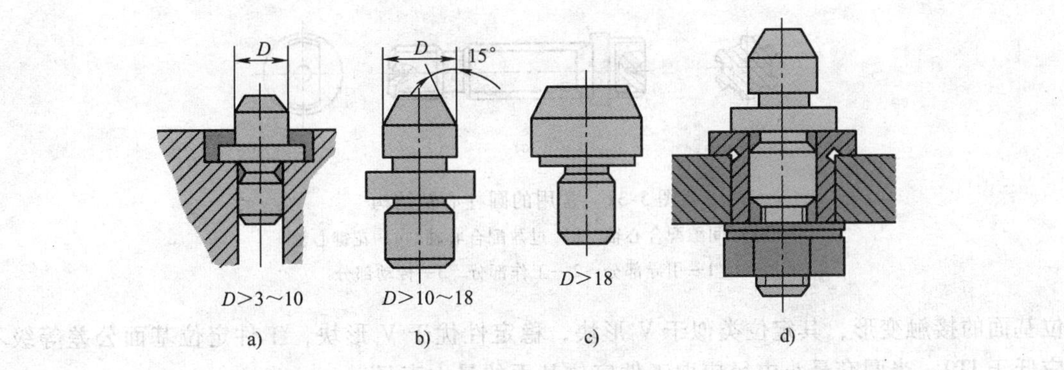

图 5-30 圆柱定位销的结构

（2）圆柱心轴 定位心轴的结构形式很多，除以下介绍的刚性心轴外，还有弹性胀套心轴、液性塑料心轴等。主要定位面长短不同可限制工件的 4 个或 2 个自由度，也可再设置防转或止推支承实现组合定位。图 5-31 所示为常用的圆柱心轴结构。图 5-31a 所示为间隙配合心轴，限位基面一般按 h6、g6 或 f7 制造，装卸方便。但因工件孔和心轴之间存在间隙，定位精度不高。为了减少工件因间隙造成倾斜，常以孔和端面联合定位。图 5-31b 所示为过盈配合心轴，心轴由引导部分 1、工作部分 2、传动部分 3 组成。这种心轴制造简单，定心精度较高，不用另外设置夹紧装置，但装卸工件比较费时，且容易损伤工件定位孔，故多用于定心精度要求较高的精加工中。图 5-31c 所示为花键心轴，多用于长键孔定位，如滑移齿轮工件，当 $L/d>1$ 时，工作部分要稍带锥度，配合可参考以上两种。

2. 工件以外圆柱表面定位

在盘类、套类、轴类等零件加工中，常以外圆柱表面作为定位基准，根据工件定位外圆柱面的长短、大小、完整程度及加工要求等，可以对应采用定位套、半圆套及 V 形块等定位元件。

（1）定位套 工件以外圆柱表面作定位基准面在定位套中定位时，其定位元件常做成钢套装在夹具体中，如图 5-32 所示。

（2）半圆套 半圆套结构如图 5-33 所示。半圆套下半部分装在夹具体上，限位面置于工件的下方，其上半部分起夹紧作用。这种定位方式常用于不便轴向安装的大型轴套类零件的精基准定位中。半圆套与定位基面接触面积较大，夹紧力均匀，尤其可减小薄套类工件定

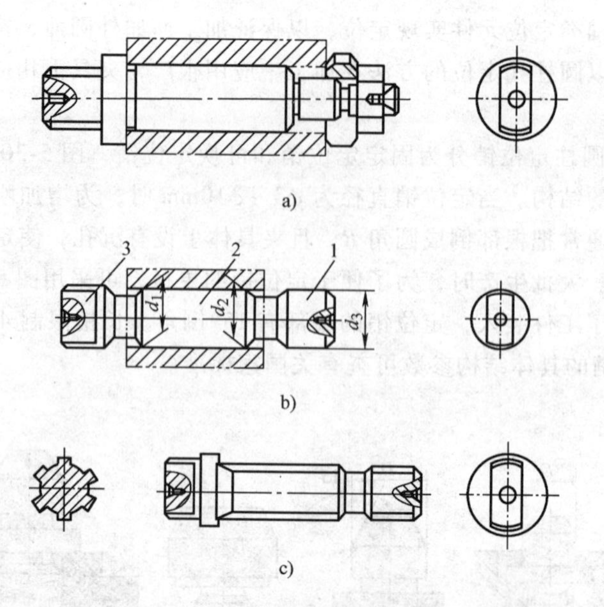

图 5-31　常用的圆柱心轴结构

a）间隙配合心轴　b）过盈配合心轴　c）花键心轴

1—引导部分　2—工作部分　3—传动部分

位基面的接触变形，其定位类似于 V 形块，稳定性优于 V 形块，工件定位基面公差等级不应低于 IT9，半圆套最小内径应取工件定位基面的最大直径。

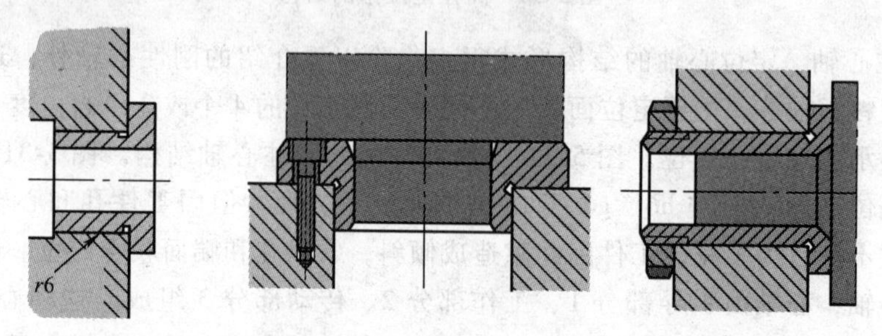

图 5-32　定位套

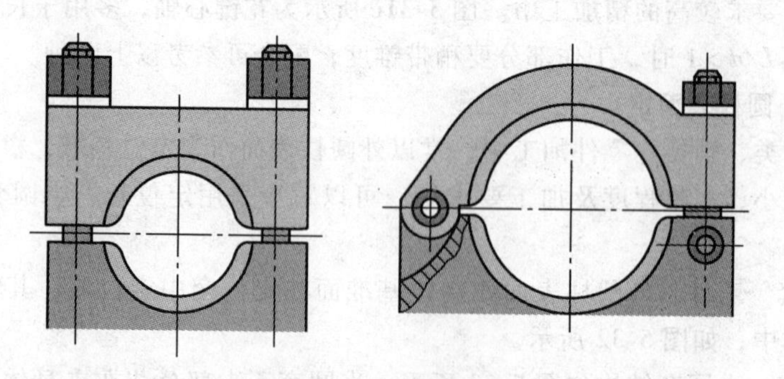

图 5-33　半圆套

（3）V 形块　V 形块指两相交平面成一定角度的槽形定位元件，如图 5-34 所示。V 形块适用于整圆及非整圆工件的粗、精基准定位，具有良好的对中性，而且装卸工件方便，活动V形块还可兼作夹紧元件，也可以自行设计非标准结构，因此生产中应用广泛。

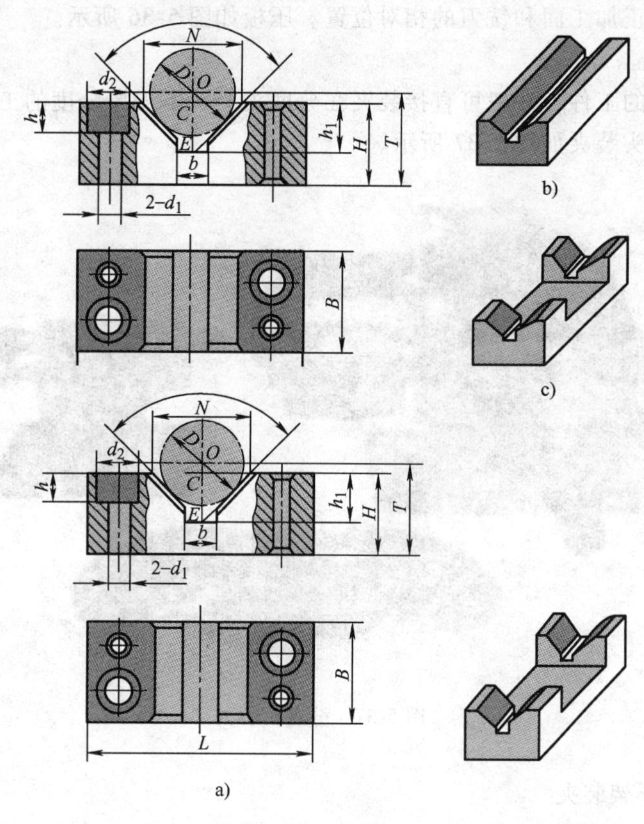

图 5-34　V 形块

5.2.9　知识拓展

铣削加工常用的装夹方式有以下几种：

1. 机用虎钳装夹

形状简单的中、小型工件一般可用机用虎钳装夹，如图 5-35 所示。使用时需保证机用虎钳在机床中的正确位置。

图 5-35　机用虎钳　　　　图 5-36　压板

2. 压板装夹

形状复杂或尺寸较大的工件可用压板、螺栓直接装夹在工作台上。这种方法需用百分表、划针等工具找正加工面和铣刀的相对位置。压板如图 5-36 所示。

3. 分度头装夹

对于需要分度的工件，一般可直接装夹在分度头上。不需要分度的工件用分度头装夹加工也很方便。分度头装夹如图 5-37 所示。

图 5-37　分度头装夹

4. 角铁或 V 形架装夹

基准面宽而加工面窄的工件，铣削其平面时，可利用角铁来装夹；轴类零件一般采用 V 形架装夹，对中性好，可承受较大的切削力。角铁或 V 形架装夹如图 5-38 所示。

5. 专用夹具装夹

专用夹具定位准确、夹紧方便，效率高，一般适用于成批、大量生产中。图 5-39 所示为铣削键槽用的简易专用夹具。

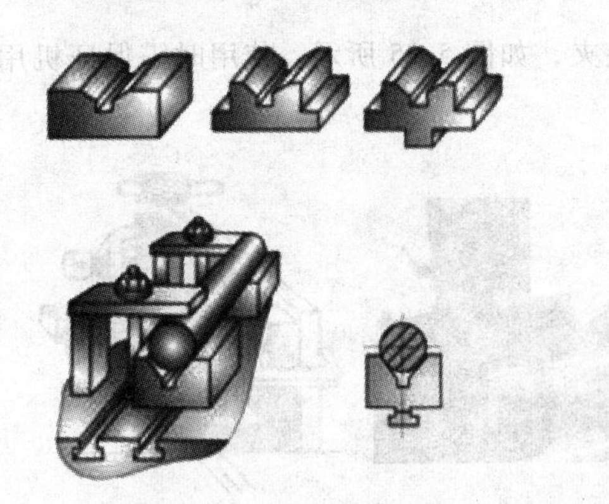

图 5-38　角铁或 V 形架装夹

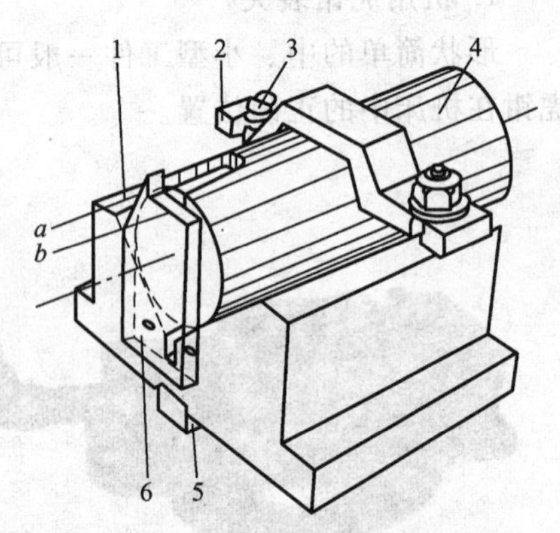

图 5-39　铣削键槽用的简易专用夹具

1—V 形块　2—压板　3—螺栓

4—工件　5—定位键　6—对刀块

图 5-39 所示的夹具用于铣削工件 4 上的半封闭键槽，该夹具的结构与组成如下：

1）V 形块 1 是夹具兼定位元件。

2）压板 2 和螺栓 3 及螺母是夹紧元件。

3）对刀块 6 除对工件起轴向定位外，主要用于调整铣刀和工件的相对位置。

4）定位键 5 在夹具与机床间起定位作用，使夹具体即 V 形块 1 的 V 形槽与工作台纵向进给方向平行。

参 考 文 献

[1] 于爱武. 机械加工工艺编制 [M]. 北京：北京大学出版社，2010.

[2] 徐海枝. 机械加工工艺编制 [M]. 北京：北京理工大学出版社，2009.

[3] 林承全. 严义章. 机械制造——基于工作过程 [M]. 北京：机械工业出版社，2010.

[4] 华茂发，谢骐. 机械制造技术 [M]. 2 版. 北京：机械工业出版社，2014.

[5] 武友德，苏珉. 机械加工工艺 [M]. 2 版. 北京：北京理工大学出版社，2011.

[6] 孙希禄，曹丽娜. 机械制造工艺 [M]. 北京：北京理工大学出版社，2012.

[7] 王守志，李新华. 机械加工工艺编制 [M]. 北京：教育科学出版社，2012.

[8] 卞洪元. 机械制造工艺与夹具 [M]. 北京：北京理工大学出版社，2010.

[9] 孙英达. 机械制造工艺与装备 [M]. 北京：机械工业出版社，2012.